Mathematik 7

Autoren:

Gaby Pech-Juhlke, Lohfelden
Klaus Schäfer, Staufenberg
Uwe Scheele, Bad Salzuflen
Wilhelm Wilke, Stadthagen

westermann

1. Auflage	Druck	7	6	5	4	3
Herstellungsjahr		2006	2005	2004	2003	2002

Alle Drucke dieser Auflage können im Unterricht parallel verwendet werden.

www.westermann.de

Verlagslektorat: Gerhard Strümpler, Corinna Buck
Typografie und Lay-out: Andrea Heissenberg
Herstellung: Reinhard Hörner

Druck und Bindung: westermann druck GmbH, Braunschweig

ISBN 3-14-**12 1857**-9

Zeichenerklärung:

Seite mit grauem Streifen – Einführung in ein neues Thema und Übungen auf Grundniveau zur Auswahl

Seite mit blauem Streifen – Übungen auf gehobenem Niveau und Zusatzstoffe

Seite mit rotem Streifen – Übungen auf hohem Niveau und Zusatzstoffe

6 Aufgaben mit Prüfzahlen zur Selbstkontrolle

Aufgaben zum Tüfteln

● Grundwissen: Wichtige Inhalte zum Nachschlagen und Wiederholen

Mengen

$M = \{4, 5, 6, 7\}$	Menge aus den Elementen 4, 5, 6 und 7 in aufzählender Form
$= \{0, 1, 2, 3, \ldots\}$	Menge der natürlichen Zahlen
$\mathbb{Z}$	Menge der ganzen Zahlen
$\mathbb{Q}$	Menge der rationalen Zahlen
$\mathbb{Q}_+$	Menge der positiven rationalen Zahlen einschließlich Null
$\mathbb{Q}_-$	Menge der negativen rationalen Zahlen einschließlich Null
L	Lösungsmenge für eine Gleichung bzw. Ungleichung
$\{\ \}$	leere Menge
$a \in M$	a ist Element der Menge *M*.
$b \notin M$	b ist nicht Element der Menge *M*.
$A \subset M$	Menge *A* ist Teilmenge der Menge *M*.

Rationale Zahlen

$a=b$	a gleich b	$a > b$	a größer als b
$a \neq b$	a ungleich b	$a < b$	a kleiner als b
$a+b$	Summe (*lies:* a plus b)	$a \cdot b$	Produkt (*lies:* a mal b)
$a-b$	Differenz (*lies:* a minus b)	$a : b$	Quotient (*lies:* a geteilt durch b)
a^b	Potenz (*lies:* a hoch b)	$\|a\|$	Betrag der Zahl a

Kommutativgesetz (Vertauschungsgesetz)

$a+b=b+a$ $\quad a \cdot b=b \cdot a$

$3+7=7+3$ $\quad 3 \cdot 7=7 \cdot 3$

Assoziativgesetz (Verbindungsgesetz)

$a+(b+c)=(a+b)+c$ $\quad a \cdot (b \cdot c)=(a \cdot b) \cdot c$

$3+(7+5)=(3+7)+5$ $\quad 3 \cdot (7 \cdot 5)=(3 \cdot 7) \cdot 5$

Distributivgesetz (Verteilungsgesetz)

$a \cdot (b+c)=a \cdot b+a \cdot c$ $\quad a \cdot (b-c)=a \cdot b-a \cdot c$

$6 \cdot (8+5)=6 \cdot 8+6 \cdot 5$ $\quad 6 \cdot (8-5)=6 \cdot 8-6 \cdot 5$

Geometrie

A, B, C,…	Punkte
$\overline{AB}$	Strecke mit den Endpunkten A und B
AB	Verbindungsgerade durch die Punkte A und B
g, h, k,…	Geraden
$g \parallel h$	g ist parallel zu h
$g \perp k$	g ist senkrecht zu k
P (3|4)	Punkt im Koordinatensystem mit den Koordinaten 3 (x-Koordinate) und 4 (y-Koordinate)
$\alpha, \beta, \gamma, \delta, \varepsilon, \varphi$	Winkel
$\sphericalangle$ ASB	Winkel
$\sphericalangle$ (a, b)	Winkel

1 In der Biologie werden die Wirbeltiere in unterschiedliche Klassen eingeteilt. Solche Klassen sind zum Beispiel die Fische, die Amphibien, die Reptilien, die Vögel und die Säugetiere.

Pfeildiagramm
Aal → Fische

Ordne jedem angegebenen Wirbeltier seine Klasse zu: Katze, Hecht, Fledermaus, Pottwal, Pferd, Kröte, Feuersalamander, Chamäleon, Kamel, Python, Zeisig, Bär, Wels, Gnu, Kakadu, Kabeljau, Anakonda, Antilope, Eidechse, Baumfalke, Marder.

Tabelle

Fisch	*Lebensraum*

2 Fische können nach ihrem Lebensraum in Süßwasserfische und Meeresfische unterschieden werden.
Übertrage die Tabelle in dein Heft und ordne dabei auch den folgenden Fischen ihren Lebensraum zu:
Sardelle, Zander, Stichling, Rotfeder, Lachs, Schellfisch, Heilbutt, Rotbarsch.
Schau im Lexikon nach.

Fisch	Lebensraum
Karpfen	Süßwasser
Hering	Meer
Bachforelle	
Kabeljau	
Wels	
Scholle	
Makrele	

3 Im Physikunterricht haben die Schülerinnen und Schüler untersucht, wie heiß Wasser werden kann.

Dazu wurde in Abständen von jeweils einer halben Minute die Temperatur des erhitzten Wassers gemessen und in eine Tabelle eingetragen

Zeit (min)	0	0,5	1	1,5	2	2,5	3	3,5	4	4,5	5	5,5	6	6,5
Temperatur (°C)	18	27	36	45	55	64	73	82	90	96	98	99	100	100

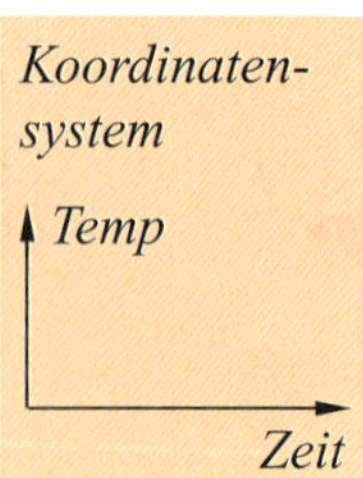

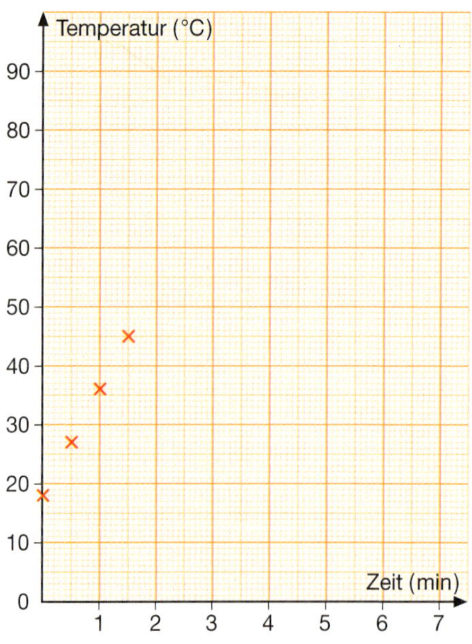

a) Welche Größen werden hier einander zugeordnet?

b) Arne möchte den Temperaturverlauf graphisch darstellen.
Beschreibe, wie Arne das Koordinatensystem eingeteilt hat.
Welche Zeiten hat er mit den zugehörigen Temperaturen in das Koordinatensystem eingetragen?
Übertrage das Koordinatensystem auf Millimeterpapier und trage auch die fehlenden Werte ein.

c) Verbinde die einzelnen Punkte. Beschreibe den Verlauf der Kurve.

4

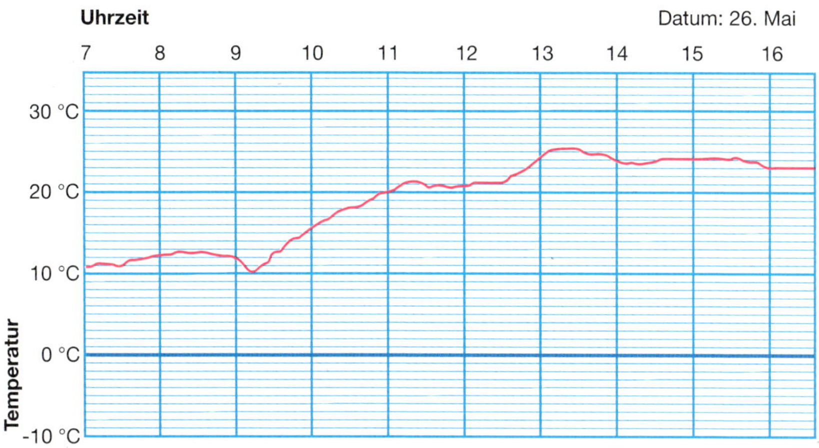

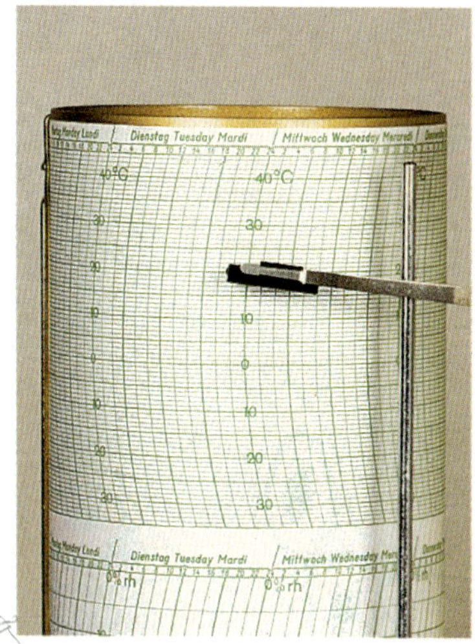

In der Abbildung siehst du die Temperaturkurve, die der Temperaturschreiber einer Wetterstation an einem Frühlingstag aufzeichnete.

a) Übertrage die Tabelle in dein Heft und fülle sie aus. Lies die fehlenden Werte aus der Temperaturkurve ab.

Uhrzeit (h)	7	8	9	10	11	12	13	14	15	16
Temperatur (°C)										

b) Lies ab, wann die Temperatur 16 °C (20 °C, 24 °C, 11 °C, 10 °C, 23 °C) betrug.

c) In welchen Zeiträumen stieg (fiel) die Temperatur?

5 Jana und Sven haben ab 8.00 Uhr morgens in Abständen von einer Stunde jeweils die Temperatur gemessen und in eine Tabelle eingetragen.

a) Zeichne ein Koordinatensystem (x-Achse: 1 cm ≙ 1 h; y-Achse: 1 cm ≙ 5 °C) und trage die Zeiten mit den zugehörigen Temperaturen als Punkte ein.

b) Zeichne durch die eingezeichneten Punkte eine Temperaturkurve.

c) Ermittle anhand deiner Temperaturkurve die Temperatur um 9.30 h (11.30 h). Kannst du sicher sein, dass der von dir ermittelte Wert die wirkliche Temperatur angibt?

d) Wann betrug die Temperatur 14 °C (16 °C, 18 °C)?

Das Zeichen „≙“ bedeutet „entspricht“.

Uhrzeit (h)	8	9	10	11	12	13
Temperatur (°C)	13	15	17	19	21	22

Uhrzeit (h)	14	15	16	17	18	19	20
Temperatur (°C)	22	22	21	19	17	15	13

6 Zwei Radfahrergruppen und ein Autofahrer fahren vom Bahnhof bis zum Seeufer. Im Schaubild wird der zeitliche Verlauf dieser Wege dargestellt **(Weg-Zeit-Diagramm).**

a) Die erste Radfahrergruppe startet am Bahnhof um 14.00 Uhr. Wann erreicht die erste Gruppe den Aussichtsturm? Wie lange macht die Gruppe dort Pause? Wann erreicht sie den Rastplatz und wie lange hält sie sich dort auf? Wann kommt die erste Gruppe schließlich an ihrem Ziel, dem Seeufer, an?

b) Beschreibe anhand des Diagrammes die Fahrt der zweiten Gruppe und die Fahrt des Autofahrers.

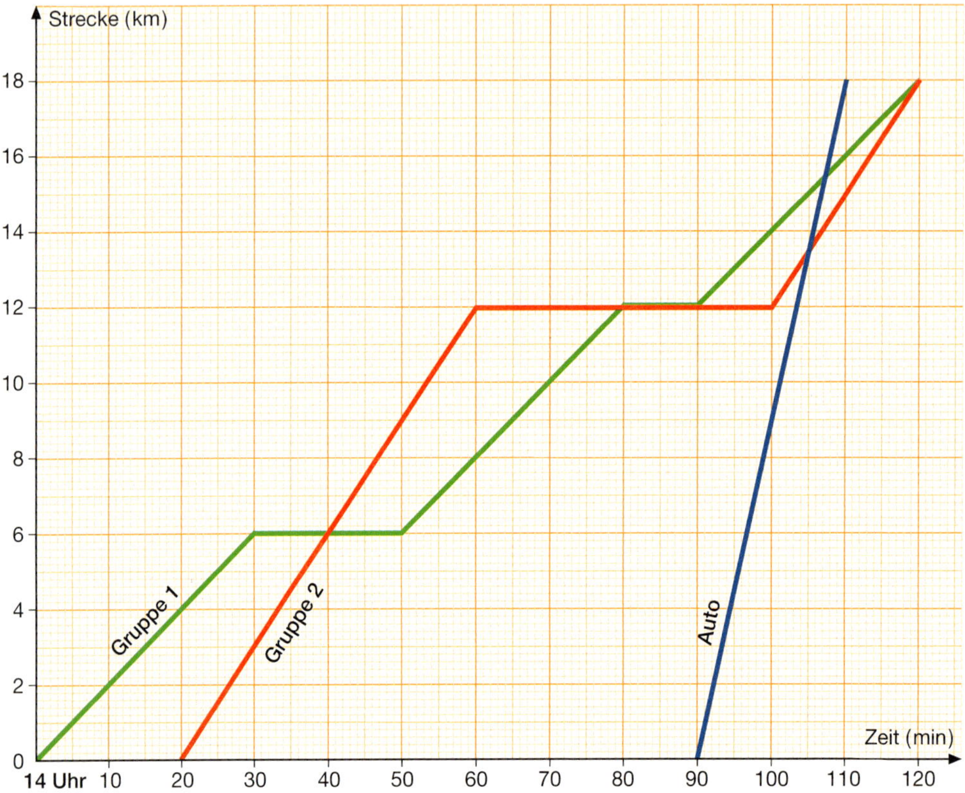

c) Wann und wo treffen sich die beiden Radfahrergruppen? Wann überholt der Autofahrer die beiden Gruppen?

d) Wie lange brauchen die Radfahrergruppen für die einzelnen Teilstrecken? Wie lange ist jede Radfahrergruppe insgesamt unterwegs?

e) Wie kannst du im Weg-Zeit-Diagramm erkennen, welche Radfahrergruppe schneller fährt?

7

Schreibe eine Geschichte auf, die dein Partner oder deine Partnerin in einem Weg-Zeit-Diagramm darstellen kann. Zeichne selbst ein Weg-Zeit-Diagramm zu der Geschichte, die du von deinem Partner oder deiner Partnerin erhältst.

8

Svenja, Hilke und Anna wollen auf einem Radwanderweg eine Strecke von 24 km Länge zurücklegen. Sie haben vorher ausgerechnet, dass sie bei einer durchschnittlichen Geschwindigkeit von 12 $\frac{\text{km}}{\text{h}}$ (*lies:* Kilometer pro Stunde) dazu eine Zeit von 2 h benötigen.

Damit sie es auch in der vorgesehenen Zeit schaffen, legen sie vorher eine Tabelle mit Zwischenwerten an.

a) Übertrage die Tabelle in dein Heft und vervollständige sie.
Welche Größen werden hier einander zugeordnet?

Zeit (min)	Strecke (km)
0	0
20	
40	
60	12
80	
100	
120	24

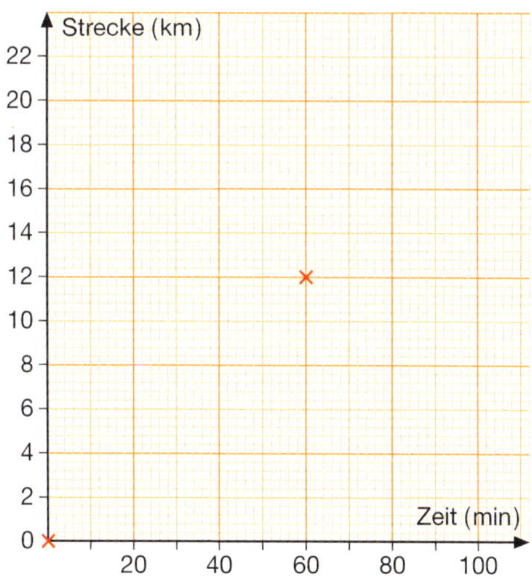

b) Hilke hat einige Zeiten mit den zugehörigen Strecken als Punkte in das abgebildete Koordinatensystem eingetragen.
Übertrage das Koordinatensystem auf Millimeterpapier und vervollständige es. Verbinde die einzelnen Punkte. Du erhältst das **Weg-Zeit-Diagramm.**
Was stellst du fest?

c) Lies aus dem Koordinatensystem ab, welche Strecke die Mädchen nach 50 min (70 min, 100 min) zurückgelegt haben.

d) Pascal, Sebastian und Stanislav wollen eine gleich lange Strecke mit einer durchschnittlichen Geschwindigkeit von 18 $\frac{\text{km}}{\text{h}}$ zurücklegen. Sie haben ausgerechnet, dass sie dann eine Zeit von 1 h 20 min benötigen. Lege eine Tabelle an und zeichne das Weg-Zeit-Diagramm.

9 Das Schaubild zeigt dir einen Querschnitt durch den Taunus von Bacharach am Rhein bis Rauenthal. Dabei wird der zurückgelegten Strecke die zugehörige Höhe über dem Meeresspiegel (Höhe über Normalnull) zugeordnet (Strecke ⟶ Höhe über NN).

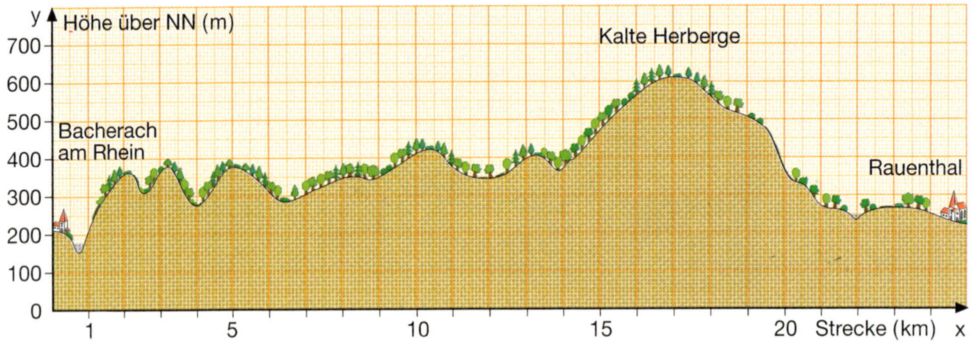

Eine Wandergruppe geht von Bacharach nach Rauenthal.

a) In welcher Höhe befindet sie sich, wenn sie 2 km (4 km, 8 km, 10 km, 13 km, 18 km, 22 km) zurückgelegt hat?

b) Wie hoch ist der höchste Berg, den sie bis Rauenthal überwinden muss? Welche Strecke hat sie bis dahin zurückgelegt?

10 Auf der Wanderkarte findest du eine Querschnittslinie eingezeichnet. Jennifer und Oliver gehen von A nach B.

Höhenlinie: Alle Punkte, die auf einer Höhe liegen.

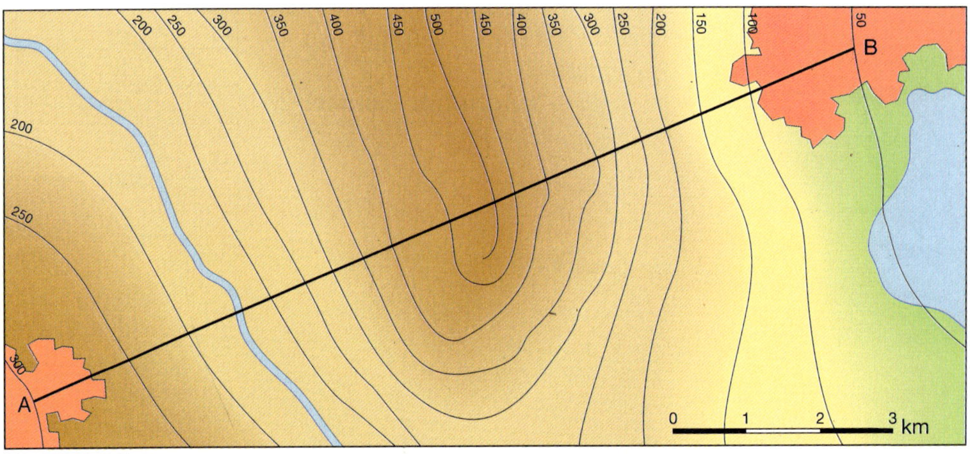

a) Übertrage die Tabelle in dein Heft und vervollständige sie. Miss dazu die Abstände von A bis zur jeweiligen Höhenlinie.

zurückgelegter Weg (km)	0	1,4	2,3
Höhe über NN (m)	300	250	200

b) Vervollständige den Querschnitt auf Millimeterpapier.

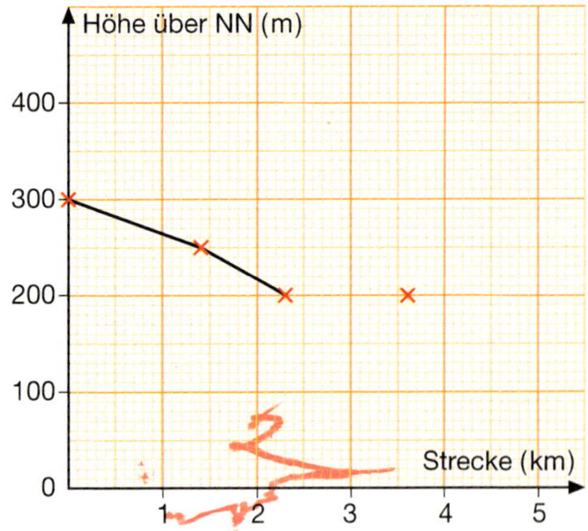

1

Auf dem Flohmarkt kostet jedes Comic-Heft 0,50 EUR.

a) Vergleiche den Preis für zwei Hefte mit dem Preis für vier Hefte (sechs Hefte). Was fällt dir auf?

b) Berechne die fehlenden Preise. Nenne unterschiedliche Möglichkeiten.

Anzahl der Hefte	Preis (EUR)
1	0,50
2	1,00
3	1,50
4	2,00
5	2,50
6	3,00
7	
8	
9	
10	

2 100 g Schinken kosten 1,80 EUR.

a) Wie viel EUR müssen für 200 g (300 g; 400 g; 500 g; 600 g; 700 g; 800 g; 900 g; 1000 g; 1100 g; 1200 g) bezahlt werden? Lege eine Tabelle an.

b) Was stellst du fest, wenn du den Preis für 500 g Schinken verdoppelst (für 300 g Schinken verdreifachst)? Vergleiche mit den Preisen in der Tabelle.

c) Halbiere den Preis für 800 g Schinken, berechne ein Drittel des Preises für 1200 g Schinken. Was fällt dir auf?

300 g Frischkäse kosten 3,30 EUR.

	Gewicht (g)	Preis (EUR)	
	300	3,30	
·2	→ 600	6,60 ←	·2
·3	→ 900	9,90 ←	·3
	300	3,30	
:2	→ 150	1,65 ←	:2
:3	→ 100	1,10 ←	:3

Gewicht $\longrightarrow$ **Preis**

doppeltes Gewicht $\longrightarrow$ doppelter Preis

dreifaches Gewicht $\longrightarrow$ dreifacher Preis

Hälfte des Gewichts $\longrightarrow$ Hälfte des Preises

Drittel des Gewichts $\longrightarrow$ Drittel des Preises

Diese Zuordnung ist proportional.

3 Die folgenden Zuordnungen sind proportional. Berechne die fehlenden Werte.

a)

Rechnung	Masse (kg)	Preis (EUR)	Rechnung
	2	5,60	
·2	4	■	·2
·5	10	■	·5
·6	12	■	·6
·7	14	■	·7
·11	22	■	·11

b)

Rechnung	Masse (g)	Preis (EUR)	Rechnung
	750	24,00	
:3	250	■	:3
:5	150	■	:5
:○	75	■	:○
:○	50	■	:○
:○	25	■	:○

12 Flaschen Saft kosten 10,80 EUR.

Anzahl der Flaschen ⟶ Preis

Wie viel EUR kosten 24 (36) Flaschen?

12 Flaschen kosten 10,80 EUR.
24 Flaschen kosten 10,80 EUR · 2 = 21,60 EUR.
36 Flaschen kosten 10,80 EUR · 3 = 32,40 EUR.

Rechnung	Anzahl der Flaschen	Preis (EUR)	Rechnung
	12	10,80	
·2	24	21,60	·2
·3	36	32,40	·3

Wie viel EUR kosten 6 (4) Flaschen?

12 Flaschen kosten 10,80 EUR.
6 Flaschen kosten 10,80 EUR : 2 = 5,40 EUR.
4 Flaschen kosten 10,80 EUR : 3 = 3,60 EUR.

Rechnung	Anzahl der Flaschen	Preis (EUR)	Rechnung
	12	10,80	
:2	6	5,40	:2
:3	4	3,60	:3

4 Die folgenden Zuordnungen sind proportional. Berechne die fehlenden Werte.

a)

Rechnung	Anzahl	Preis (EUR)	Rechnung
	1	4,00	
·5	5	■	·5

b)

Rechnung	Anzahl	Preis (EUR)	Rechnung
	3	2,50	
·4	12	■	·4

c)

Rechnung	Anzahl	Preis (EUR)	Rechnung
	6	1,20	
·8	48	■	·8

d)

Rechnung	Anzahl	Preis (EUR)	Rechnung
	12	33	
:3	4	■	:3

e)

Rechnung	Anzahl	Preis (EUR)	Rechnung
	21	4,20	
○	3	■	○

f)

Rechnung	Anzahl	Preis (EUR)	Rechnung
	45	6,30	
○	5	■	○

5 Übertrage die Tabellen in dein Heft und berechne die fehlenden Massen.

a)

Preis (EUR)	Masse (g)
0,90	60
2,70	■
3,60	■
5,40	■
10,80	■

b)

Preis (EUR)	Masse (g)
4,80	540
0,48	■
0,60	■
0,80	■
1,60	■

c)

Preis (EUR)	Masse (g)
6,60	450
0,66	■
1,10	■
1,32	■
2,20	■

6 Im Ausverkauf werden sechs Meter Gardinenstoff zu 33 EUR angeboten. Wie viel kosten 3 m (2 m, 0,5 m, 1,5 m)? Lege eine Tabelle an.

7 Ein undichter Wasserhahn verliert in 12 Stunden 3 Liter Wasser. Wie viel Liter verliert er in 6 Stunden (4 Stunden, 3 Stunden, einem Tag, 2 Wochen)? Lege eine Tabelle an.

8 Für sechs Filzstifte muss Lisa im Schreibwarengeschäft 2,40 EUR bezahlen. Daniel möchte drei Filzstife kaufen, Julia zwei, Klaus vier, André acht und Sarah neun. Lege eine Tabelle an und berechne die fehlenden Preise.

9 24 Flaschen Limonade kosten 14,40 EUR.
a) Wie viel EUR kosten 2 (3, 6, 8, 14) Flaschen? Lege eine Tabelle an.
b) Wie viele Flaschen erhält Tina für 2,40 EUR (5,40 EUR, 10,80 EUR)?

10 Herr Damman möchte das Sonderangebot nutzen.
a) Deshalb kauft er gleich 1500 g (2000 g, 2500 g, 3500 g, 4000 g) Gulasch und friert einen Teil davon ein. Lege eine Tabelle an und berechne die Preise.
b) Wie viel Gramm Gulasch bekommt er für 1,80 EUR (0,90 EUR, 0,72 EUR)?

11

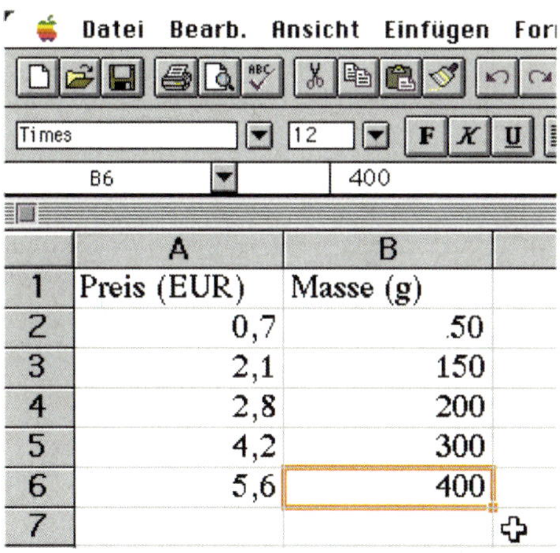

	A	B
1	Preis (EUR)	Masse (g)
2	0,7	50
3	2,1	150
4	2,8	200
5	4,2	300
6	5,6	400
7		

Maria hat zu den vorgegebenen Preisen die zugehörigen Massen mithilfe einer Tabellenkalkulation bestimmt.
a) Liegt hier eine proportionale Zuordnung vor?
b) Übertrage die Tabelle in dein Heft und berechne die fehlenden Massen.

Preis (EUR)	Masse (g)
6,30	450
0,63	
1,05	
2,10	
3,15	

12 Überprüfe, ob hier eine proportionale Zuordnung vorliegen kann.

a)

Stück	Preis (EUR)
2	3,00
10	15,00

b)

Stück	Preis (EUR)
3	1,50
12	6,00

c)

Stück	Preis (EUR)
2	1,80
6	3,60

d)

Stück	Preis (EUR)
15	9,00
3	1,80

e)

Stück	Preis (EUR)
21	14,00
3	2,50

f)

Stück	Preis (EUR)
32	6,40
8	1,80

1 Übertrage die Tabelle in dein Heft und fülle sie aus. Trage die Zahlenpaare als Punkte in ein Koordinatensystem ein. Was stellst du fest?

a) *Masse* ⟶ *Preis*

Masse (kg)	Preis (EUR)
15	12
5	■
3	■
1	■

x-Achse: 1 cm ≙ 1 kg
y-Achse: 1 cm ≙ 1 EUR

b) *Arbeitszeit* ⟶ *Verdienst*

Zeit (h)	Verdienst (EUR)
6	72
0,5	■
1,5	■
2	■

x-Achse: 1cm ≙ 1 h
y-Achse: 1 cm ≙ 10 EUR

c) *Volumen* ⟶ *Masse*

Vol (cm^3)	Masse (g)
75	600
5	■
10	■
25	■

x-Achse: 1 cm ≙ 10 cm^3
y-Achse: 1 cm ≙ 100 g

Volumen ⟶ Masse

Volumen (cm^3)	Masse (g)
1,2	9
0,6	4,5
1,8	13,5
2,4	18
3,6	27
4,8	36
6,0	45

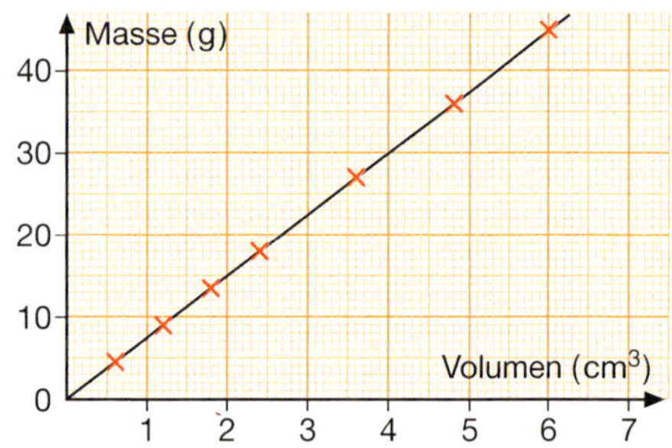

Bei einer proportionalen Zuordnung liegen die Punkte im Koordinatensystem auf einer Geraden durch den Ursprung (0|0).

2 Die folgenden Zuordnungen sind proportional. Übertrage die Tabelle in dein Heft und fülle sie aus. Trage die Zahlenpaare als Punkte in ein Koordinatensystem ein. Überprüfe, ob die eingetragenen Zahlenpaare auf einer Ursprungsgeraden liegen.

a) *Zeit* ⟶ *Weg*

Zeit (h)	Weg (km)
3	240
6	■
■	160
9	■

x-Achse: 1 cm ≙ 1 h
y-Achse: 1 cm ≙ 100 km

b) *Benzin* ⟶ *Fahrstrecke*

Vol (*l*)	Strecke (km)
4	50
8	■
■	450
56	■

x-Achse: 1cm ≙ 10 *l*
y-Achse: 1 cm ≙ 100 km

c) *Fläche* ⟶ *Farbmenge*

Fläche (m^2)	Masse (kg)
8	5,6
■	0,7
4	■
■	4,2

x-Achse: 1 cm ≙ 1 m^2
y-Achse: 1 cm ≙ 1 kg

3 Frau Buck tankt ihren Wagen auf.

a) Trage das Zahlenpaar als Punkt in ein Koordinatensystem ein (größter x-Wert: 45 *l*; größter y-Wert: 45 EUR).

b) Zeichne die Gerade durch diesen Punkt und den Ursprung und bestimme anhand der Geraden, wie teuer 20 *l* (10 *l*, 15 *l*, 35 *l*, 40 *l*, 45 *l*) sind.
Trage die Ergebnisse in eine Tabelle ein.

1 Jens und Oliver kaufen einen Fünferpack Kassetten. Jens nimmt drei, Oliver bekommt zwei.
a) Wie viel EUR muss jeder bezahlen?
b) Wie viele Minuten Aufnahmezeit hat jeder insgesamt auf seinen Kassetten?

2 Meikes Mutter kauft 24 Stiefmütterchen für 9,60 EUR. Beim Pflanzen stellt sie fest, dass sie noch sieben Stiefmütterchen benötigt. Sie bittet Meike, die Pflanzen zu kaufen.
a) Wie viel EUR muss Meike bezahlen?
b) Lars kauft für 6,40 EUR Stiefmütterchen. Wie viele Blumen bekommt er?

10 kg Äpfel kosten 8,50 EUR.
Wie viel EUR kosten 3 kg?

10 kg kosten 8,50 EUR.
1 kg kostet 8,50 EUR : 10 = 0,85 EUR.
3 kg kosten 0,85 EUR · 3 = 2,55 EUR.

Gewicht → Preis

Gewicht (kg)	Preis (EUR)
10	8,50
1	0,85
3	2,55

(:10 von 10 zu 1 und von 8,50 zu 0,85; ·3 von 1 zu 3 und von 0,85 zu 2,55)

3 Übertrage die Tabelle zu den folgenden proportionalen Zuordnungen in dein Heft und vervollständige sie.

a)

Stück	Masse (kg)
5	85
1	
7	

b)

Zeit (h)	Lohn (EUR)
8	104
1	
40	

c)

Länge (m)	Preis (EUR)
11	165
1	
19	

d)

Benzin (l)	Strecke (km)
14	182
55	

e)

Masse (g)	Preis (EUR)
500	15,00
40	

f)

Masse (kg)	Preis (EUR)
3	3,60
4	

4 Beim Training läuft Peter fünf Runden um den Platz. Dabei legt er 2000 m zurück. Sein Freund Michael läuft immer acht Runden. Wie viel Meter legt er dabei zurück?

5 Eine Zehnerkarte für das Freibad kostet 15 EUR. Auf Ingeborgs Karte sind bereits sieben Felder entwertet. Wie viel EUR ist ihre Karte noch wert?

6 Bei den Bundesjugendspielen läuft Stefanie 100 m in 16 Sekunden. Wie viel Meter legt sie bei diesem Tempo in sieben Sekunden zurück?

7 Hans-Joachim legt mit seinem Fahrrad eine Strecke von 12,8 km in 40 Minuten zurück. Wie weit fährt er bei gleichem Tempo in 25 (30, 35, 45) Minuten?

8 Übertrage die Tabelle zu den folgenden proportionalen Zuordnungen in dein Heft und vervollständige sie.

a)

Anzahl	Preis (EUR)
6	18,00
1	■
7	■

b)

Anzahl	Preis (EUR)
8	56,00
1	■
11	■

c)

Anzahl	Preis (EUR)
3	36,00
1	■
7	■

d)

Stück	Masse (kg)
7	91
1	■
3	■

e)

Stück	Masse (kg)
4	104
1	■
6	■

f)

Stück	Masse (kg)
9	153
1	■
4	■

g)

Masse (kg)	Preis (EUR)
5	10,20
1	■
9	■

h)

Masse (kg)	Preis (EUR)
11	16,50
1	■
8	■

i)

Masse (kg)	Preis (EUR)
4	30
1	■
13	■

k)

Länge (m)	Preis (EUR)
3	55,50
■	■
7	■

l)

Länge (m)	Preis (EUR)
2	49,60
■	■
5	■

m)

Länge (m)	Preis (EUR)
6	148,80
■	■
8	■

n)

Vol (*l*)	Strecke (km)
15	270
■	■
5,4	■

o)

Vol (*l*)	Strecke (km)
42	558,6
■	■
5	■

p)

Vol (*l*)	Strecke (km)
36	342
■	■
11	■

9 Für vier Kugeln Eis muss Brigitte 2,00 EUR bezahlen. Christiane kauft sechs Kugeln. Wie viel EUR muss sie bezahlen?

10 Jens möchte für den Urlaub in der Schweiz 40 EUR in Franken einwechseln. Sein Vater erhielt für 900 EUR auf der Bank 1512 CHF. Wie viel Franken bekommt Jens?

11 Die Familien Sterling und Fiedler fahren mit dem Schiff von Schabrode nach Hiddensee. Für fünf Personen bezahlt Familie Fiedler 40 EUR (Hin- und Rückfahrt). Wie viel EUR muss Familie Sterling für drei Fahrkarten bezahlen?

12 Sechs Knäuel Wolle kosten im Wollladen 27,00 EUR. Für einen Pullover rechnet Eva mit einem Verbrauch von sieben Knäuel. Wie teuer ist die Wolle für den Pullover?

13 Für fünf Disketten bezahlt Anne 2,60 EUR. Wie viel EUR muss Sascha bezahlen, wenn er Anne zwei Disketten abkaufen will?

L zu Nr. 9 bis 13: 1,04; 3,0; 24; 31,5; 67,2

14 Für acht Rollen Tapete bezahlt Herr Schiller 147,20 EUR. Während des Tapezierens stellt er fest, dass er noch drei Rollen nachkaufen muss. Berechne den Preis. Lege eine Tabelle an.

Anzahl	Preis (EUR)
8	147,20
1	
3	

15 An Petras Geburtstagsfeier wollen insgesamt zehn Personen teilnehmen.
Berechne jeweils das Gewicht der benötigten Zutaten.

Nudelsalat: (für 4 Personen)
300 g Nudeln, 200 g Fleischwurst,
200 g Erbsen, 100 g Mais,
200 g Majonäse,
Salz, Pfeffer, Paprika nach Geschmack

16 Auf dem Schulfest verkauft Heidi Orangensaft. Für 40 *l* Saft sind 200 Becher erforderlich. Heidi hat berechnet, wie viele Becher sie für die verkauften 35 *l* Saft bereits verbraucht hat.

	Saft in (l)	Anzahl der Becher	
	40	200	
:8	5	25	:8
·7	35	175	·7

a) Berechne, wie viele Becher für 50 (65, 75, 80) Liter Saft benötigt werden.
b) Der Erlös beträgt bei 20 verkauften Bechern Orangensaft 4 EUR. Wie berechnest du vorteilhaft den Erlös bei 30 (15, 24) verkauften Bechern?

17 Die Klasse 7b hat für das Schulfest Kuchen gebacken. Der Erlös für die Schule beträgt bei zwölf verkauften Kuchenstücken 3 EUR. Berechne vorteilhaft den Erlös bei 20 (28; 30, 50) verkauften Kuchenstücken.

18 Für das Sportabzeichen muss Bodo 1000 m in 4 min 30 s laufen. Welche Zeit hat er durchschnittlich für eine Runde (400 m) zur Verfügung? Rechne vorteilhaft.

19 Bei den Halleneuropameisterschaften müssen beim 5000-m-Lauf 25 Runden zurückgelegt werden. Wie viele Runden müssen die 1500-m-Läufer zurücklegen?

20 Frau Sanders legt in ihrem Garten eine Naturwiese an. Für 200 m^2 Naturwiese sind 10 kg Samen erforderlich. Wie viel Kilogramm Samen müssen für eine Fläche von 150 m^2 (180 m^2, 130 m^2, 75 m^2) eingekauft werden?

21 500 g Rindfleisch kosten in der Frischfleischabteilung eines Geschäftes 8,50 EUR. Andreas Vater kauft ein Stück Fleisch, das 800 g wiegt. Wie viel EUR muss er bezahlen?

22 Für 6 kg Äpfel bezahlt Alexander 7,20 EUR. Wie viel EUR muss er für 4 kg (8 kg, 0,4 kg, 0,8 kg) bezahlen?

L 0,48; 0,96; 3; 3,75; 4,8; 4,8; 5; 6; 6,5; 7; 7,5; 7,5; 7,5; 9; 9,6; 12,5; 13,6; 55,2; 108; 250; 250; 325; 375; 400; 500; 500; 750; 500

1

Zeit (min)	Anzahl der Pumpen
180	3
90	■
60	■
45	■

In 180 Minuten füllen drei Pumpen ein Wasserbecken. Wie viele Pumpen müssen eingesetzt werden, wenn das Becken bereits in 90 Minuten (60 min, 45 min) gefüllt werden soll? Löse die Aufgabe mithilfe einer Tabelle.

2 Im Technikunterricht werden mehrere gleich lange Holzleisten zersägt. Wird eine Holzleiste in sechs Stücke zersägt, ist jedes 20 cm lang.

a) In wie viele Stücke wird eine Leiste zersägt, wenn jedes Stück 10 cm (5 cm, 30 cm, 40 cm) lang sein soll?

b) Vergleiche die Anzahlen bei 20 cm und 40 cm (10 cm und 30 cm) langen Stücken. Was fällt dir auf?

Eine Rolle Schnur lässt sich in sechs jeweils 1,20 m lange Stücke zerschneiden.

	Anzahl der Stücke	Länge (m)	
	6	1,20	
·2	12	0,60	:2
·3	18	0,40	:3
	6	1,20	
:2	3	2,40	·2
:3	2	3,60	·3

Anzahl ⟶ **Länge**

doppelte Anzahl ⟶ **Hälfte** der Länge
dreifache Anzahl ⟶ **Drittel** der Länge

Hälfte der Anzahl ⟶ **doppelte** Länge
Drittel der Anzahl ⟶ **dreifache** Länge

Diese Zuordnung ist antiproportional.

3 Die folgenden Zuordnungen sind antiproportional. Übertrage die Tabelle in dein Heft und berechne die fehlenden Werte.

a)

	Anzahl	Zeitdauer (Tage)	
	18	24	
·2	36	■	:2
·3	54	■	:3
·4	72	■	:4
·6	108	■	:6

b)

	Anzahl	Länge (cm)	
	144	15	
:6	24	■	·6
:8	18	■	·8
:	9	■	·
:	6	■	·

12 Lastwagen fahren einen Schuttberg in 18 Tagen ab.

Wie viele Tage benötigen 24 (36) Wagen?

12 Wagen benötigen 18 Tage.
24 Wagen benötigen 18 Tage : 2 = 9 Tage
36 Wagen benötigen 18 Tage : 3 = 6 Tage

	Anzahl der Lastwagen	Zeitdauer in Tagen	
	12	18	
·2	24	9	:2
·3	36	6	:3

Wie viele Tage benötigen 6 (4) Wagen?

12 Wagen benötigen 18 Tage.
6 Wagen benötigen 18 Tage · 2 = 36 Tage
4 Wagen benötigen 18 Tage · 3 = 54 Tage

	Anzahl der Lastwagen	Zeitdauer in Tagen	
	12	18	
:2	6	36	·2
:3	4	54	·3

4 Die folgenden Zuordnungen sind antiproportional. Berechne die fehlenden Werte.

a)

	Anzahl	Zeit (Tage)	
	2	15	
·5	10	■	:5

b)

	Anzahl	Zeit (Tage)	
	3	28	
·4	12	■	:4

c)

	Anzahl	Zeit (Tage)	
	6	54	
·6	36	■	:6

d)

	Anzahl	Länge (cm)	
	6	96	
·8	48	■	◯

e)

	Anzahl	Länge (cm)	
	8	180	
·9	72	■	◯

f)

	Anzahl	Länge (cm)	
	17	150	
◯	51	■	◯

g)

	Anzahl	Länge (cm)	
	16	3	
:8	2	■	·8

h)

	Anzahl	Länge (cm)	
	24	1,50	
◯	4	■	◯

i)

	Anzahl	Länge (cm)	
	42	2,10	
◯	6	■	◯

k)

Zeit (min)	Vol (l)
46	78
138	■

l)

Zeit (min)	Vol (l)
96	18
24	■

m)

Zeit (min)	Vol (l)
32	117
96	■

5 Mit verschiedenen Fahrzeugen wird jeweils die gleiche Strecke zurückgelegt. Übertrage die Tabellen in dein Heft und bestimme jeweils die benötigte Fahrzeit.

a)

Geschw. ($\frac{km}{h}$)	h
120	3
60	■
40	■
15	■
10	■
6	■

b)

Geschw. ($\frac{km}{h}$)	h
9	40
18	■
36	■
45	■
144	■
180	■

c)

Geschw. ($\frac{km}{h}$)	h
162	2,5
54	■
27	■
18	■
6	■
3	■

6 Du kannst eine Rolle Klebeband in 120 Streifen von je 5 cm Länge schneiden. Wie viele Streifen erhältst du, wenn jeder Streifen 15 cm (10 cm, 20 cm) lang werden soll?

7 Wenn Jessica täglich 2,50 EUR ausgibt, reicht ihr Urlaubsgeld für 18 Tage.
a) Wie viel darf sie täglich ausgeben, wenn das Geld nur für 6 Tage reichen soll?
b) Wie viele Tage reicht das Geld, wenn sie täglich 5 EUR ausgibt?

8 Bei 15 cm Kantenlänge passen in einem rechteckigen Zimmer 36 Fliesen in eine Reihe. Wie viele Fliesen der Kantenlänge 30 cm (45 cm) werden für eine Reihe benötigt?

9 Für die Aufführung ihrer Theatergruppe stellen Sebastian und Sabine Stühle auf. Jeder von ihnen muss 36 Stühle aufstellen. Wie viele Stühle muss jeder aufstellen, wenn noch zwei (vier, sechs) Mitglieder der Theatergruppe helfen?

10 Ein Reiterhof hat für seine sechs Pferde eine Fuhre Heu bekommen. Dieser Futtervorrat reicht 60 Tage.
a) Am selben Tag werden noch 2 (3) weitere Pferde in Pflege genommen. Wie lange reicht der Futtervorrat jetzt?
b) Die Fuhre Heu soll für 72 Tage reichen. Wie viele Pferde dürfen dann auf dem Reiterhof untergestellt werden?

L zu Nr. 6 bis 10: 5; 7,50; 9; 9; 12; 12; 18; 18; 30; 40; 40; 45; 60

11

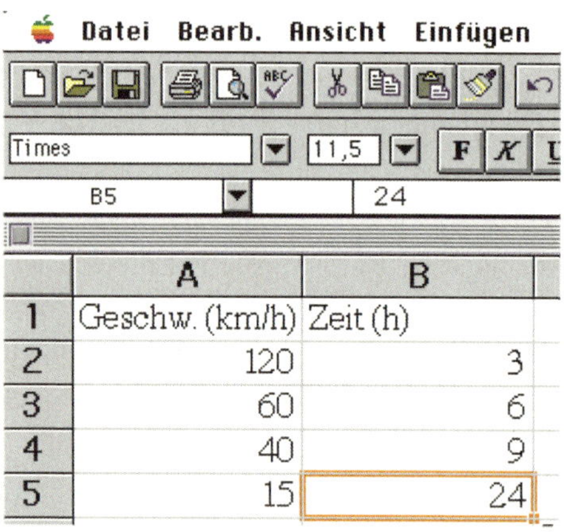

	A	B
1	Geschw. (km/h)	Zeit (h)
2	120	3
3	60	6
4	40	9
5	15	24

Lukas hat mithilfe einer Tabellenkalkulation berechnet, in welcher Zeit eine Strecke bei verschiedenen Durchschnittsgeschwindigkeiten zurückgelegt wird.
a) Liegt hier eine antiproportionale Zuordnung vor? Begründe.
b) Übertrage die Tabelle in dein Heft und bestimme die fehlenden Zeiten.

Geschwindigk. ($\frac{km}{h}$)	Zeit (h)
9	40
18	▒
36	▒
45	▒
144	▒

12 Überprüfe, ob die folgenden Zuordnungen antiproportional sind.

a)

Masse (g)	Stückzahl
60	20
30	40

b)

Anzahl	Zeit (Tage)
20	4
5	16

c)

Zeit (min)	Vol (*l*)
30	42,4
120	24,8

d)

Zeit (h)	Anzahl
2	12
6	13

e)

Zeit (min)	Zeit (Tage)
56	72
168	24

f)

Länge (cm)	Anzahl
12,5	24
50	6

1 Zu einem Rechteck der Länge 12 cm und der Breite 2 cm sollen weitere flächengleiche Rechtecke bestimmt werden.

Länge (cm)	12	6	2	1	24
Breite (cm)	2	■	■	■	■

a) Übertrage die Tabelle in dein Heft und fülle sie aus.

b) Trage die Zahlenpaare als Punkte in ein Koordinatensystem ein. Wähle als Einheit auf beiden Achsen 0,5 cm. Verbinde benachbarte Punkte durch Strecken. Bestimme die zur Länge von 4 cm (3 cm) gehörenden Breiten und trage die Zahlenpaare ebenfalls als Punkte in das Koordinatensystem ein. Was stellst du fest?

2 a) Zu einem Rechteck der Länge 15 cm und der Breite 8 cm sollen weitere flächengleiche Rechtecke bestimmt werden. Übertrage die Tabelle in dein Heft und fülle sie aus.

Länge (cm)	15	30	60	20	12	24	10	6	5	4	3	2
Breite (cm)	■	■	■	■	■	■	■	■	■	■	■	■

b) Trage die Zahlenpaare als Punkte in ein Koordinatensystem ein. Wähle als Einheit auf beiden Achsen 0,2 cm. Zeichne durch die Punkte eine Kurve.

Rechtecklänge ⟶ Rechteckbreite

Länge (cm)	Breite (cm)
8	12
4	24
2	48
16	6
24	4
32	3

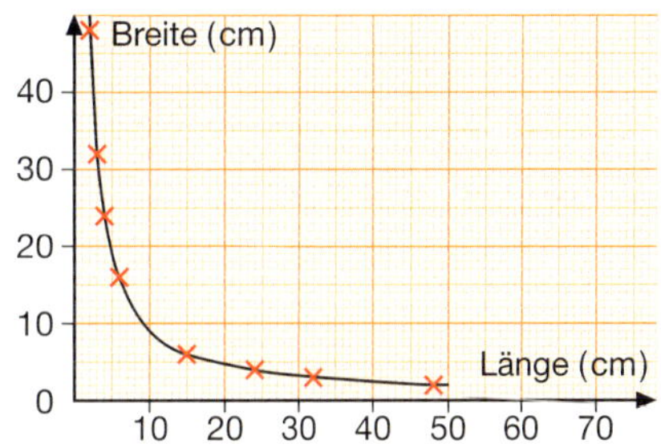

Bei einer antiproportionalen Zuordnung dürfen benachbarte Punkte im Koordinatensystem nicht durch Strecken verbunden werden. Die Punkte im Koordinatensystem liegen alle auf einer Kurve (Hyperbel).

3 Die folgenden Zuordnungen sind antiproportional. Ergänze die Tabelle im Heft. Trage die Zahlenpaare als Punkte in ein Koordinatensystem ein. Zeichne durch die Punkte eine Kurve.

a)

Anzahl	Länge (cm)
6	60
3	■
■	180
■	30
4	■
■	45

x-Achse: 1 cm ≙ 1 Stück
y-Achse: 1 cm ≙ 20 cm

b)

Geschw.($\frac{km}{h}$)	Zeit (h)
90	6
■	12
30	■
60	■
■	4,5
■	4

x-Achse: 1 cm ≙ 10 $\frac{km}{h}$
y-Achse: 1 cm ≙ 2 h

c)

Anzahl	Betrag (EUR)
10	18
■	90
5	■
■	45
6	■
■	22,50

x-Achse: 1 cm ≙ 1 Stück
y-Achse: 1 cm ≙ 10 EUR

4 a) Wie weit können verschiedene Fahrzeuge bei einem durchschnittlichen Benzinverbrauch von 7 *l* (8 *l*, 10 *l*, 12 *l*, 14 *l*, 15 *l*, 20 *l*) pro 100 km fahren, wenn sie jeweils 42 *l* Benzin getankt haben? Lege eine Tabelle an.

c) Trage die Zahlenpaare als Punkte in ein Koordinatensystem ein und zeichne durch die eingezeichneten Punkte eine Kurve (x-Achse: 1 cm ≙ 2 *l*; y-Achse: 1 cm ≙ 50 km).

1 Thomas und Matthias planen eine mehrtägige Fahrradtour.
„Wenn wir jeden Tag 60 km zurücklegen, sind wir in acht Tagen wieder da“, überlegt Thomas. „Ich muss aber schon in sechs Tagen wieder zu Hause sein“, wirft Matthias ein.

2 Auf der Großbaustelle müssen drei Lastwagen insgesamt acht Tage Kies fahren. Wie viele Lastwagen sind erforderlich, um den Kies in nur sechs Tagen herbeizuschaffen?

Eine Wandergruppe legt täglich 12 km zurück. Sie wandert vier Tage. Wie viele Kilometer müssen täglich zurückgelegt werden, wenn nur drei Tage zur Verfügung stehen?

4 Tage entsprechen 12 km täglich.
1 Tag entspricht 12 km · 4 = 48 km täglich.
3 Tage entsprechen 48 km : 3 = 16 km täglich.

Zeit in Tagen ⟶ tägliche Strecke

Zeit (Tage)	Strecke (km)
4	12
1 (:4)	48 (·4)
3 (·3)	16 (:3)

3 Übertrage die Tabelle zu den folgenden antiproportionalen Zuordnungen in dein Heft und vervollständige sie.

a)

Anzahl	Zeit (h)
3	20
1	
5	

b)

Anzahl	Länge (km)
4	49
1	
7	

c)

Masse (g)	Anzahl
25	8
1	
40	

d)

Anzahl	Betrag (EUR)
7	56
8	

e)

Länge (m)	Breite (m)
48	25
50	

f)

Anzahl	Masse (g)
45	120
30	

4 Karin holt von der Bank 30 Münzen zu je 50 Cent. Wie viele 20-Cent-Stücke hätte sie bei dem gleichen Geldbetrag erhalten?

5 Bei der Fahrt in den Urlaub legt Familie Schulte mit ihrem Auto täglich 570 km zurück und ist nach drei Tagen am Urlaubsziel angelangt. Wie viel Kilometer müssen täglich zurückgelegt werden, wenn die Anreise nur zwei Tage dauern soll?

6 Familie Jansen kann in einem 21-tägigen Urlaub pro Tag 64 EUR ausgeben. Der Urlaub soll um drei Tage verlängert werden. Wie viel EUR darf Familie Jansen nun täglich ausgeben, wenn sie mit ihrer Urlaubskasse auskommen will?

7 Übertrage die Tabelle zu den folgenden antiproportionalen Zuordnungen in dein Heft und vervollständige sie.

a)

Masse (g)	Anzahl
8	200
1	■
5	■

b)

Masse (g)	Anzahl
14	250
■	■
35	■

c)

Masse (g)	Anzahl
24	75
■	■
36	■

d)

Masse (g)	Anzahl
60	12
1	■
36	■

e)

Masse (g)	Anzahl
150	18
■	■
90	■

f)

Masse (g)	Anzahl
180	20
■	■
240	■

g)

Geschw. ($\frac{km}{h}$)	Anzahl
60	27
■	■
90	■

h)

Geschw. ($\frac{km}{h}$)	Anzahl
70	56
■	■
80	■

i)

Geschw. ($\frac{km}{h}$)	Anzahl
75	33
■	■
55	■

8 Thomas möchte einige Songs von CD auf Kassette überspielen. Auf einer Seite kann er 15 Titel von je vier Minuten Länge aufnehmen. Wie viele Musiktitel von je zehn Minuten Länge kann er auf der Rückseite aufnehmen?

9 Petra will in den Ferien mit ihren Freundinnen zelten. Sie haben zusammen Lebensmittel für sechs Tage eingekauft.

a) Wie lange reicht der Vorrat, wenn noch zwei Mädchen mitkommen?

b) Wie groß dürfte die Gruppe sein, wenn der Vorrat für acht Tage reichen soll?

10 Eine Busreise kostet für eine Gruppe von 40 Personen 56 EUR pro Person. Fünf Personen fallen am Abreisetag wegen Krankheit aus. Wie viel EUR muss nun jeder Teilnehmer zahlen?

11 Ein Freibad verfügt über vier gleich starke Pumpen, die zum Leeren des Schwimmbeckens eingesetzt werden können. Drei Pumpen leeren das Becken in 200 Minuten. In wie viel Minuten wird das Becken von vier Pumpen geleert?

12 Fünf Maschinen verpacken die Tagesproduktion einer Molkerei in sechs Stunden.

a) Zu Beginn der Arbeitszeit fallen zwei Maschinen aus. In welche Zeit wird die Arbeit von den restlichen Maschinen ausgeführt?

b) Wie viele Maschinen sind nötig, wenn die Arbeit nach $7\frac{1}{2}$ Stunden fertig sein soll?

L 3, 4, 4, 6, 10, 64, 150

13 Bei seiner Modelleisenbahn kann Patrick sechs Güterwagen von jeweils 125 mm Länge auf ein Abstellgleis schieben.
Er hat berechnet, wie viele Güterwagen von jeweils 150 mm Länge auf dem Gleis abgestellt werden können. Auf einem weiteren Abstellgleis stehen vierzehn Güterwagen von jeweils 150 mm Länge.

	Länge (mm)	Anzahl	
	125	6	
:5			:5
	25	30	
·6			:6
	150	5	

Berechne vorteilhaft, wie viele Waggons von jeweils 100 mm (175 mm; 210 mm) Länge auf dem Gleis abgestellt werden können.

14 Joachim hat eine Gleisstrecke aus acht je 200 mm langen Gleisstücken aufgebaut. Für die gleich lange Parallelstrecke hat er nur noch 160 mm (64 mm) lange Gleisstücke zur Verfügung. Wie viele Gleisstücke benötigt Joachim? Rechne vorteilhaft.

15 Claudia bringt mit ihren Vater Äpfel zur Mosterei. Für die Äpfel bekommen sie 30 Flaschen Apfelsaft mit jeweils 700 cm^3 Inhalt.
Berechne vorteilhaft, wie viele Gläser von 200 cm^3 (150 cm^3) Inhalt sich damit füllen lassen.

16 In einer Konditorei werden die hergestellten Pralinen in Portionen zu je 200 g verpackt. Der Konditor erhält 45 Portionen. Wie viele 125-g-Portionen hätte er erhalten?

L zu Nr. 13 bis 16: 10, 10; 12, 21, 25, 72, 105, 140

17 Wenn eine 40-Watt-Glühlampe 75 Stunden brennt, betragen die Kosten für die elektrische Energie 0,424 EUR.
a) Wie lange darf eine 100-Watt-Glühlampe bei gleichen Energiekosten brennen?
b) Berechne auch, wie lange eine 8 (12, 15, 18)-Watt-Energiesparlampe bei gleichen Energiekosten brennen darf.

18 Bernd braucht mit seinem Fahrrad bei einer Durchschnittsgeschwindigkeit von 15 km pro Stunde für den Weg zur Schule 33 Minuten.
a) Wie lange braucht seine Schwester Regine mit ihrem Mofa, das mit 25 km/h fährt?
b) Wie lange braucht ein Auto, das mit einer Durchschnittsgeschwindigkeit von 55 km/h fährt?

19 Sebastian hat zum Geburtstag ein neues Fahrrad bekommen.
Er hat berechnet, dass im zweiten Gang (21 Zähne) bei einer Pedalumdrehung 4,70 m zurückgelegt werden.
Wie viel Meter werden im fünften Gang bei einer Pedalumdrehung zurückgelegt? Rechne vorteilhaft.

L zu Nr. 17 bis 19: 6,58; 9; 19,8; 30; $166\frac{2}{3}$, 200; 250; 375;

Manche Zuordnungen sind nur scheinbar (anti)proportional

1 Vier Musiker spielen ein Musikstück in 4 min 40 s.
Benötigen drei Musiker für das gleiche Musikstück mehr Zeit? Begründe.

2 Ein einjähriges Kind hat eine Körpergröße von 75 cm. Kannst du berechnen, wie groß das Kind mit zwei Jahren (vier Jahren, zehn Jahren) sein wird?

3 In Lauras Klasse sind im 7. Jahrgang insgesamt 14 Mädchen. Kannst du berechnen, wie viele Mädchen die Klasse im 8. Jahrgang haben wird?

4 Ein Ei wird hart gekocht, wenn es zehn Minuten in kochendem Wasser liegt. Wie lange muss Ralf fünfzehn Eier in kochendem Wasser lassen, damit sie hart gekocht werden?

5 Anja hat für ihre letzte Mathematikarbeit vier Stunden geübt. In der Arbeit erhielt sie die Note 2. Für die nächste Mathematikarbeit will sie acht Stunden üben. Kannst du ihre Note vorhersagen?

6 Lara hat beim Weitsprung mit einem 10 m langen Anlauf eine Sprungweite von 3,6 m erzielt. Beim nächsten Sprung läuft sie 15 m bis zur Sprunggrube. Kannst du ihre Sprungweite berechnen?

7 Eine Orientierungswanderung geht über eine Strecke von 9,6 km. Es werden dazu Gruppen von jeweils acht Schülern gebildet. Vom letzten Mal her ist bekannt, dass Gruppen von jeweils sechs Schülern etwa 100 Minuten für die Strecke benötigen. In welcher Zeit schaffen die neuen Gruppen die Strecke?

So kannst du bei Dreisatzaufgaben vorgehen:

Eine Gruppe von 30 Personen möchte einen Tierpark besuchen. Der Eintrittspreis beträgt insgesamt 105 EUR. Zwei Personen sagen kurzfristig ab. Wie hoch ist der Eintrittspreis nun für 28 Personen?

1. Überlege zunächst, ob zwischen den Größen die Beziehung **„je mehr – desto mehr“** oder **„je mehr – desto weniger“** vorliegt.

Je mehr Personen den Tierpark besuchen, **desto mehr** muss insgesamt bezahlt werden.

2. Überlege dann, ob dem **Doppelten** das **Doppelte,** dem **Dreifachen** das **Dreifache,** ... oder dem **Doppelten** die **Hälfte,** dem **Dreifachen** ein **Drittel,**... zugeordnet wird.

Wird die Anzahl der Personen **verdoppelt, verdoppelt** sich auch der Gesamtpreis.

3. Lege eine Tabelle an und trage das gegebene Größenpaar ein.

Anzahl der Personen	Gesamtpreis (EUR)
30	105

4. Berechne die gesuchte Größe.

Anzahl der Personen	Gesamtpreis (EUR)
30	105
1	3,5
28	98

Der Gesamtpreis beträgt 98 EUR.

Eine Rolle Paketschnur kann in 75 Stücke von je 40 cm Länge zerschnitten werden. Wie lang ist jedes Stück, wenn du die Rolle in 50 gleich lange Stücke zerschneidest?

1. Überlege zunächst, ob zwischen den Größen die Beziehung **„je mehr – desto mehr“** oder **„je mehr – desto weniger“** vorliegt.

Je mehr Stücke, **desto geringer** ist die Länge jedes einzelnen Schnurstücks.

2. Überlege dann, ob dem **Doppelten** das **Doppelte,** dem **Dreifachen** das **Dreifache,** ... oder dem **Doppelten** die **Hälfte,** dem **Dreifachen** ein **Drittel,...** zugeordnet wird.

Wird die Anzahl der Stücke **verdoppelt, halbiert** sich die Länge jedes einzelnen Schnurstücks.

3. Lege eine Tabelle an und trage das gegebene Größenpaar ein.

Anzahl der Stücke	Länge pro Stück (cm)
75	40

4. Berechne die gesuchte Größe.

Anzahl der Stücke	Länge pro Stück (cm)
75	40
1	3000
50	60

Jedes Stück ist dann 60 cm lang.

1

Die Klasse 7a plant ihre Klassenfahrt. Auf der Landkarte beträgt die Entfernung von der Schule zum Schullandheim (Luftlinie) etwa 48 cm. Eine Strecke von 100 km ist auf der Karte 20 cm lang. Wie groß ist die Entfernung von der Schule zum Schullandheim?

2 Bei der Planung der Fahrt wurden für die Jungen sechs Vierbettzimmer vorgesehen. Nach der Ankunft stellt sich heraus, dass nur Dreibettzimmer zur Verfügung stehen. Wie viele Zimmer werden jetzt von den Jungen belegt?

3 Vor dem Frühstück deckt jeweils eine Gruppe von Schülern die Tische. Andreas verteilt die Brötchen auf 14 Brötchenkörbe. In jeden Korb kommen acht Brötchen.
Am nächsten Morgen nimmt Petra 16 Brötchenkörbe. Wie viele Brötchen muss sie dann jeweils in einen Korb legen?

4

Eine Gruppe von 24 Personen möchte für einen Tag Fahrräder ausleihen. Wie hoch ist der Mietpreis für alle Fahrräder, wenn zuvor 21 Personen 105 EUR bezahlt haben, um für einen Tag Fahrräder auszuleihen?

5 Zum Mittagessen gibt es Linseneintopf mit Würstchen. Der Koch rechnet für vier Personen eine Terrine mit 1,6 Liter Inhalt.

a) Wie viel Liter Linseneintopf muss er für insgesamt 150 Personen kochen?
b) Wie viele Terrinen müssen mindestens gefüllt werden?
c) In einer Dose befinden sich sechs (zehn) Würstchen. Wie viele Dosen müssen insgesamt geöffnet werden?

6 Auf der Autobahn fährt der Bus mit einer Durchschnittsgeschwindigkeit von 72 $\frac{\text{km}}{\text{h}}$. Welche Strecke legt der Bus bei diesem Tempo in 12 (15, 16, 40) Minuten zurück?

L 7; 8; 14,4; 15; 18; 19,2; 25; 38; 48; 60; 120; 240;

Eine Gruppe von 20 Schülerinnen und Schülern möchte das Museum besuchen. Zwei Tage zuvor benötigte eine Gruppe von 15 Schülerinnen und Schülern für den Weg vom Schullandheim zum Museum 45 Minuten. Mit welcher Zeit müssen die 20 Schülerinnen und Schüler rechnen?

7 Zum Abendessen wird Tee getrunken. Um vier gleich große Kannen füllen zu können, werden fünf Liter heißes Wasser benötigt. Wie viel Liter heißes Wasser werden für neun Teekannen benötigt?

8 Petra, Sabine und Oliver helfen bei der Vorbereitung des Abendessens. Sie wissen, dass am Tag zuvor vier 1500-g-Brote aufgeschnitten wurden. Der Bäcker hat aber nur 1000-g-Brote geliefert. Wie viele 1000-g-Brote müssen nun aufgeschnitten werden?

9 Nach dem Abendessen helfen die Schüler beim Abräumen. Sebastian und Uwe haben für das Abtrocknen des Geschirrs eine halbe Stunde gebraucht. Wie lange dauert es, wenn am nächsten Abend drei Schüler abtrocknen? Gib die Zeit in Minuten an.

10 Die Klassen 7a und 7b besuchen das Freibad. Für die 24 Schülerinnen und Schüler der 7a bezahlt die Klassenlehrerin 33,60 EUR Eintritt. Wie hoch ist der Eintritt für die 27 Schülerinnen und Schüler der Klasse 7b?

11 Thorsten hat für seinen Walkman vier Packungen mit jeweils vier Batterien mitgenommen. Mit zwei 1,5-Volt-Batterien hat der Walkman eine Spieldauer von vier Stunden. Wie viele Stunden kann Thorsten mit seinem Walkman Musik hören?

12 Angela möchte vom Rest ihres Taschengeldes ein Andenken kaufen. Sie kauft sechs große Ansichtskarten zum Preis von 1,40 EUR das Stück. Wie viele Ansichtskarten zum Stückpreis von 0,60 EUR (normales Format) hätte sie dafür erhalten?

L 6; 11,25; 14; 20; 32; 37,80

Fünf Schüler der 7c wollen ein Tischtennisturnier veranstalten. Sie haben dazu einen Spielplan aufgestellt, nach dem jeder gegen jeden spielen muss.
Wie viele Spiele sind dazu bei sechs Spielern nötig?

1. Spieler	2. Spieler	Ergebnis
Claudia	Lars	
Nadine	Kai	
Gerrit	Claudia	
Lars	Nadine	
Kai	Gerrit	
Claudia	Nadine	
Gerrit	Lars	
Kai	Claudia	
Nadine	Gerrit	
Lars	Kai	

Auf den folgenden Seiten darf der Taschenrechner benutzt werden.

1 Ein Installateur hat einem Kunden für fünf Arbeitsstunden 197,00 EUR berechnet.
a) Wie viel EUR muss ein zweiter Kunde bezahlen, für den er sieben Stunden gearbeitet hat?
b) Einem dritten Kunden werden für die Arbeitszeit 256,10 EUR berechnet. Wie viele Stunden wurden hier gearbeitet?

2 Ein Mähdrescher kann ein 1,8 ha großes Feld in zwei Stunden abernten.
a) Wie viel Zeit benötigt er für ein 4,32 ha großes Feld?
b) Wie viel Hektar kann er in $3\frac{1}{2}$ Stunden abernten?

3 Drei gleich große Schaufelradbagger können in einer Schicht 195 000 t Braunkohle fördern. Nach der halben Schicht fällt ein Bagger aus. Wie viele Tonnen Braunkohle können nun in der Schicht gefördert werden?

4 1975 wurden von 900 t Braunkohle 783 t zur Stromerzeugung eingesetzt. 123 Millionen Tonnen wurden gefördert. Wie viele Tonnen wurden davon zur Stromerzeugung eingesetzt?

5

Um 117 m³ Erde abzufahren, sind 18 Fahrten mit einem Lkw nötig.
a) Wie viele Fuhren sind für 143 m³ (39 m³) nötig?
b) Berechne, wie viele Fuhren erforderlich sind, um 219 m³ (258 m³, 400 m³) Erde abzufahren.

6 Im Straßenbau werden für eine 120 m lange Straße 150 m³ Schotter benötigt.
a) Wie viel Kubikmeter Schotter werden für einen 250 m (345 m, 765 m) lange Straße benötigt?
b) Wie lang kann die Straße werden, wenn 170 m³ (200 m³, 270 m³) Schotter zur Verfügung stehen? Runde auf zwei Nachkommastellen.

7 Drei Verpackungsmaschinen einer Molkerei können die Tagesproduktion an Butter in fünf Stunden abpacken. Wie viel Zeit benötigen zwei (vier, sieben) Verpackungsmaschinen? Gib die Zeit in Stunden an. Runde auf zwei Nachkommastellen.

8 Fünf Abfüllmaschinen können von einer Mineralquelle in sechs Stunden 6000 Flaschen Mineralwasser füllen. Eine Maschine fällt aus.
a) Wie lange müssen die übrigen Maschinen in Betrieb bleiben, um die gleiche Anzahl Flaschen zu füllen?
b) Wie viele Flaschen werden von den vier Maschinen in sechs Stunden gefüllt?

L 2,14; 3,15; 3,75; 4,8; 6; 6,5; 7,5; 7,5; 22; 34; 40; 62; 136; 160; 216; 275,80; 312,5; 431,25; 956,25; 4800; 162 500; 107 010 000

9 Berechne, wie viel Zeit die Tiere für eine Strecke von 400 m benötigen.

Elefant:

30 km ⟶ 1 h

30000 m ⟶ 3600 s

100 m ⟶ $\frac{3600\,s}{300}$ = 12 s

400 m ⟶ 48 s

10 Eine Gazelle auf der Flucht benötigt für eine bestimmte Strecke bei einer Geschwindigkeit von 80 $\frac{km}{h}$ sechs Sekunden. In welcher Zeit legt ein Gepard bei einer Geschwindigkeit von 110 $\frac{km}{h}$ die gleiche Strecke zurück? Runde auf zwei Stellen nach dem Komma.

11 Ein Radfahrer fährt in vier Stunden 68 km.

a) Zeichne die zur Zuordnung gehörende Gerade (1 cm ≙ 0,5 h; 1 cm ≙ 5 km).

b) Ermittle anhand des Graphen, wie viel Kilometer der Radfahrer in 3 h (2,5 h; 4,5 h) zurücklegt.

c) Wie lange benötigt er für eine Strecke von 8,5 km (25,5 km; 59,5 km)?

12 Um von Leopoldshöhe nach Lage zu fahren, benötigt ein Radfahrer bei einer mittleren Geschwindigkeit von 18 $\frac{km}{h}$ eine Zeit von 45 Minuten. Wie schnell legt ein Pkw mit einer mittleren Geschwindigkeit von 50 $\frac{km}{h}$ die gleiche Strecke zurück?

13 Frau Klinker fährt die 170 km lange Strecke von Bonn nach Frankfurt in zwei Stunden.

a) Wie weit käme sie bei derselben mittleren Geschwindigkeit in $3\frac{1}{2}$ ($3\frac{3}{4}$) Stunden?

b) Welche Zeit würde sie bei derselben mittleren Geschwindigkeit für die 270 km lange Strecke von Dortmund nach Braunschweig benötigen? Runde auf eine Stelle nach dem Komma.

14 Blitz und Donner entstehen zur gleichen Zeit am gleichen Ort. Das Licht ist so schnell (300 000 $\frac{km}{s}$), dass du den Blitz fast zum gleichen Zeitpunkt siehst, zu dem er entsteht.
Der Schall braucht für einen Weg von einem Kilometer ungefähr drei Sekunden.

a) Vom Blitz bis zum Donner verstreichen 19 Sekunden.
Wie weit ist das Gewitter entfernt? Runde auf zwei Stellen nach dem Komma.

b) Gib die Schallgeschwindigkeit in Kilometer pro Stunde an

L 0,5; 1,5; 3,2; 3,5; 4,36; 6,33; 12; 16,2; 24; 28,8; 42,5; 51; 76,5; 297,5; 318,75; 1200

15 In der Schifffahrt wird mit einem Echolot die Wassertiefe bestimmt. Dabei werden Schallwellen ausgesendet, vom Meeresboden reflektiert und wieder empfangen. Aus der Zeit vom Aussenden bis zum Empfang kann dann die Entfernung berechnet werden.
Bei einer gemessenen Zeit von 0,2 s beträgt die Wassertiefe 148,5 m.
Wie tief ist das Wasser bei 0,7 s (1,5 s)?

16 Ein Frachtschiff legt eine Strecke von Rotterdam nach New York bei einer Durchschnittsgeschwindigkeit von 40 $\frac{km}{h}$ in 7 $\frac{1}{2}$ Tagen zurück. Wie viel Zeit benötigt ein Passagierschiff mit einer mittleren Geschwindigkeit von 50 $\frac{km}{h}$ für die gleiche Strecke?

17 Bei Windstärke 6 (starker Wind) legt der Wind eine Entfernung von 90 km in zwei Stunden zurück. Wie lange benötigt der Wind für die gleiche Strecke bei Windstärke 12 (Orkan mit Windgeschwindigkeit um 125 $\frac{km}{h}$)?

18 Das Licht braucht 8 Minuten und 20 Sekunden, um von der Sonne zur Erde zu gelangen. Die Sonne ist von der Erde 150 Millionen km entfernt. Wie weit ist der Fixstern „Alpha Centauri“ von der Erde entfernt, wenn das Licht von ihm bis zur Erde 4,4 Jahre benötigt?

19 Ein Raumschiff, das in zwei Stunden die Erde umkreist, legt dabei einen Weg von 51 000 km zurück. Wie lange würde es bei dieser Geschwindigkeit für die 380 000 km bis zum Mond benötigen? Runde auf eine Stelle nach dem Komma.

20 Ein Verkehrsflugzeug überfliegt eine Strecke von 4050 km in 4$\frac{1}{2}$ Stunden. Auf dem Rückflug hat es Gegenwind von 50 $\frac{km}{h}$. In welcher Zeit wird die gleiche Strecke überflogen? Runde auf eine Stelle nach dem Komma.

21 Ein Regionalexpress fährt mit einer durchschnittlichen Geschwindigkeit von 80 km/h. Auf einer Strecke von 72 km soll er eine Verspätung von sechs Minuten aufholen. Berechne, mit welcher Geschwindigkeit er dann fahren muss.

22 Der Intercity fährt um 9.34 Uhr in Hamm ab und kommt ohne Halt um 10.00 Uhr in Bielefeld an (Entfernung 67 km). Wie viele Minuten nach der Abfahrt fährt er durch Gütersloh, das 45 km von Hamm entfernt ist? Runde auf eine Stelle nach dem Komma.

23 Frau Peters fährt mit ihrem Pkw auf der Autobahn von Münster nach Hagen. Ihre Durchschnittsgeschwindigkeit beträgt 100 $\frac{km}{h}$. Wie lange braucht sie bis zu der Autobahnabfahrt Kamen (Schwerte, Hagen)?
Gib die Zeit in Minuten an.

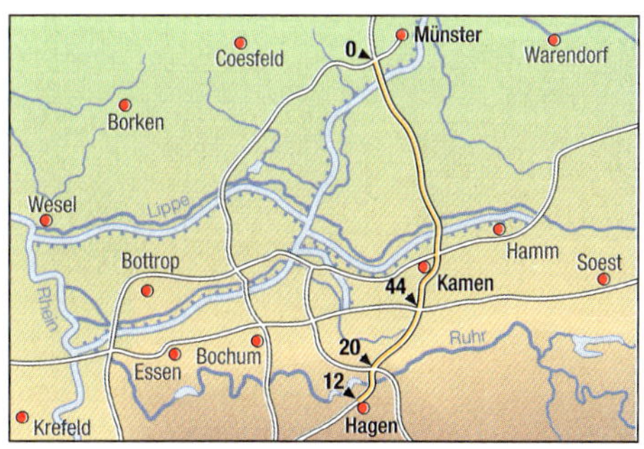

L 1,44; 4,8; 6; 14,9; 17,5; 26,4; 38,4; 45,6; 90; 519,75; 1113,75

1 Beim Obsthändler bezahlt Sandra für 2 kg Äpfel 1,60 EUR.
a) Wie viel EUR muss Kevin für 3 kg (1,5 kg; 2,5 kg; 3,5 kg; 5 kg) bezahlen?
b) Frau Kaup möchte für ihr Lebensmittelgeschäft 200 kg Äpfel der gleichen Sorte kaufen. Begründe, warum sie dafür nicht 160 EUR bezahlen muss.

Manche Zuordnungen sind nur in bestimmten Bereichen (anti) proportional.

2 Vier Arbeiter eines Gartenbaubetriebes pflastern eine Hoffläche in 48 Stunden.
a) Wie viele Stunden benötigen drei (sechs, acht) Arbeiter?
b) Begründe, warum 1152 Arbeiter die gleiche Fläche nicht in zehn Minuten pflastern können.

3 Herr Peters legt mit seinem Auto eine Strecke von 300 km Länge in 2 h 30 min zurück.
a) Wie lange benötigt er bei gleicher Durchschnittsgeschwindigkeit für eine Strecke von 400 km (240 km, 180 km)?
b) Warum kann Herr Peters eine 3000 km lange Strecke nicht in 25 Stunden zurücklegen?

4

Bei einem eintägigen Ausflug mit dem Bus betragen die Fahrtkosten pro Person 12 EUR bei insgesamt 40 Teilnehmern.
a) Wie hoch sind die Fahrtkosten pro Person, wenn 32 (48) Personen an der Fahrt teilnehmen?
b) Kannst du mit einer Dreisatzrechnung auch die Fahrtkosten bei insgesamt 180 Teilnehmern berechnen? Begründe.

5 Im Physikunterricht wird der Zusammenhang zwischen elektrischer Spannung und elektrischer Stromstärke bei einem Konstantandraht untersucht.

Spannung U (V)	Stromstärke I (A)
1	0,2
2	0,4
3	0,6
4	0,8
5	1,0
6	1,2
12	2,0
15	2,3
20	2,5

a) Vergleiche bei Spannungen zwischen 1 Volt und 6 Volt die zugehörigen Stromstärken. Welchen Zusammenhang erkennst du?
b) Vergleiche die Stromstärken bei 3 Volt und 12 Volt (5 Volt und 15 Volt, 4 Volt und 20 Volt) miteinander. Besteht auch hier ein Zusammenhang?

1 Übertrage die Tabelle in dein Heft und fülle sie aus.

a) *Anzahl (Schokoriegel)* ⟶ *Preis*

Anzahl	Preis (EUR)	$\frac{\text{Preis}}{\text{Anzahl}}$ (EUR)
12	6,00	6,00 : 12 = 0,50
4	■	■
3	■	■
2	■	■

b) *Volumen (Aluminium)* ⟶ *Masse*

Vol. (cm^3)	Masse (g)	$\frac{\text{Masse}}{\text{Vol.}} = \left(\frac{g}{cm^3}\right)$
200	540	540 : 200 = 2,7
100	■	■
50	■	■
20	■	■

Was stellst du bei beiden Teilaufgaben fest? Was gibt der Quotient jeweils an?

Zeit ⟶ Weg

Zeit (h)	Weg (km)	$\frac{\text{Weg}}{\text{Zeit}} \left(\frac{km}{h}\right)$
4	260	260 : 4 = 65
8	520	520 : 8 = 65
2	130	130 : 2 = 65

Die Zahlenpaare (4; 260), (8; 520), (2; 130) heißen **quotientengleich:**

$\frac{260}{4} = 65$; $\frac{520}{8} = 65$; $\frac{130}{2} = 65$

Proportionalitätsfaktor k = $\boxed{65}$
k gibt hier die Geschwindigkeit an (65 km pro h).

Bei proportionalen Zuordnungen sind die Quotienten zugeordneter Größen gleich.

2 Berechne den Proportionalitätsfaktor k. Was gibt der Proportionalitätsfaktor an?

a) *Stückzahl* ⟶ *Preis*

Anzahl	Preis (EUR)
7	4,90
1	■

b) *Telefoneinheiten* ⟶ *Gebühren*

Einheiten	Gebühr (EUR)
400	21,16
1	■

c) *Personenzahl* ⟶ *Eintritt*

Anzahl	Eintritt (EUR)
4	26
1	■

d) *Stofflänge* ⟶ *Preis*

Länge (m)	Preis (EUR)
12	225,60
1	■

e) *Arbeitszeit* ⟶ *Gehalt*

Zeit (h)	Gehalt (EUR)
20	257,60
1	■

f) *Fahrstrecke* ⟶ *Benzin*

Strecke (km)	Volumen (*l*)
400	26,8
1	■

3 Bei den folgenden Zuordnungen wird dem Volumen eines Körpers die Masse zugeordnet: Volumen ⟶ Masse. Der Proportionalitätsfaktor k gibt dabei für jedes Material die Masse eines Kubikzentimeters an (Dichte des Materials). Berechne die Masse eines Körpers mit dem angegebenen Volumen.

	a)	b)	c)	d)	e)	f)	g)
Material	Aluminium	Marmor	Messing	Gold	Platin	Silber	Blei
k $\left(\frac{g}{cm^3}\right)$	2,7	2,5	8,3	19,3	21,4	10,51	11,34
Vol. (cm^3)	30	40	60	50	80	70	90
Masse (g)	$2{,}7 \cdot 30 =$ ■	■	■	■	■	■	■

Markus bekommt jeden Monat sein festes Taschengeld. Einen Teil davon gibt er aus, der Rest wird gespart. Wenn Markus 20 EUR ausgibt, kann er 5 EUR sparen. Kann er, wenn er nur die Hälfte ausgibt, das Doppelte sparen?

4 Ein Goldbarren hat ein Volumen von 96 cm³ und eine Masse von 1852,8 g.

a) Wie viel Gramm wiegen Goldbarren mit einem Volumen von 250 cm³ (320 cm³)?
So kannst du zu beliebigem Volumen x die zugehörige Masse berechnen:

Volumen (cm³)	Masse (g)
96	1852,8
↓ :96	↓ :96
1	19,3
↓ ·x	↓ ·x
x	19,3 · x

Du berechnest den Proportionalitätsfaktor k:

$$k = \frac{1852{,}8}{96} = 19{,}3$$

$$x \longmapsto 19{,}3 \cdot x$$

allgemeine Zuordnungsvorschrift:

$$x \longrightarrow k \cdot x$$

Zu jeder Zahl x erhalten wir die zugeordnete Zahl, indem wir k mit x multiplizieren.

b) Berechne die Masse eines Goldbarrens mit einem Volumen von 540 cm³ (725 cm³).

5 a) Berechne jeweils k und gib die Zuordnungsvorschrift an. Was gibt k jeweils an?
b) Übertrage die Tabelle in dein Heft und vervollständige sie.

a)

Zeit (h)	Lohn (EUR)
8	110,4
11	■
35	■
38,5	■

b)

Zeit (h)	Strecke (km)
3	169,5
7	■
2,5	■
6,5	■

c)

Vol. (cm³)	Masse (g)
3,7	26,973
4,8	■
11,7	■
19,8	■

6 In 45 Minuten verbraucht ein elektrischer Heizlüfter für 0,27 EUR elektrische Energie.
a) Berechne k und gibt die Zuordnungsvorschrift an.
b) Berechne, welche Energiekosten in 12 min (19 min; 54 min; 63 min; 75 min) entstehen. Runde auf zwei Stellen nach dem Komma.

7 a) Berechne den Proportionalitätsfaktor k zur Zuordnung „Strecke in m ⟶ Zeit in s“ und gib die Zuordnungsvorschrift an.
b) Welche Zeit benötigt der Läufer durchschnittlich für eine Strecke von 50 m (100 m, 400 m, 1 km, 5 km)?

8 Eine 20-sitzige Turbopropmaschine verbraucht in drei Flugstunden zirka 400 *l* Kerosin.
a) Bestimme k als Bruch und gib die Zuordnungsvorschrift an (Flugzeit ⟶ Verbrauch).
b) Wie viel Liter Kerosin werden in 45 min (1,5 h; 2 h; 5 h; 15 min; 30 min) verbraucht? Benutze die Zuordnungsvorschrift und runde sinnvoll.

9 Dirks Vater tauscht auf der Bank 400 EUR gegen 412 $ ein (Betrag in EUR ⟶ Betrag in $).
a) Berechne den Proportionalitätsfaktor k und gib die Zuordnungsvorschrift an.
b) Wie viel Dollar bekommt Dirks Vater für 350 EUR (650 EUR; 1200 EUR; 2345 EUR)?

L 0,006; 0,07; 0,11; 0,171; 0,32; 0,38; 0,45; 1,03; 7,29; 8,55; 13,8; 17,1; 33,333; 34,992; 56,5; 66,667; 68,4; 85,293; 100; $133\frac{1}{3}$; 141,25; 144,342; 151,8; 171; 200; 266,667; 360,5; 367,25; 395,5; 483; 531,3; 666,667; 669,5; 855; 1236; 2415,35; 4825; 6176; 10 422; 13 992,5

1 Übertrage die Tabelle in dein Heft und fülle sie aus.

a) Eine Rolle Paketschnur wird in gleich lange Stücke zerschnitten.

Länge (m)	Anzahl	Länge · Anzahl (m)
2,50	10	2,50 · 10 = 25
0,50	■	■
0,25	■	■
1,00	■	■

b) Für ein Päckchen werden als Porto Briefmarken gekauft.

Wert (EUR)	Anzahl	Wert · Anzahl (EUR)
0,80	6	0,80 · 6 = 4,80
2,40	■	■
0,60	■	■
1,20	■	■

Was stellst du bei beiden Teilaufgaben fest? Was gibt das Produkt jeweils an?

Eine Wagenladung Holzwolle wird in Tüten abgepackt.

Packungsgewicht ⟶ Anzahl der Tüten

Anzahl	Gewicht (kg)	Anzahl · Gewicht (kg)
20	15	20 · 15 = 300
60	5	60 · 5 = 300
100	3	100 · 3 = 300

Die Zahlenpaare (15; 20), (5; 60), (3; 100) heißen **produktgleich:**

20 · 15 = 300; 60 · 5 = 300; 100 · 3 = 300

Proportionalitätskonstante c = 300
c gibt hier das Gesamtgewicht (300 kg) der Holzkohle an.

Bei antiproportionalen Zuordnungen sind die Produkte zugeordneter Größen gleich.

2 Berechne die Proportionalitätskonstante c. Was gibt die Proportionalitätskonstante an?
a) Der Heuvorrat reicht für die zwölf Pferde des Reitstalls genau 30 Tage:
Anzahl der Pferde ⟶ Zeit, für die der Heuvorrat reicht.
b) Eine Rolle Klebeband wird in 120 Streifen von je 5 cm Länge zerschnitten:
Länge eines Streifens ⟶ Anzahl der Streifen.
c) Mit vier Maschinen kann ein bestimmter Auftrag in 4 Std. 30 Min. erledigt werden:
Anzahl der Maschinen ⟶ benötigte Zeit.

3 Welche der folgenden Zuordnungen ist antiproportional? Überprüfe dazu, ob die Zahlenpaare jeweils produktgleich sind.

a)

Anzahl	Betrag (EUR)
11	1295,00
5	2849,00
4	3561,00

b)

Geschw. $\left(\frac{km}{h}\right)$	Zeit (h)
65	3
78	2,5
97,5	2

c)

Länge (cm)	Breite (cm)
28	22
32,5	17,5
38,5	11,7

4 Jens, Dirk und André möchten zusammen in Urlaub fahren. Jens kann 28,80 EUR Taschengeld mitnehmen, Dirk 43,20 EUR und André 36 EUR. Wie viele EUR hat jeder pro Urlaubstag zur Verfügung, wenn sie eine bestimmte Anzahl von Tagen verreisen?
a) Lege in deinem Heft für jeden Jungen eine Tabelle an und vervollständige sie.

Anzahl der Tage	2	3	4	5	6	8	9	10	12	15
Betrag (EUR)	■	■	■	■	■	■	■	■	■	■

b) Zeichne die Graphen der drei Zuordnungen in ein Koordinatensystem (1 cm ≙ 1 Tag; 1 cm ≙ 2 EUR).
c) Vergleiche die Proportionalitätskonstanten mit den Graphen. Was stellst du fest?

5 Ein Sportverein bietet seinen Mitgliedern eine Busreise zu einem großen Leichtathletiksportfest an. Bei 48 Teilnehmern kostet die Busfahrt pro Person 10,50 EUR.
a) Was kostet die Busfahrt pro Person bei 50 (45; 42) Teilnehmern?
So kannst du zu beliebiger Teilnehmerzahl x die Fahrtkosten pro Person berechnen:

Anzahl	Fahrtkosten (EUR)
48	10,50
↓ (:48)	↓ (·48)
1	504,00
↓ (·x)	↓ (:x)
x	$\frac{504,00}{x}$

Wir berechnen die Proportionalitätskonstante c:

$$c = 10,50 \cdot 48 = 504,00$$

$$x \longrightarrow \frac{504,00}{x}$$

allgemeine Zuordnungsvorschrift:

$$x \longrightarrow \frac{c}{x}$$

Zu jeder Zahl x erhalten wir die zugeordnete Zahl, indem wir c durch x dividieren.

b) Berechne die Fahrtkosten pro Person bei 36 (35, 49, 47) Teilnehmern. Runde, falls nötig, auf zwei Stellen nach dem Komma.

6 a) Gib jeweils die Zuordnungsvorschrift an. Was gibt c jeweils an?
b) Übertrage die Tabellen in dein Heft und vervollständige sie.

Herr Becker fährt von Oberhausen nach Bielefeld.

Geschwindigkeit ($\frac{km}{h}$)	Zeit (h)
88	2
80	■
110	■
137,5	■

Ein Grundstück soll durch ein flächengleiches anderes ersetzt werden.

Länge (m)	Breite (m)
25	28,8
32	■
36	■
37,5	■

7 Roswitha möchte einen Zeitungsartikel mit dem Computer abschreiben. Der Artikel besteht aus 300 Zeilen. In jeder Zeile stehen höchstens 30 Zeichen. Roswitha kann in eine Zeile 60 Zeichen schreiben und auf eine Seite je nach Zeilenvorschub 30, 40 oder 56 Zeilen.
a) Gib die Zuordnungsvorschrift zur Zuordnung „Zeilen pro Seite → Seitenanzahl" an.
b) Wie viele Seiten muss Roswitha beschreiben, wenn sie 30 (40, 56) Zeilen pro Seite schreiben will? Runde auf eine Stelle nach dem Komma, wenn nötig.

8 Nico möchte für seine Geburtstagsparty einen Salat zubereiten. Dazu kauft er in der „Oliverie" 350 g grüne Oliven gefüllt mit Paprika.
Wie viel Gramm schwarze Oliven mit Stein (grüne Oliven mit Mandeln) hätte er für den gleichen Betrag erhalten?
Bestimme die Proportionalitätskonstante. Was gibt c hier an?

9 Ein Holzwürfel hat ein Volumen von 1000 cm³. Welches Volumen haben gleich schwere Würfel aus den anderen angegebenen Materialien? Runde auf eine Stelle nach dem Komma.

Material	Tannenholz	Eisen	Messing	Glas	Aluminium	Gold	Platin
Dichte ($\frac{g}{cm^3}$)	0,5	7,6	8,3	2,6	2,7	19,3	21,4

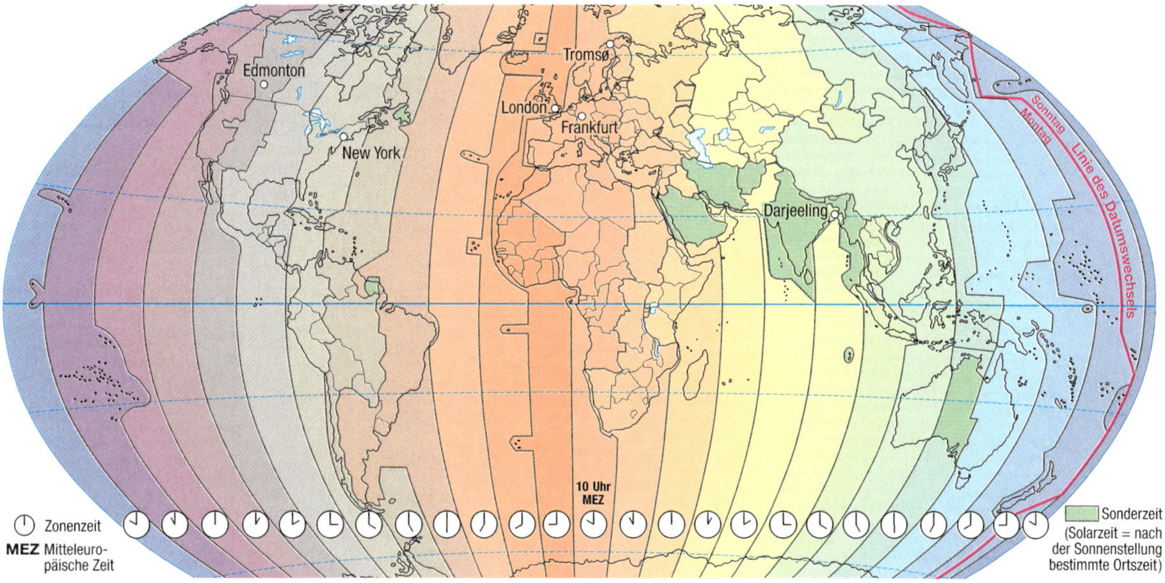

GLOBE
Global **L**earning and **O**bservation to **B**enefit the **E**nvironement
(Globales Lernen und Beobachten zum Nutzen der Umwelt)

1 Svenja, Bianca, Murat und Patrick wollen sich im Auftrag der Internet-AG ihrer Schule mit Partnerschulen in London, Tromsø, Edmonton, New York und Darjeeling zu einem gemeinsamen Gespräch im Internet verabreden. Sie wollen um 10.00 Uhr deutscher Zeit einen Gesprächstermin vereinbaren. Ist das eine günstige Zeit?

2 Alle Partnerschulen nehmen an dem weltweiten Schul- und Umweltprojekt GLOBE teil, das in Zusammenarbeit zwischen Schülern, Lehrern und Wissenschaftlern durchgeführt wird. Die Schülerinnen und Schüler erfassen im Bereich ihrer Schule regelmäßig Daten (z.B. Temperaturen, Niederschläge usw.), die sie über Internet in eine internationale Datenbank übermitteln. Jede der einzelnen Schulen misst täglich die Lufttemperatur und bestimmt dann eine monatliche Durchschnittstemperatur.
Im vergangenen Jahr haben sie folgende mittlere Temperaturen errechnet und auf ganze Zahlen gerundet:

	Jan.	Feb.	März	April	Mai	Juni	Juli	Aug.	Sep.	Okt.	Nov.	Dez.
Frankfurt	−3 °C	0 °C	4 °C	8 °C	14 °C	17 °C	19 °C	18 °C	15 °C	9 °C	5 °C	1 °C
London	2 °C	3 °C	6 °C	9 °C	13 °C	17 °C	18 °C	17 °C	15 °C	11 °C	8 °C	5 °C
Tromsø	−4 °C	−4 °C	−3 °C	0 °C	4 °C	9 °C	12 °C	11 °C	7 °C	3 °C	0 °C	−2 °C
Edmonton	−14 °C	−12 °C	−6 °C	4 °C	11 °C	14 °C	17 °C	16 °C	11 °C	5 °C	−4 °C	−10 °C
New York	−2 °C	−2 °C	2 °C	9 °C	16 °C	20 °C	23 °C	23 °C	19 °C	13 °C	7 °C	1 °C
Darjeeling	6 °C	8 °C	11 °C	14 °C	16 °C	17 °C	18 °C	18 °C	17 °C	15 °C	11 °C	8 °C

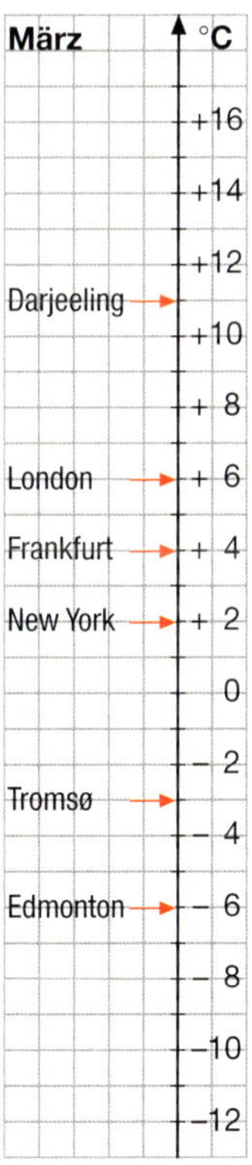

a) Zeichne wie im Beispiel für den Monat Januar (Februar, Dezember) die entsprechenden Temperaturen auf einer Skala ein.
b) Bestimme für die angegebenen Städte und Monate die Temperaturunterschiede.

Mai:	Frankfurt	14 °C
	Tromsø	4 °C
	Temperaturunterschied 10 °C	

Dezember: New York – Darjeeling
Januar: Frankfurt – Edmonton
März: Edmonton – London
März: Tromsø – Darjeeling
August: New York – London
November: Darjeeling – Edmonton

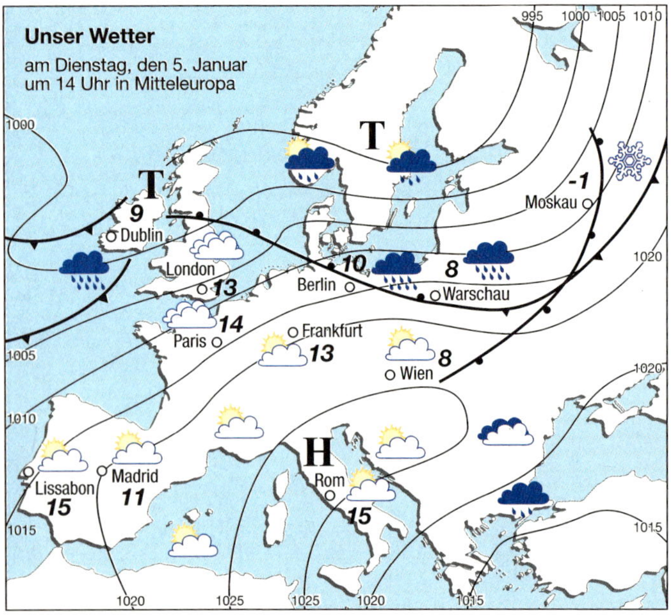

3 Auf den beiden Wetterkarten ist die Wetterlage in Europa am 5. Januar und am 1. Februar 1999 dargestellt.

a) Ergänze die Tabelle in deinem Heft.

Stadt	5. Januar 1999	1. Februar 1999	Temperaturunterschied
Frankfurt	13 °C	− 1 °C	14 °C
Berlin			
Wien			
Rom			
Moskau			
Warschau			
Dublin			
Paris			
London			

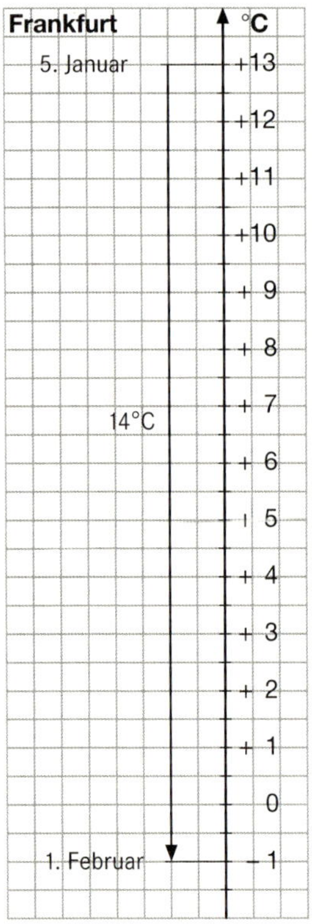

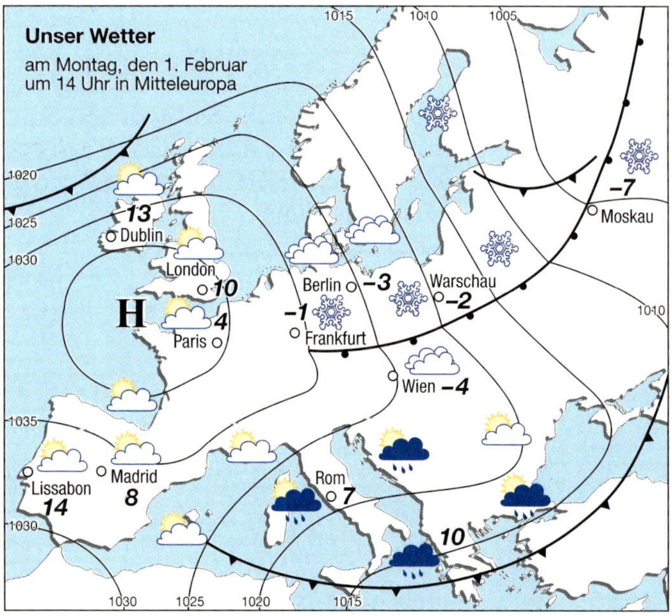

b) Zeichne für die Städte Berlin, Wien, Moskau, Warschau und Dublin jeweils eine Temperaturskala. Markiere die Temperaturen vom 5. Januar und vom 1. Februar. Zeichne jeweils die Temperaturänderung ein.

Höchste Berge (Höhenangaben in m)

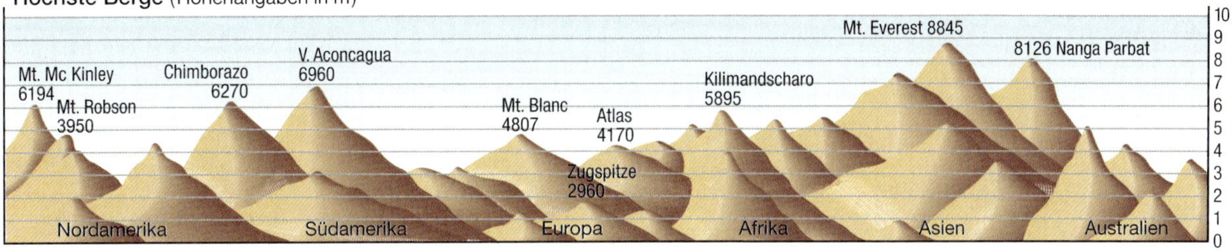

Größte Meerestiefen (Angaben in m)

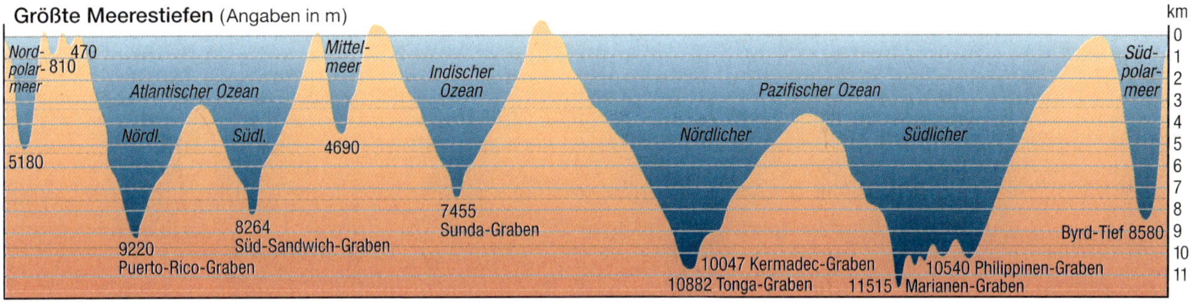

1 Notiere zu den angegebenen Orten die Höhen- und Tiefenangaben.

2 Sebastians älterer Bruder plant eine Radtour durch Israel. Sebastian hilft ihm bei der Ausarbeitung der Strecke.
Er stellt dabei fest, dass die Oberfläche des Toten Meeres 397 m unter dem Meeresspiegel (Normalnull) liegt.

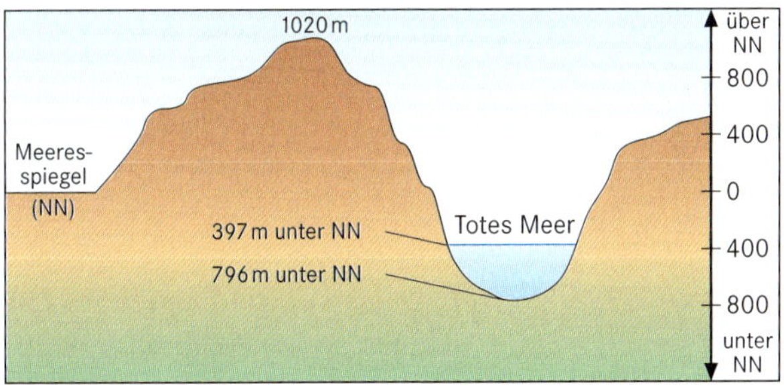

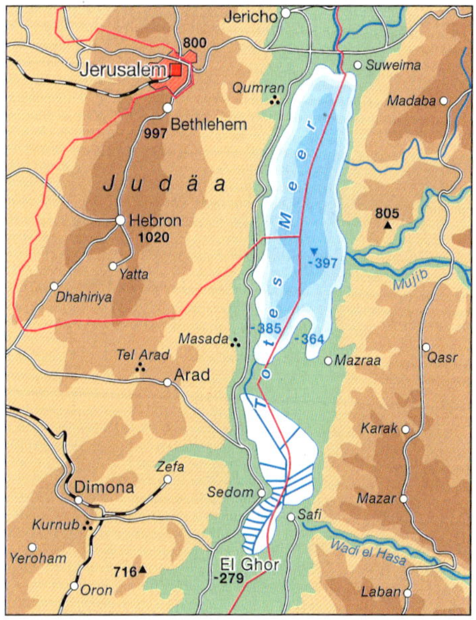

a) Suche auf dem Kartenausschnitt die eingezeichneten Höhenangaben heraus und notiere sie zusammen mit dem entsprechenden Ort.
b) Welche Höhenunterschiede wird Sebastians Bruder auf einer Fahrt von Jerusalem über Bethlehem und Hebron zum Toten Meer überwinden müssen?
c) Wie tief ist das Tote Meer?

Normalnull (NN) ist die für die Höhenmessung auf der Erde verwendete Bezugsfläche. Sie bezeichnet die durchschnittliche Höhe des Meeresspiegels.

3 a) Die tiefste Stelle des Kaspischen Meeres befindet sich 1023 m unter NN. Die Oberfläche liegt 29 m unter dem Meeresspiegel. Wie groß ist die Wassertiefe?
b) Die Oberfläche des Titicacasees liegt auf einer Höhe von 3812 m. Der See ist 304 m tief. Auf welcher Höhe über NN befindet sich die tiefste Stelle des Sees?
c) Die Wassertiefe des Baikalsees beträgt 1620 m. Die tiefste Stelle ist 1165 m unter Normalnull. Auf welcher Höhe über dem Meeresspiegel liegt die Wasseroberfläche?

1 Lies die markierten Temperaturen ab und schreibe sie auf. *Beispiel:* A ⟶ 7,5°C

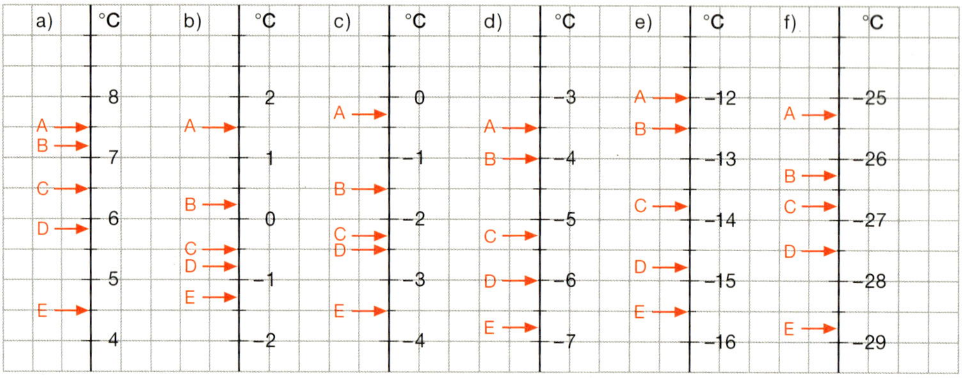

2 Zeichne eine Temperaturskala von – 6 °C bis + 6 °C (1 cm ≙ 1 °C). Trage auf der Skala folgende Temperaturwerte ein: – 3 °C; – 6 °C; + 4 °C; + 4,5 °C; 0 °C; – 2,5 °C; + 2,1 °C; – 5,1 °C; + 0,5 °C; – 0,9 °C.

3 Erweiterst du den Zahlenstrahl nach links, so erhältst du eine Zahlengerade.

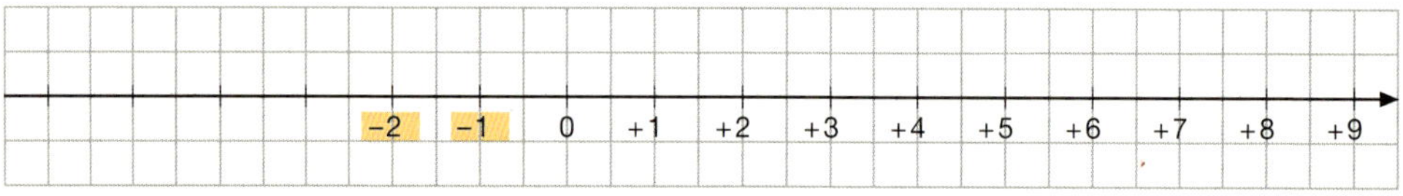

a) Übertrage die Zahlengerade in dein Heft und ergänze die Zahlen: – 1; – 2; – 3; – 4; – 5; – 6.

b) Markiere folgende Zahlen: – 2,5; – 3,5; + 4,5; – 5,5; – 1,5; – 0,5.

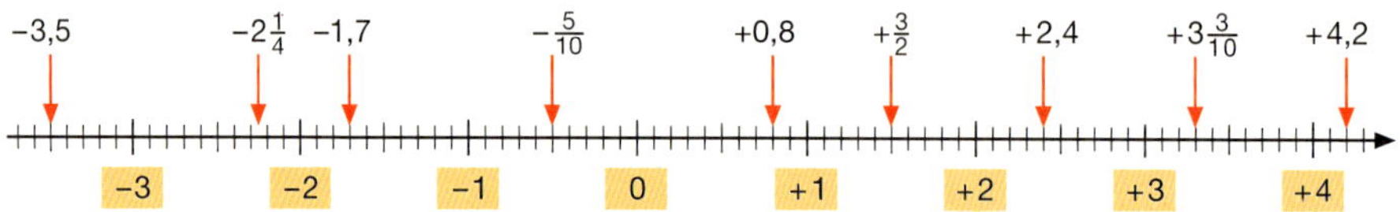

Rationale Zahlen

Zahlen wie + 5; 0; – 0,75; – 1,35; + 122,98; $-3\frac{7}{8}$; $-8\frac{3}{4}$; $+12\frac{1}{3}$ sind **rationale Zahlen.**
Zahlen wie + 1; – 3; + 3, 0; – 14; + 33; – 5; + 5 heißen **ganze Zahlen.**
Auf der Zahlengeraden lassen sich die **rationalen Zahlen** darstellen.

Zu der Menge **der rationalen Zahlen** ℚ gehören die **positiven rationalen Zahlen,** die **negativen rationalen Zahlen** und die **Null.**

Die ganzen Zahlen ℤ sind eine Teilmenge der rationalen Zahlen.

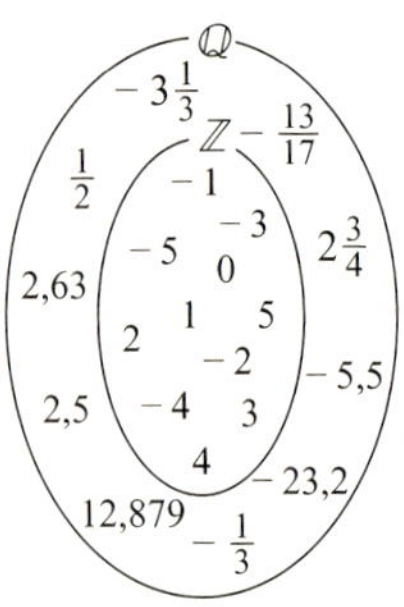

4 a) Nenne alle ganzen Zahlen zwischen 1 und 7 (–3 und +3; +12 und – 5).

b) Nenne fünf rationale Zahlen zwischen 0 und –10 (–9 und +7; –3,5 und –4,5; –0,7 und –0, 8).

c) Nenne alle negativen ganzen Zahlen, die größer als –20 und zweistellig sind.

d) Nenne drei rationale Zahlen, die nicht negativ sind und nicht zu den ganzen Zahlen gehören.

5 Lies die markierten Zahlen ab.

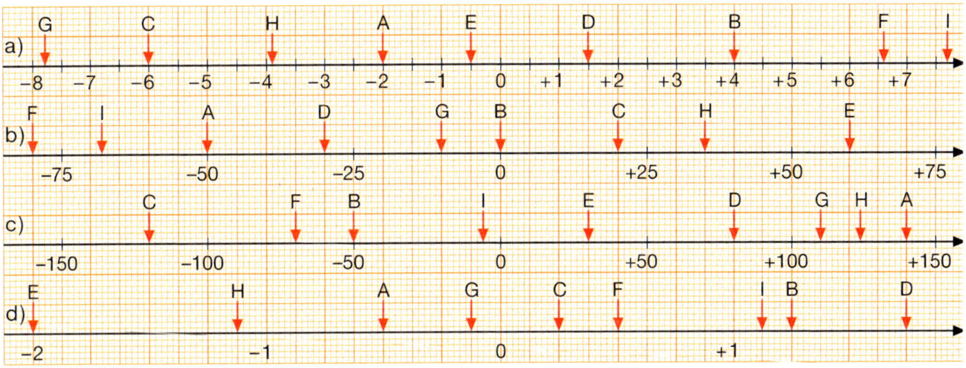

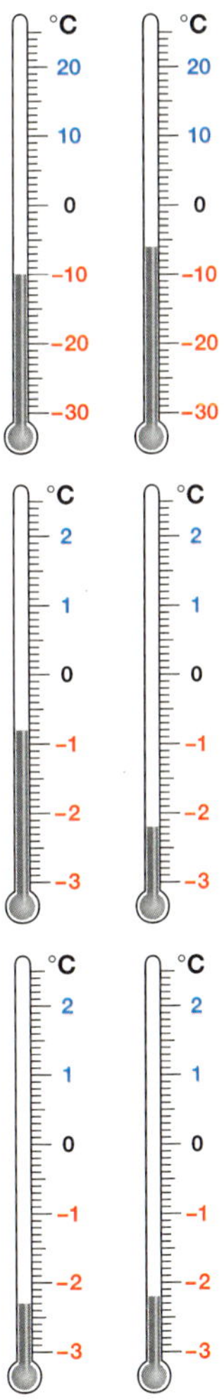

6 Trage die Zahlen auf einer Zahlengeraden ein. Du kannst auf Millimeterpapier besonders genaue Eintragungen vornehmen.

a) + 5,5; − 2; − 1,5; + 4; + 0,5; + 3; − 4; − 3; 0; + 2,5

b) − 12; + 4; + 13; − 7,5; − 10,5; − 6; + 4,5; + 9; − 2

c) − 1,5; + 0,4; − 0,5; − 0,8; − 1,5; + 1,1; + 0,7; + 0,5; + 1,2; − 1,4

7

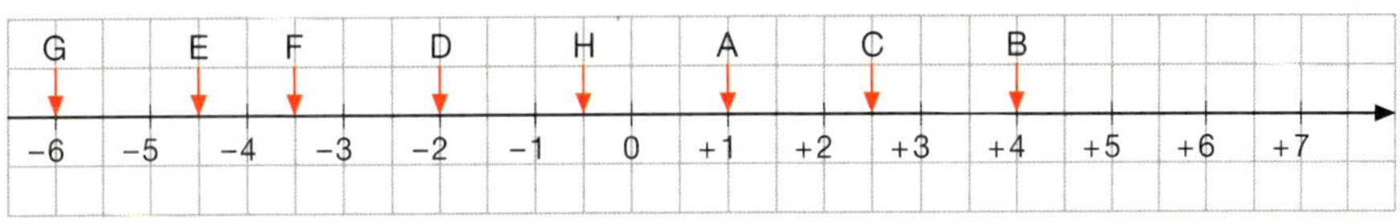

a) Vergleiche die markierten Zahlen. Setze < oder > ein.

A ▢ B	F ▢ E	B ▢ H	F ▢ A
H ▢ C	D ▢ G	F ▢ G	E ▢ D
D ▢ A	A ▢ H	H ▢ F	F ▢ H

b) Ergänze: Die größere Zahl liegt auf der Zahlengeraden jeweils ▢ von der kleineren Zahl.

8 Setze in deinem Heft < oder > richtig ein.

a)	b)	c)	d)
− 6 und − 3	+ 3 und − 1	− 7 und − 10	− 14 und − 7
− 7 und − 4	+ 4 und 0	− 9 und + 9	− 15 und − 20
− 3 und 1	− 3 und − 5	+ 9 und − 9	− 15 und − 10
− 1 und + 4	− 8 und − 10	− 12 und 12	− 20 und − 35

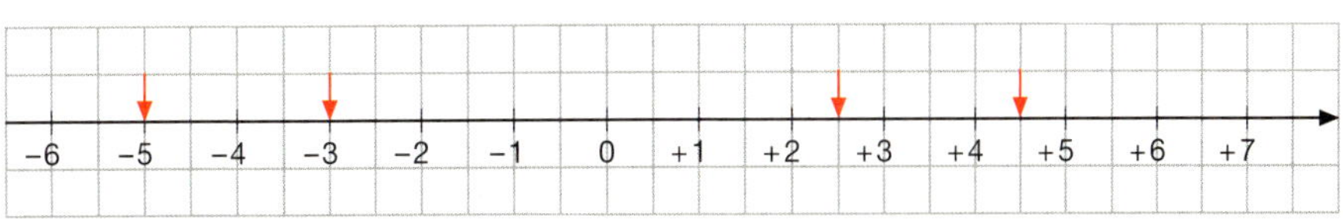

− 5 liegt links von − 3
− 5 ist kleiner als − 3
$-5 < -3$

+ 2,5 liegt links von + 4,5
+ 2,5 ist kleiner als + 4,5
$+2{,}5 < +4{,}5$

Auf der Zahlengeraden liegt von zwei rationalen Zahlen die kleinere Zahl stets links und die größere Zahl rechts.

9 Ordne die Zahlen mit Hilfe des „>“-Zeichens. + 12 > + 7 > + 2 > − 1 > − 5

a) − 5; 7; − 12; 98; − 3; 42; 0; − 7; 29; − 32; 58; − 53
b) 4,2; − 3,2; − 8,1; 5; − 1,3; 0,8; − 4,3; 2; − 3,3; 2,1; − 12
c) 1,001; − 0,101; 10,01; − 11; 0,011; − 10,01; − 10,1
d) + 9; $-\frac{18}{2}$; − 6,5; + $\frac{15}{5}$; 4; − 8,5; 7; $-\frac{7}{2}$; $-\frac{7}{4}$; − 2,7; 7; 0,74; $-\frac{14}{5}$; $\frac{25}{4}$
e) − 7,83; + 5,34; $-\frac{20}{3}$; − 4,329; + $\frac{32}{6}$; $-\frac{21}{4}$; + $\frac{36}{7}$; $-\frac{51}{8}$; − 5,184

10 Dein Weg geht immer zur nächsten kleineren Zahl.

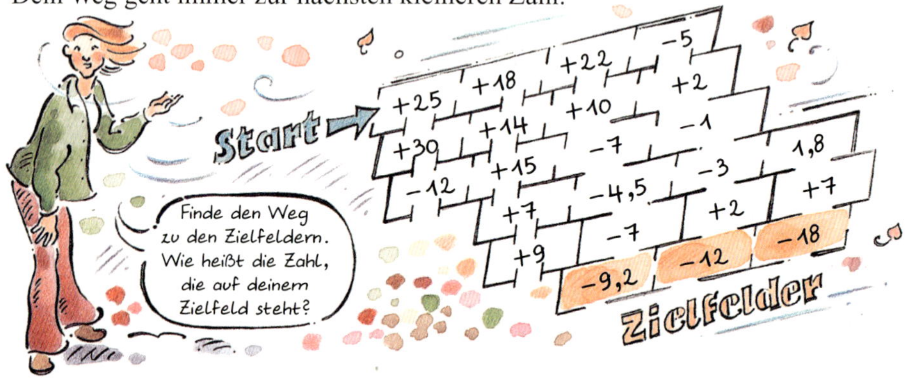

11 Zeichne eine Zahlengerade in dein Heft. Markiere das Zahlenpaar + 5 und − 5 mit derselben Farbe. Verfahre ebenso mit + 4 und − 4 (+ 2,5 und − 2,5; $-3\frac{1}{4}$ und $+3\frac{1}{4}$; − 7 und + 7). Welche Gemeinsamkeiten haben die Zahlenpaare?

Betrag und Gegenzahl

− 15
↑ Vorzeichen ↑ Betrag

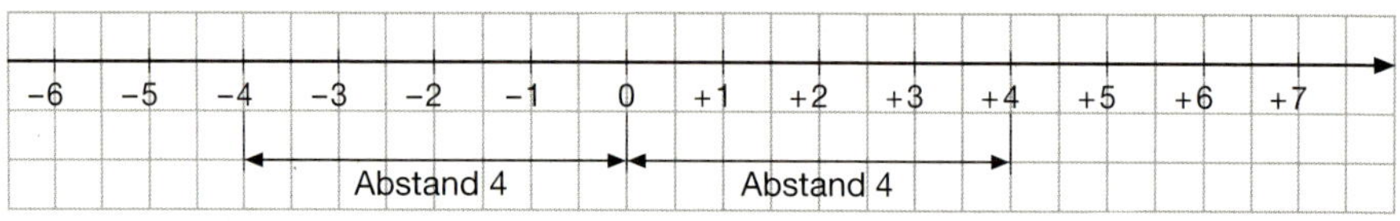

Die rationalen Zahlen − 4 und + 4 haben verschiedene Vorzeichen, jedoch denselben Abstand vom Nullpunkt. Der Abstand einer Zahl vom Nullpunkt wird der **Betrag** der Zahl genannt.

$|-4| = |+4| = 4$ (*Lies:* Betrag von − 4 gleich Betrag von + 4 gleich 4)

Diese Zahlen − 4 und + 4 heißen **entgegengesetzte Zahlen** oder **Gegenzahlen.**

12 Bestimme jeweils die Gegenzahl.
+ 11 − 3,9 700 0,02 − 14 0 − 58 $-1\frac{1}{32}$ $4\frac{2}{7}$ − 0,0124

13 Bestimme jeweils Betrag und Gegenzahl.
a) − 4; 5,3; − 75; − 1,89
b) $-4\frac{4}{5}$; $9\frac{3}{8}$; $-33\frac{2}{3}$; $8\frac{5}{8}$

Übertrage die Zahlen in dein Heft und verbinde Zahl und Gegenzahl. Die Verbindungslinien dürfen sich nicht kreuzen.

4,8 | − 0,88 | $-\frac{2}{10}$ | − 12 | $\frac{8}{8}$ | + 7

+ 12 | $\frac{70}{10}$ | − 1 | 0,88 | $-4\frac{4}{5}$ | + 0,2

1

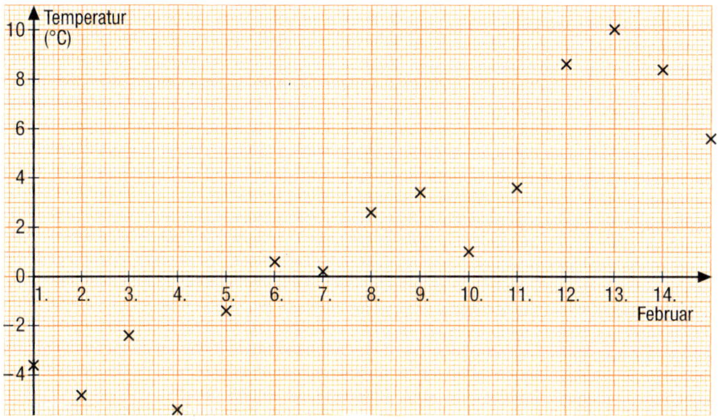

Datum	Temperatur
1. Febr.	− 3,8°C
2. Febr.	
3. Febr.	
4. Febr.	

Die GLOBE-Projektgruppe hat die mittleren Tagestemperaturwerte vom 1. bis 15. Februar in einem Koordinatensystem eingetragen.

a) Übertrage die Temperaturen aus dem Koordinatensystem in eine Tabelle.

b) An welchem Tag wird die höchste (niedrigste) mittlere Temperatur erreicht?

2 Die Tabelle gibt die mittleren Tagestemperaturen vom 1. bis zum 15. Januar an.

Datum	1.	2.	3.	4.	5.	6.	7.	8.	9.	10.	11.	12.	13.	14.	15.
mittlere Temperatur (°C)	+1,0	+4,5	−0,2	−0,7	+2,3	+0,5	−0,6	−3,0	−0,7	−1,9	−3,9	−8,1	−9,5	−8,8	−4,5

Zeichne ein Koordinatensystem und trage die Temperaturen ein.

3 In dem dargestellten Koordinatensystem wurden die x-Achse nach links und die y-Achse nach unten über Null hinaus verlängert. Der Schnittpunkt der beiden Achsen heißt Ursprung.

a) Übertrage das Koordinatensystem in dein Heft.

b) Ein Punkt wird durch seine x-Koordinate und seine y-Koordinate angegeben. Übertrage die eingezeichneten Punkte in das Koordinatensystem und gib ihre Koordinaten an.
Beispiel: Der Punkt A hat die x-Koordinate „– 5" und die y-Koordinate „2,5". *Schreibe: A* (− 5|2,5).

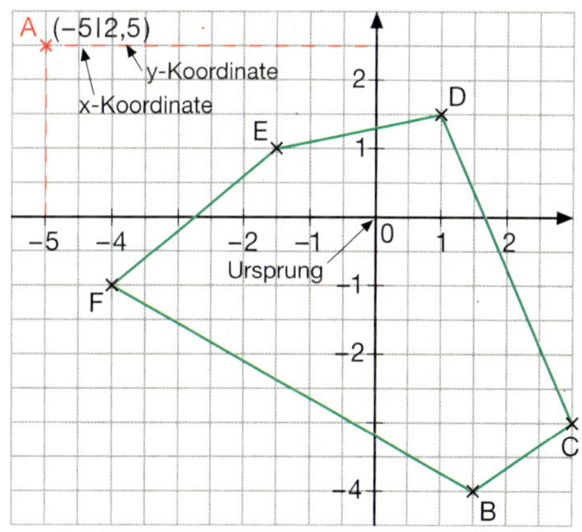

4 Gib die Koordinaten der benannten Punkte an. *Beispiel:* H (− 5|− 2)

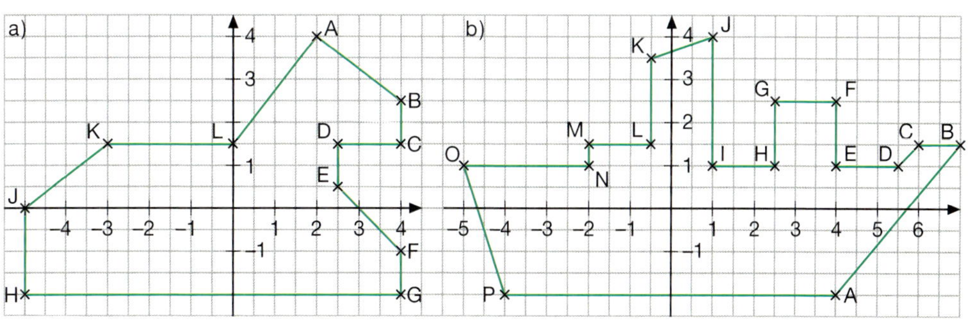

5 Zeichne ein Koordinatensystem (Einheit 1 cm). Übertrage die Punkte und verbinde sie in der angegebenen Reihenfolge.
a) A (1 | 5,5), B (1 | − 0,5), C (4 | − 0,5)
b) D (− 5 | − 1), E (− 3,5 | − 2,5), F (− 2,5 | − 2,5), G (5 | − 1)
c) H (− 5 | − 0,5), I (0,5 | 0,5), K (0,5 | 6)

6 Zeichne ein Koordinatensystem (Einheit 1 cm). Trage die Punkte ein und verbinde sie in der angegebenen Reihenfolge. Welche Figur erhältst du?

<table>
<tr><th></th><th>Punkte</th><th>Reihenfolge</th></tr>
<tr><td>a)</td><td>A (− 1 | − 3), B (2 | − 5), C (5 | − 3), D (5 | 1), E (2 | 3), F (− 1 | 1)</td><td>A, B, C, D, E, F, A</td></tr>
<tr><td>b)</td><td>A (3 | − 4), B (5 | 1), C (0 | 5), D (− 5 | 1), E (− 3 | − 4)</td><td>A, C, E, B, D, A</td></tr>
<tr><td>c)</td><td>A (− 2 | − 3), B (2 | − 3), C (2 | 1), D (− 2 | 1), E (0 | 3)</td><td>A, B, C, A, D, C, E, D</td></tr>
<tr><td>d)</td><td>A (− 1 | 2), B (4 | 2), C (− 1 | 7), D (− 1 | 1), E (− 5 | 1), F (− 4 | − 1), G (1 | − 2), H (7 | 1)</td><td>A, B, C, D, E, F, G, H, D</td></tr>
<tr><td>e)</td><td>A (0 | 0), B (1 | − 3), C (2 | 0), D (3 | − 3), E (5 | − 3), F (3 | 3), G (2 | 3), H (1 | 1), I (0 | 3), K (− 1 | 3), L (− 3 | − 3), M (− 1 | − 3)</td><td>A, B, C, D, E, F, G, H, I, K, L, M, A</td></tr>
</table>

7 Zeichne ein Koordinatensystem (Einheit 1 cm) und trage die Figur so ein, dass der Punkt A im Ursprung liegt. Gib die Koordinaten der benannten Punkte an.

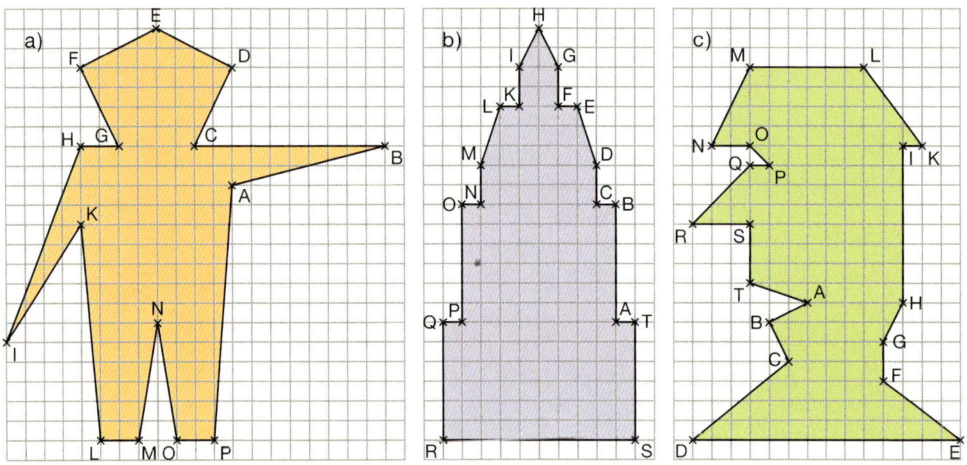

8 Zeichne ein Koordinatensystem (Einheit 1 cm). Trage die Punkte ein und verbinde sie in der angegebenen Reihenfolge. Welche Figur erhältst du?

<table>
<tr><th></th><th>Punkte</th><th>Reihenfolge</th></tr>
<tr><td>a)</td><td>A (− 2,5 | 1), B (− 1 | 1,5), C (2 | 1), D (4,5 | − 0,5), E (6 | − 2), F (6 | 1), G (4,5 | − 0,5), H (2 | − 2), I (− 1 | − 2,5), K (− 2,5 | − 2), L (− 3,5 | − 0,5)</td><td>A, B, C, D, E, F, G, H, I, K, L, A</td></tr>
<tr><td>b)</td><td>A (− 1 | 2,5), B (5 | 2,5), C (7 | 0), D (7 | − 2,5), E (6,5 | − 3,5), F (5,5 | − 3,5), G (5 | − 2,5), H (− 3,5 | − 2,5), I (− 4 | − 3,5), K (− 5 | − 3,5), L (− 5,5 | − 2,5), M (− 5,5 | − 1), N (− 2,5 | 0)</td><td>A, B, C, D, E, F, G, H, I, K, L, M, N, A</td></tr>
</table>

9 Zeichne ein Koordinatensystem (Einheit 1 cm). Übertrage die Punkte und verbinde sie in der angegebenen Reihenfolge.
A (− 3 | 0), B (− 3 | 2), C (− 4,5 | 3,5), D (− 6 | 3,5), E (− 7 | 3), F (− 9 | 1), G (− 7 | 1), H (− 7 | 0), I (− 6 | − 1), J (− 7 | − 3), K (− 6 | − 4), L (− 5 | − 4), M (− 6 | − 3), N (− 5 | − 1), O (− 4 | 0), P (− 4 | 1)

Datum	Erl uterungen	Einnahmen (EUR)	Ausgaben (EUR)	Kontostand (EUR)
				+ 350
9.5.	Kauf eines Regals		– 110	
12.5	Reparatur Musikanlage		– 75	
13.5	Zuschuss Jugendamt	+ 125		
17.5	Dekorationsmaterial		– 40	
21.5	Mitgliedsbeitr ge	+ 60		
25.5	Anschaffung gebrauchter Computer		– 250	
29.5.	Getr nkeverkauf	+ 70		

1 Andreas, Jennifer und Jahia vom Vorstand eines Jugendclubs überprüfen die Einnahmen und Ausgaben des Clubs für den Monat Mai.

a) Übertrage die Tabelle in dein Heft und berechne die fehlenden Eintragungen.

b) Welche Möglichkeiten gibt es, den Kontostand zum Ende des Monats zu berechnen?

c) Im Jugendclub können kleinere Beträge für Getränke auch später bezahlt werden. Der Betrag wird auf kleinen Belegen mit dem Namen des Jugendlichen notiert.
Am Monatsende haben alle Jugendlichen ihre Rückstände beglichen.
Wie ändert sich dann der Kontostand?

2 Jennifers Mutter erhält folgenden Kontoauszug von ihrer Bank:

W&W&W	**Kontoauszug**	
	Alter Kontostand	857,00 +
10.9	Überweisung Fa. Stühler	423,00 –
12.9	Autohaus Mehler	235,00 –
14.9	Rückvergütung M-Versicherung	57,00 +
20.9	Stadtwerke (Strom + Wasser)	145,00 –
29.9	Gehalt	2350,00 +
30.9	Barauszahlung	300,00 –
	Neuer Kontostand	

a) Erläutere die Angaben auf dem Kontoauszug.

b) Bestimme den neuen Kontostand. Beschreibe deinen Lösungsweg.

1 Utes Eltern haben zwei Konten. Sie addieren jeweils zum Monatsende ihre Kontostände.

Monat	Konto 1	Konto 2	Rechnung
Januar	− 200	− 450	(− 200) + (− 450) = − 650
Februar	− 170	+ 180	(− 170) + (+ 180) = + 10
März	+ 500	− 420	(+ 500) + (− 420) = + 80
April	+ 210	− 380	(+ 210) + (− 380) = − 170

Berechne für die folgenden Monate die Summe der Kontostände.

Monat	Konto I	Konto II
Mai	+ 50	− 150
Juni	− 90	+ 80
Juli	+ 110	+ 580
August	− 250	+ 530

Monat	Konto I	Konto II
September	− 120	+ 95
Oktober	− 170	− 110
November	+ 340	− 150
Dezember	− 400	− 590

2 Wir schreiben die Summanden mit Vorzeichen und Klammern, um Vorzeichen und Rechenzeichen deutlich zu unterscheiden. Berechne.

Vorzeichen
(+ 7) + (− 8)
Rechenzeichen

a) (+ 3) + (+ 2)
(+ 4) + (+ 5)
(+ 1) + (+ 6)
(+ 2) + (+ 7)

b) (− 4) + (− 2)
(− 5) + (− 3)
(− 3) + (− 7)
(− 4) + (− 6)

c) (− 12) + (+ 18)
(− 27) + (+ 35)
(− 19) + (− 13)
(− 25) + (+ 12)

d) (+ 21) + (− 11)
(+ 79) + (− 29)
(+ 12) + (− 32)
(+ 20) + (− 14)

Addition rationaler Zahlen mit gleichen Vorzeichen

(+ 13) + (+ 9) = + 22
(− 13) + (− 9) = − 22

(+ 0,6) + (+ 1,7) = + 2,3
(− 0,6) + (− 1,7) = − 2,3

Du setzt das gemeinsame Vorzeichen und addierst die Beträge.

Addition rationaler Zahlen mit verschiedenen Vorzeichen

(− 13) + (+ 9) = − 4
(+ 13) + (− 9) = + 4

(− 0,6) + (+ 1,7) = + 1,1
(+ 0,6) + (− 1,7) = − 1,1

Du setzt das Vorzeichen der Zahl mit dem größeren Betrag und subtrahierst den kleineren vom größeren Betrag.

3 Berechne.

a) (+ 3) + (+ 8)
(+ 7) + (+ 15)
(+ 9) + (+ 18)
(+ 12) + (+ 18)

b) (− 10) + (− 6)
(− 18) + (− 7)
(− 26) + (− 8)
(− 14) + (− 9)

c) (− 76) + (− 44)
(− 74) + (− 99)
(− 38) + (− 51)
(− 44) + (− 57)

d) (+ 33) + (− 42)
(− 75) + (− 35)
(− 23) + (+ 29)
(+ 84) + (− 90)

4 Berechne.

a) (+ 15) + (− 23)
(− 19) + (− 27)
(+ 48) + (− 54)
(− 23) + (− 45)

b) (+ 22) + (− 18)
(+ 55) + (− 37)
(− 41) + (− 72)
(− 82) + (− 31)

c) (+ 24) + (− 38)
(− 37) + (− 47)
(+ 56) + (− 48)
(− 27) + (− 40)

d) (− 18) + (− 55)
(− 44) + (− 43)
(+ 25) + (− 59)
(− 34) + (− 64)

5 Berechne.

a) (− 63) + (− 95)
(+ 37) + (− 73)
(− 15) + (+ 68)
(− 19) + (+ 13)
(+ 87) + (− 44)

b) (+ 77) + (− 88)
(+ 27) + (+ 95)
(− 49) + (+ 72)
(− 51) + (− 57)
(− 69) + (− 29)

c) (− 55) + (− 94)
(+ 43) + (− 31)
(+ 18) + (− 64)
(+ 87) + (+ 68)
(− 11) + (− 33)

d) (− 53) + (+ 27)
(− 78) + (− 59)
(+ 22) + (− 55)
(+ 47) + (− 19)
(− 66) + (− 99)

6 Übertrage die Tabelle in dein Heft und berechne.

a)

+	+ 12	− 8	− 25	+ 5	− 34
+ 17	■	■	■	■	■
− 11	■	■	■	■	■
− 21	■	■	■	■	■
− 50	■	■	■	■	■
+ 27	■	■	■	■	■

b)

+	− 23	+ 42	− 29	+ 17	− 65
+ 22	■	■	■	■	■
− 42	■	■	■	■	■
− 31	■	■	■	■	■
+ 62	■	■	■	■	■
+ 49	■	■	■	■	■

7 Berechne.

a) (+ 12) + (− 28)
(+ 27) + (− 43)
(− 34) + (− 61)
(− 78) + (+ 35)
(− 90) + (− 54)

b) (+ 77) + (+ 13)
(− 43) + (+ 99)
(+ 68) + (− 14)
(− 77) + (− 49)
(+ 58) + (− 47)

c) (− 33) + (− 2,9)
(+ 3,4) + (− 48)
(− 2,6) + (− 13)
(+ 1,6) + (− 68)
(+ 91) + (− 7,9)

d) (+ 8,1) + (− 8,1)
(− 5,1) + (+ 5,7)
(+ 2,3) + (− 1,7)
(− 7,2) + (− 6,8)
(+ 2,5) + (− 7,3)

8 Berechne.

a) (+ 13) + (− 12) + (− 8)
(− 25) + (− 18) + (− 9)
(+ 23) + (− 19) + (+ 11)
(− 14) + (− 28) + (− 17)

b) (− 21) + (− 19) + (+ 40)
(+ 26) + (− 22) + (− 35)
(+ 8) + (− 49) + (− 33)
(− 15) + (− 53) + (+ 38)

c) (+ 32) + (− 44) + (− 52) + (− 23)
(− 48) + (− 23) + (+ 60) + (− 75)
(+ 95) + (− 26) + (− 43) + (− 61)
(− 44) + (− 46) + (− 95) + (− 88)

9 a) $\left(+\frac{3}{7}\right) + \left(-\frac{5}{7}\right)$
$\left(-\frac{2}{9}\right) + \left(-\frac{5}{9}\right)$
$\left(+\frac{7}{12}\right) + \left(-\frac{8}{12}\right)$
$\left(-\frac{8}{15}\right) + \left(+\frac{11}{15}\right)$

b) $\left(-\frac{1}{2}\right) + \left(-\frac{3}{4}\right)$
$\left(+\frac{3}{5}\right) + \left(-\frac{7}{10}\right)$
$\left(-\frac{4}{9}\right) + \left(+\frac{10}{27}\right)$
$\left(+\frac{3}{8}\right) + \left(-\frac{13}{24}\right)$

c) $\left(-\frac{3}{7}\right) + \left(-\frac{4}{5}\right)$
$\left(+\frac{5}{8}\right) + \left(-\frac{5}{6}\right)$
$\left(-\frac{7}{9}\right) + \left(-\frac{14}{15}\right)$
$\left(-\frac{7}{12}\right) + \left(-\frac{11}{20}\right)$

d) $\left(-2\frac{2}{5}\right) + \left(-3\frac{1}{2}\right)$
$\left(+4\frac{2}{9}\right) + \left(-2\frac{1}{3}\right)$
$\left(-3\frac{3}{8}\right) + \left(-4\frac{7}{12}\right)$
$\left(-5\frac{7}{12}\right) + \left(-6\frac{1}{5}\right)$

Der Mathematiker L. Euler (1707–1783) erblindete im Jahre 1766 nach einer schweren Krankheit. Sein erstes großes Werk nach diesem Schicksalsschlag wurde die „Algebra“. Aus diesem Buch ist hier ein kleiner Absatz aus dem 2. Kapitel wiedergegeben:

18. Da nun die negativen Zahlen als Schulden betrachtet werden können, insofern die positiven Zahlen den wirklichen Besitz angeben, so kann man sagen, dass die negativen Zahlen weniger sind als Nichts; also wenn Jemand Nichts im Vermögen hat, und noch dazu 50 Thl. schuldig ist, so hat er wirklich 50 Thl. weniger als Nichts; denn, wenn man ihm 50 Thl. schenken würde, um seine Schulden zu bezahlen, so würde er alsdann erst Nichts haben, während er doch jetzt mehr hat als vorher. (Thl. – Taler)

1 Für zwei Konten wird jeweils der Unterschied der Kontostände bestimmt. Es wird berechnet, welchen Geldbetrag Konto I gegenüber Konto II mehr (+) oder weniger (–) aufweist.
a) Es gibt zwei mögliche Rechenwege. Vergleiche sie miteinander. Was fällt dir auf?

Monat	Konto I	Konto II	Rechnung I	Rechnung II
Januar	+ 400	+ 350	(+ 400) – (+ 350) = + 50	(+ 400) + (– 350) = + 50
Februar	+ 100	+ 500	(+ 100) – (+ 500) = – 400	(+ 100) + (– 500) = – 400
März	– 200	+ 100	(– 200) – (+ 100) = – 300	(– 200) + (– 100) = – 300
April	– 300	– 500	(– 300) – (– 500) = + 200	(– 300) + (+ 500) = + 200

b) Berechne den Unterschied für die Monate Mai bis Dezember.

Monat	Konto I	Konto II
Mai	– 100	– 400
Juni	+ 200	– 200
Juli	+ 150	+ 550
August	– 250	+ 500

Monat	Konto I	Konto II
September	– 100	+ 100
Oktober	– 150	– 100
November	+ 350	– 150
Dezember	– 400	– 600

2 Berechne und vergleiche.

a) (+ 6) – (+ 4)
(+ 6) + (– 4)

b) (– 8) – (+ 5)
(– 8) + (– 5)

c) (+ 9) – (– 6)
(+ 9) + (+ 6)

d) (– 13) – (– 11)
(– 13) + (+ 11)

(+3)–(+5) = –2
(+3)+(–5) = –2
(+3)–(–5) = +8
(+3)+(+5) = +8

Subtraktion rationaler Zahlen

(+ 17) – (+ 12) = (+ 17) + (– 12) = + 5
(– 7) – (+ 14) = (– 7) + (– 14) = – 21
(+ 25) – (– 8) = (+ 25) + (+ 8) = + 33
(– 15) – (– 13) = (– 15) + (+ 13) = – 2

Du subtrahierst eine rationale Zahl, indem du die Gegenzahl addierst.

3 Schreibe jeweils die zugehörige Additionsaufgabe und berechne.
Beispiel: (– 12) – (+ 17) = (– 12) + (– 17) = – 29

a) (+ 18) – (+ 17)
(+ 11) – (+ 14)
(+ 31) – (+ 25)
(+ 16) – (+ 42)

b) (– 18) – (+ 17)
(– 11) – (+ 14)
(– 31) – (+ 25)
(– 16) – (+ 42)

c) (+ 18) – (– 17)
(+ 11) – (– 14)
(+ 31) – (– 25)
(+ 16) – (– 42)

d) (– 18) – (– 17)
(– 11) – (– 14)
(– 31) – (– 25)
(– 16) – (– 42)

4 Berechne.

a) (+ 29) – (+ 18)
(+ 14) – (+ 27)
(+ 34) – (+ 46)
(+ 39) – (+ 23)

b) (– 17) – (+ 25)
(– 19) – (+ 43)
(– 61) – (+ 24)
(– 46) – (+ 57)

c) (+ 34) – (– 19)
(+ 29) – (– 16)
(+ 78) – (– 18)
(+ 44) – (– 32)

d) (– 37) – (– 55)
(– 21) – (– 34)
(– 54) – (– 26)
(– 31) – (– 30)

5 Addiere die Gegenzahl.

a) (+ 26) − (+ 14)
(+ 38) − (+ 51)
(+ 45) − (− 28)
(+ 63) − (− 55)

b) (− 45) − (+ 83)
(− 62) − (+ 76)
(− 98) − (+ 45)
(− 34) − (− 66)

c) (+ 49) − (+ 37)
(+ 84) − (− 56)
(− 62) − (+ 31)
(− 148) − (− 148)

d) (+ 88) − (+ 101)
(+ 43) − (− 43)
(− 166) − (− 167)
(− 509) − (− 629)

6 Schreibe als Summe und berechne.

a) (+ 67) − (− 43)
(− 72) − (+ 19)
(− 37) − (− 17)
(+ 86) − (+ 35)

b) (+ 109) − (− 216)
(− 76) − (+ 135)
(− 112) − (− 178)
(+ 45) − (+ 88)

c) (− 44) − (− 5,1)
(+ 2,6) − (+ 22)
(− 7,5) − (− 22,5)
(+ 25) − (+ 8,6)

d) (+ 4,5) − (+ 3,7)
(− 15,7) − (− 25,7)
(+ 0,79) − (+ 1,85)
(− 23,75) − (+ 7,35)

7 Notiere jeweils die Aufgabe. (− 3) − (+ 5) = (− 3) + (− 5) = − 8

a)

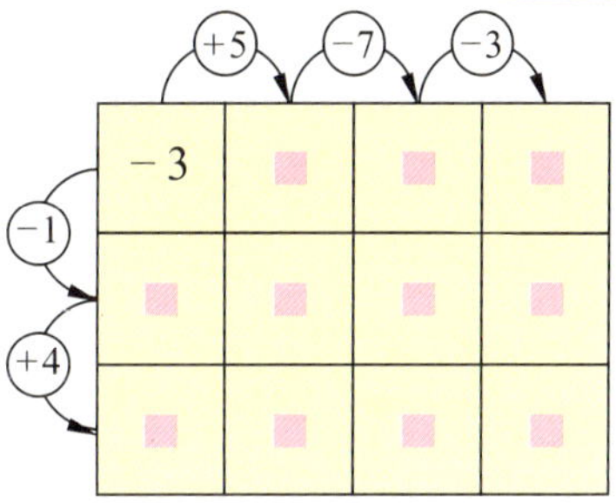

b)

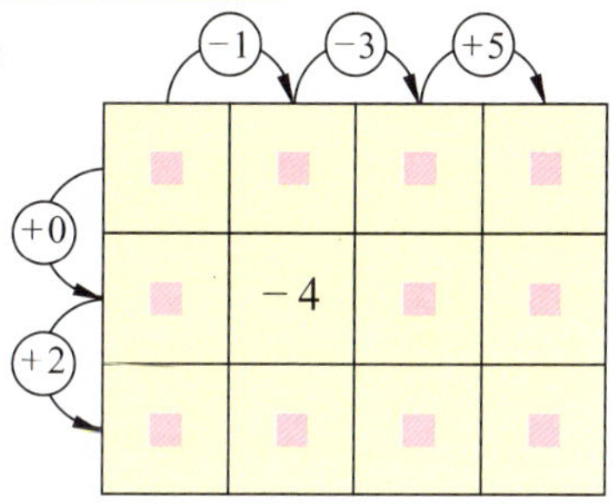

8 Berechne.

a) (+ 25) − (+ 38) − (− 22)
(− 35) − (− 25) − (+ 19)
(+ 47) − (+ 33) − (− 42)
(− 55) − (+ 43) − (+ 61)

b) (+ 35) − (− 18) + (− 33)
(+ 86) + (− 114) − (− 45)
(+ 129) + (− 251) − (− 75)
(− 78) − (+ 81) + (+ 145)

c) (+ 35) + (− 26) − (+ 71) − (− 62)
(+ 75) − (− 32) − (+ 27) − (+ 23)
(− 61) + (+ 28) + (− 54) − (− 77)
(− 7) + (− 202) − (+ 35) − (− 244)

9 Berechne.

a) $\left(+\frac{3}{7}\right) - \left(+\frac{5}{7}\right)$
$\left(-\frac{4}{10}\right) - \left(-\frac{7}{10}\right)$
$\left(+\frac{3}{8}\right) - \left(-\frac{5}{8}\right)$
$\left(-\frac{5}{12}\right) - \left(+\frac{9}{12}\right)$

b) $\left(-\frac{5}{6}\right) - \left(+\frac{7}{12}\right)$
$\left(+\frac{10}{15}\right) - \left(-\frac{2}{5}\right)$
$\left(-\frac{2}{7}\right) - \left(+\frac{5}{14}\right)$
$\left(+\frac{9}{10}\right) - \left(-\frac{13}{15}\right)$

c) $\left(+\frac{5}{6}\right) - \left(-\frac{5}{9}\right)$
$\left(-\frac{4}{5}\right) - \left(+\frac{7}{8}\right)$
$\left(-\frac{9}{14}\right) - \left(+\frac{3}{5}\right)$
$\left(+\frac{13}{15}\right) - \left(-\frac{11}{12}\right)$

d) $\left(-2\frac{1}{2}\right) - \left(+4\frac{1}{4}\right)$
$\left(-4\frac{3}{7}\right) - \left(-5\frac{7}{10}\right)$
$\left(-3\frac{5}{9}\right) - \left(-2\frac{4}{5}\right)$
$\left(+4\frac{1}{6}\right) - \left(+8\frac{2}{5}\right)$

10 Hat Anne hier richtig gerechnet?

a) (+18) − (+15) = +3
(−23) − (−35) = +12
(−55) − (−25) = −85

b) (+12,2) − (+12,3) = +0,1
(−8,5) − (2,5) = +10
(−12,1) − (−12,1) = 0

c) (−4,17) + (−3,71) = −7,88
(−7,114) − (+7,114) = −14,228
(−0,121) − (−0,121) = 0

11 Herr Breidenbachs Konto zeigt einen Betrag von –278,50 EUR. Auf seinem neuen Kontoauszug findet er folgende Buchungen: Kfz-Steuer 197,80 EUR, Gehalt 2235,70 EUR, Miete 365,30 EUR. Bestimme den aktuellen Kontostand.

1 Mit einem selbstgebastelten Rechenschieber kannst du rationale Zahlen leicht addieren und subtrahieren.
Beachte bei der Herstellung deines Rechenschiebers die folgende Bauanleitung.

Du brauchst dazu:
1 Pappstreifen, 29 cm lang, 6 cm breit,
2 Pappstreifen, 29 cm lang, 2 cm breit,
1 Pappstreifen, 29 cm lang, 3,5 cm breit,
eine Schere, einen Hefter mit 10 Heftklammern.

1. Runde die Ecken des 3,5 cm breiten Streifens mit einer Schere ab.
Schneide an den kurzen Seiten aus dem 6 cm breiten Streifen jeweils eine Aussparung.

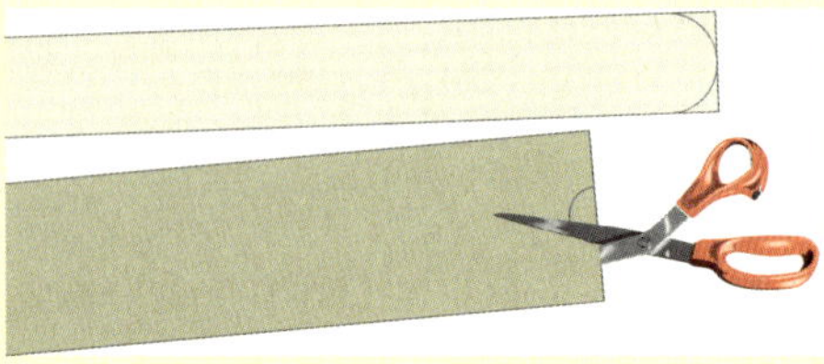

2. Zeichne auf einem 2 cm breiten Streifen eine Skala von – 14 bis 14 **(Skala A)** und auf den 3,5 cm breiten Streifen eine Skala von – 14 bis 14 **(Skala B)**.

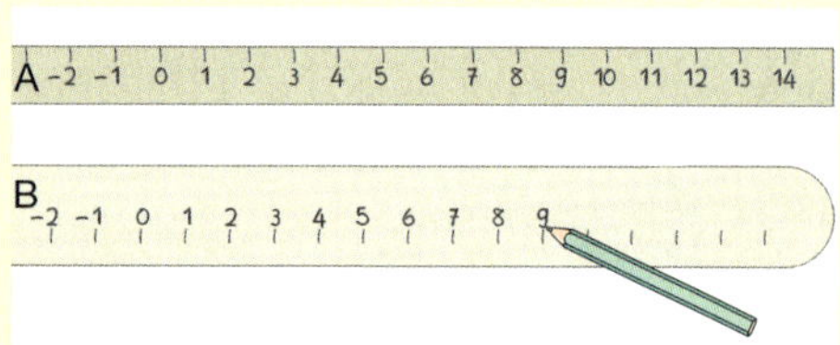

3. Hefte die 2 cm breiten Streifen wie abgebildet auf den 6 cm breiten Streifen.

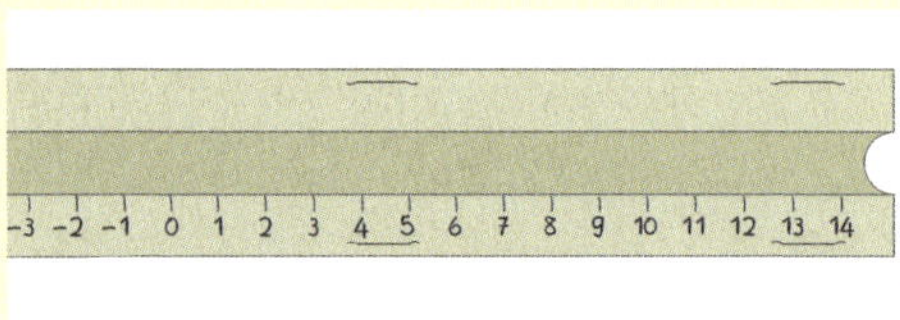

4. Schiebe nun den 3,5 cm breiten Streifen unter die aufgehefteten Streifen.

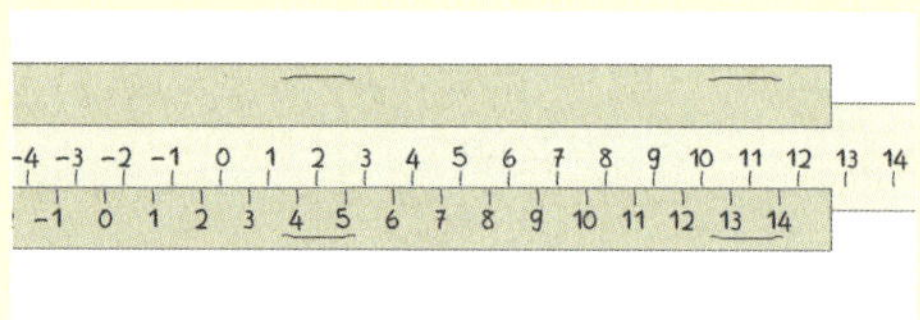

2 So kannst du mit dem Rechenschieber rationale Zahlen addieren:

Beispiel: (+ 4) + (+ 7) =

1. Suche auf der **Skala A** den ersten Summanden.
Schiebe die Null der **Skala B** über den ersten Summanden.

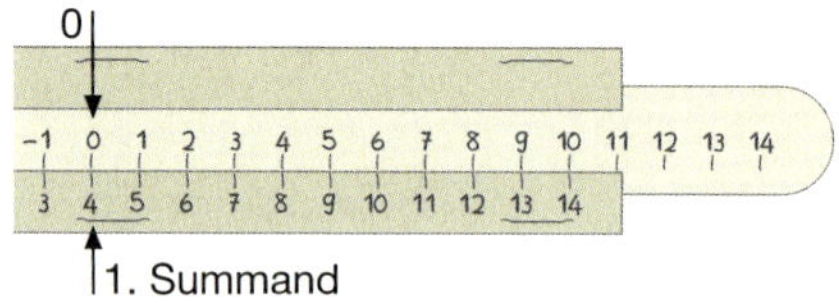

2. Suche auf der **Skala B** den zweiten Summanden.
Lies das Ergebnis auf der **Skala A** unter dem zweiten Summanden ab.

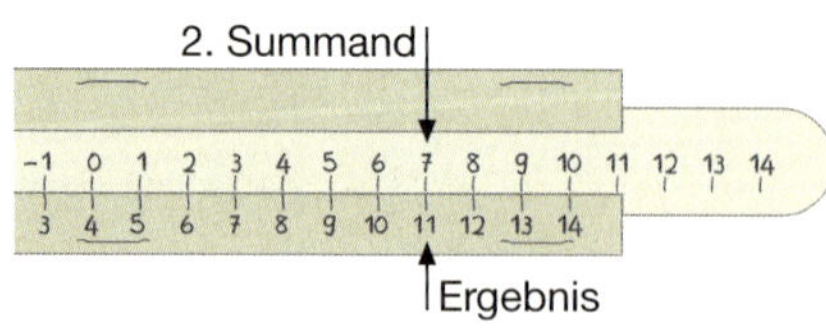

(+ 4) + (+ 7) = + 11

Berechne mit dem Rechenschieber.

a) (+ 3) + (+ 9)
(+ 6) + (+ 7)

b) (– 2) + (+ 6)
(– 8) + (+ 13)

c) (+ 7) + (– 5)
(+ 13) + (– 8)

d) (– 5) + (– 3)
(– 13) + (+ 14)

e) (– 13) + (+ 12)
(+12) + (– 13)

3 So kannst du mit dem Rechenschieber rationale Zahlen subtrahieren:

Beispiel: (+9) – (+7) = ■

1. Suche auf der **Skala A** die erste Zahl der Differenz (den Minuenden).
   Schiebe die zweite Zahl der Differenz (den Subtrahenden) auf der **Skala B** über den Minuenden.

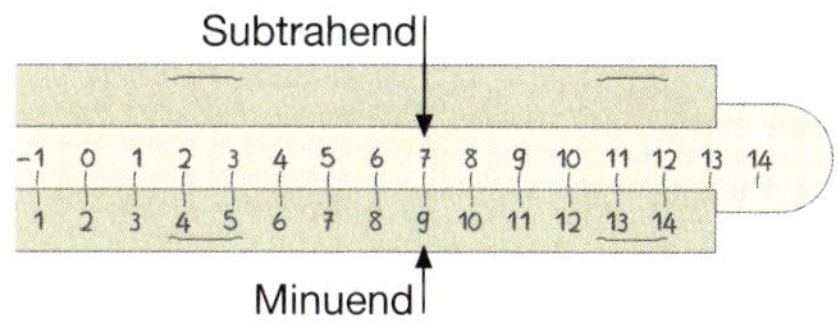

2. Suche auf der **Skala B** die Null.
   Lies das Ergebnis auf der **Skala A** unter der Null ab.

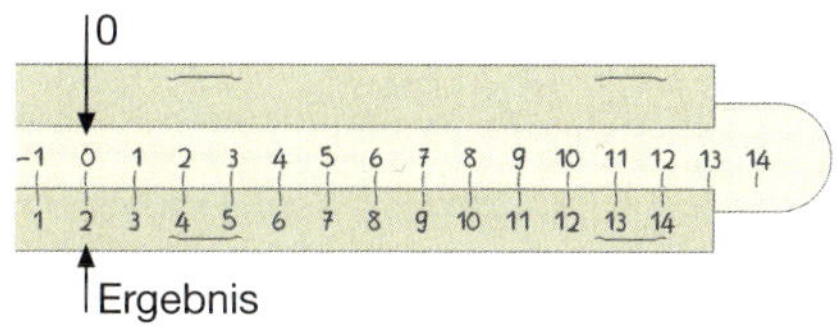

(+9) – (+7) = +2

Berechnen mit dem Rechenschieber.

a) (+ 9) − (+ 3) b) (− 2) − (+ 6) c) (+ 7) − (− 5) d) (− 5) − (3) e) (− 3) − (+ 8)
(+ 7) − (+ 6) (− 6) − (+ 5) (+ 2) − (− 8) (− 13) − (− 14) (− 8) − (+ 3)

4 Berechne mit dem Rechenschieber. Vergleiche die Ergebnisse miteinander. Was stellst du fest?

a) (+ 5) + (− 6) b) (− 5) + (− 4) c) (+ 7) + (+ 3) d) (− 3) + (+ 11) e) (− 7) + (− 5)
(+ 5) − (+ 6) (− 5) − (+ 4) (+ 7) − (− 3) (− 3) − (− 11) (− 7) − (+ 5)

f) (− 3) − (+ 6) g) (+ 7) − (+ 12) h) (−14) − (− 12) i) (− 11) − (+ 2) k) (+ 14) − (+ 12)
(− 3) + (− 6) (+ 7) + (− 12) (− 14) + (+ 12) (− 11) + (− 2) (+ 14) + (− 12)

5

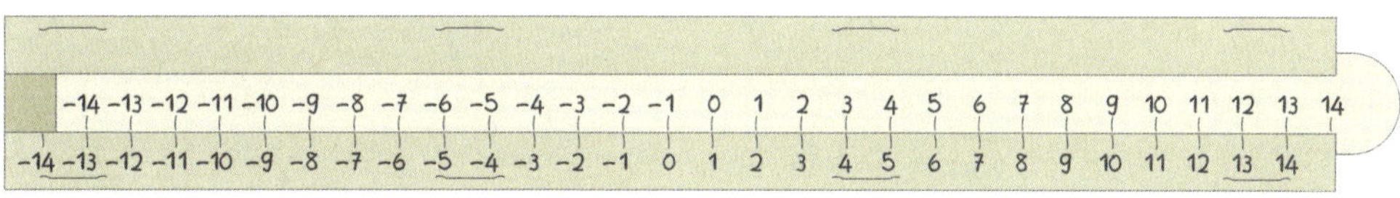

a) Schreibe zu der abgebildeten Rechenschiebereinstellung zehn weitere Additionsaufgaben auf, bei denen ihr Ergebnis mit dem Rechenschieber negativ ist.

b) Bilde jeweils die zugehörige Additionsaufgabe und berechne ihr Ergebnis mit dem Rechenschieber.

Beispiel: (− 2) − (− 9) = + 7

Zugehörige
Additionaufgabe: (− 2) + (+ 9) = + 7

Du subtrahierst eine negative Zahl, indem du die Gegenzahl addierst.

Hoch hinaus

Bilde aus den Ziffern 1, 2, ..., 9 zwei Zahlen, die das größtmögliche Produkt ergeben. In beiden Zahlen zusammen muss jede der Ziffern genau einmal vertreten sein. Vergleicht eure Ergebnisse. Beispiel: 12345 · 6789

ZIEL
Komm, wir spielen eine Runde.
START
−1
+1
+2
+3
+4
+5
+7
+8
+9
+10
+11
+12
+13
+14
+15
+16
+17
+18
+19
+20
+21
+22
+23
+24
+25
+26
+27
+28
+29
+30
+31
+32
+33
+34
+35
+36
+37
+38
+39
+40

Vorbereitung

Spieler: 2–4

- Je Spieler eine Spielfigur
- 2 Würfel
- Einen 3. Würfel mit je 3 ⊕- bzw. 3 ⊖-Marken bekleben (Vorzeichenwürfel)
- Fertige 10–15 Ereigniskarten an. Z. B: So macht Mathe Spaß. 5 Felder weiterziehen.

Ziel: Gewonnen hat, wer das Ziel erreicht hat.

Regeln

- Würfle mit den beiden Zahlenwürfeln. Bilde eine Aufgabe (Grundrechenarten), das Ergebnis muss zwischen 0 und 10 liegen. Nenne das Ergebnis deinen Mitspielern.
- Würfle mit dem Vorzeichenwürfel. Der Würfel bestimmt, ob die genannte Zahl positiv oder negativ wird. Rücke entsprechend bei einer positiven Zahl vor, bei einer negativen Zahl zurück.
- Erreichst du ein Ereignisfeld, dann ziehe eine Karte und erfülle die Aufgabe.

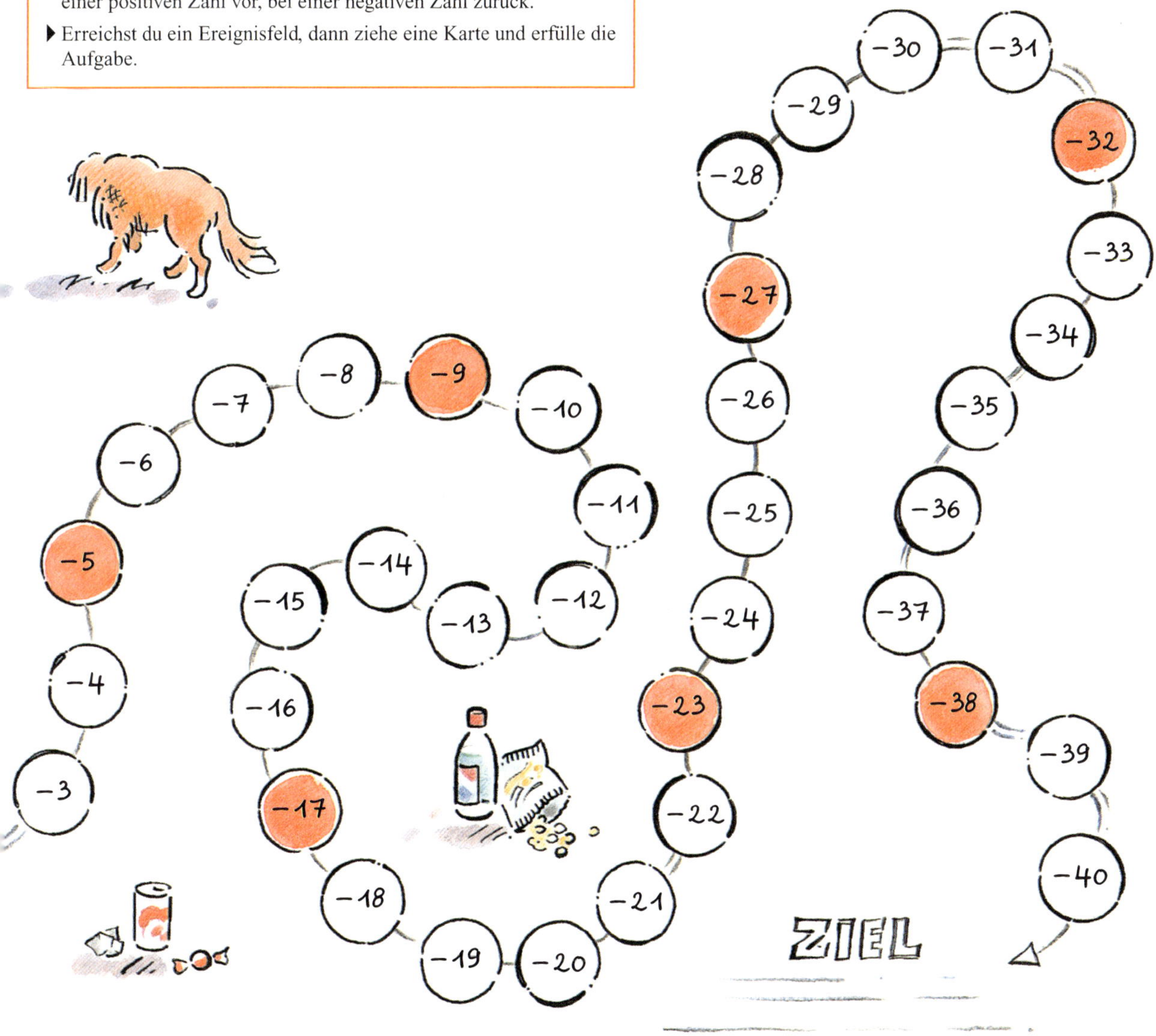

1

Löse die Aufgaben.

a) (+ 15) − (− 9) = 15 ▢ 9 = ▢
b) (− 30) − (+ 15) = − 30 ▢ 15 = ▢
c) (− 35) + (− 20) = − 35 ▢ 20 = ▢
d) (− 30) + (+15) = − 30 ▢ 15 = ▢

Summen und Differenzen kannst du auch ohne Klammern schreiben.

(+ 9) + (+ 18) =
9 + 18 = 27

(+ 9) − (− 18) =
9 + 18 = 27

Sind Rechenzeichen und Vorzeichen der zweiten Zahl gleich, so schreibe „+“.

(+ 15) + (− 7) =
15 − 7 = 8

(+ 15) − (+ 7) =
15 − 7 = 8

Sind Rechenzeichen und Vorzeichen der zweiten Zahl verschieden, so schreibe „ “.

Oft wird auf das **Vorzeichen** Plus (+) verzichtet und statt z.B. + 4 nur 4 geschrieben

2 Schreibe die Aufgabe ohne Klammer und berechne.

(− 12) − (− 7) = − 12 + 7 = − 5
(+ 18) + (− 9) = − 18 − 9 = 9

a)	b)	c)	d)
(− 6) + (+ 4)	(+ 8) − (− 7)	(+ 8) + (− 4)	(− 12) − (+ 8)
(+ 7) + (+ 9)	(− 2) − (− 4)	(− 9) + (− 7)	(+ 16) − (+ 4)
(− 3) + (+ 8)	(+ 1) − (− 5)	(+ 11) + (− 5)	(− 13) − (+7)
(− 8) + (+ 6)	(− 7) − (− 7)	(− 7) + (− 10)	(+ 8) − (+ 16)

3 Berechne.

a)	b)	c)	d)	e)
− 33 + 15	− 12 − 14	− 100 + 56	− 62 + 75	53 − 83
16 + 8	− 25 + 43	45 − 68	87 − 54	− 71 + 96
10 − 12	− 32 − 38	− 85 − 32	− 49 − 68	− 63 − 48
26 − 45	15 − 52	− 105 − 58	− 77 + 88	− 92 + 62
− 14 − 37	− 45 + 34	99 − 119	35 − 76	− 76 − 37

4 Berechne.

a) 145 − 155
− 85 − 77
− 98 − 42
47 − 78

b) − 121 + 135
− 51 + 78
− 43 + 167
− 133 + 97

c) 125 − 278
− 230 − 322
380 − 450
− 499 − 711

d) 111 − 435
− 328 + 399
34 − 878
− 56 − 488

e) 298 − 599
− 408 + 809
− 405 − 105
46 − 568

5 Berechne.

a) 4,5 − 6,7
3,8 + 7,4
2,3 − 4,8
6,7 − 9,9

b) − 4,5 + 5,8
− 8,7 − 6,4
− 9,4 + 8,5
− 3,8 − 6,7

c) 15,5 − 35,8
− 12,3 − 3,7
− 9,8 + 12,4
0 − 7,3

d) − 4,8 − 23,9
− 33,2 + 24,5
25,5 − 12,8
− 31,7 − 23,3

e) − 17,4 − 34,8
18,9 − 28,5
− 15,3 + 28,4
− 20,5 − 19,3

L zu Nr. 4 und 5: − 55; − 522; − 10; 14; − 70; 71; − 36; − 2,2; − 52,2; − 8,7; − 2,6; − 1210; − 31; − 301; − 552; 124; − 140; − 3,2; − 7,3; − 10,5; − 16; − 27; − 15,1; 12,7; − 0,9; − 13,1; − 162; 10,4; − 28,7; − 2,5; 1,3; − 153; − 39,8; − 20,3; − 324; − 510; − 544; 13,1; 401; − 844; 11,2; − 9,6

6 a) Addiere.

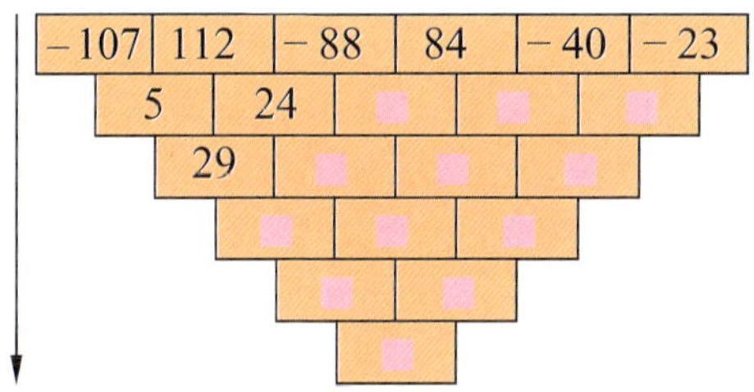

b) Subtrahiere.

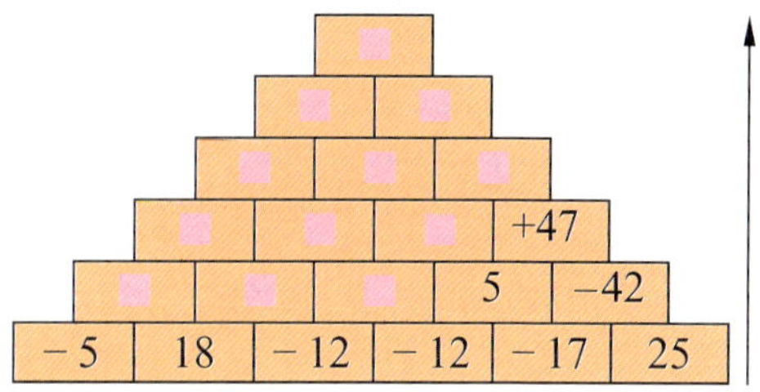

7 So kannst du schriftlich rationale Zahlen addieren bzw. subtrahieren:

Schriftliches Rechnen

1. Bestimme das Vorzeichen des Ergebnisses.
2. Entscheide, ob die Beträge addiert oder subtrahiert werden und führe die Nebenrechnung durch.
3. Notiere das Ergebnis.

234,5 − 357,48 =   − 482,39 − 347,52 =

−   +

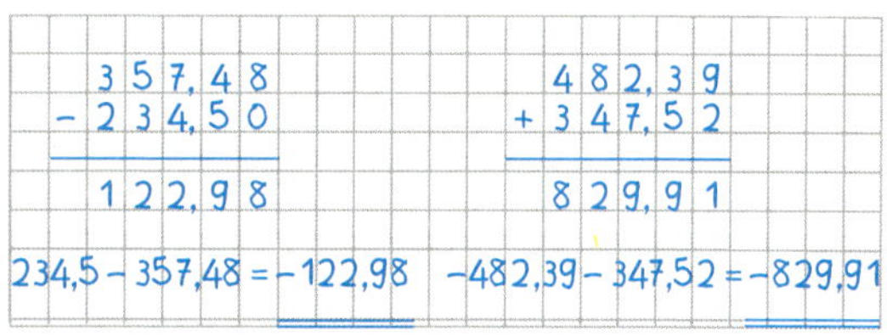

a) 1873 − 839
− 239 − 681
5472 − 8793
793 − 9372

b) − 458 − 872
3984 − 4872
− 9899 + 6875
− 5673 − 2952

c) − 345,7 + 491,9
− 8703,2 + 927,8
− 5790,9 − 6734,2
− 7738,4 − 3329,8

d) − 421,34 + 509,87
− 973,45 − 1362,4
− 239,41 − 389,09
− 8095,88 − 9432,99

8 Ergänze die Tabelle in deinem Heft.

Kontostand (alt)	Gutschrift/Lastschrift	Betrag	Kontostand (neu)
+ 223,45 EUR	Rechnung Fa. Opper	442,87 EUR	
	Gehalt	2247,78 EUR	
	Miete	487,89 EUR	
	Gutschrift	320,55 EUR	
	Energiekosten	88,90 EUR	
	Rückerstattung	275,55 EUR	

9 Berechne. Bestimme zuerst die Klammern.

a) (25 − 18) + (23 − 33) b) (48 − 67) − (85 − 107) c) (− 345 + 247) − (− 459 − 261)
d) (− 1780 + 1460) + (− 845 + 687) e) (− 234 + 435) + (− 986 − 642) + (− 761 − 987)

10 Berechne.

a) 29 − 35 + 40 − 30 − 15 − 8 − 50 + 25 − 30 − 48 − 52 − 33
b) − 75 + 54 + 25 − 23 − 48 + 38 687 − 407 + 687 288 + 55 − 288
c) 246 − 101 + 225 − 3 − 31 − 33 + 74 − 14 − 294 + 254 − 23 − 42 − 65 + 49 − 48 + 63
d) − 128 − 24 − 39 + 48 + 33 259 − 28 − 59 + 38 − 36 − 455 + 45 + 96 − 81 − 38 − 321 − 209 − 473 + 204

11

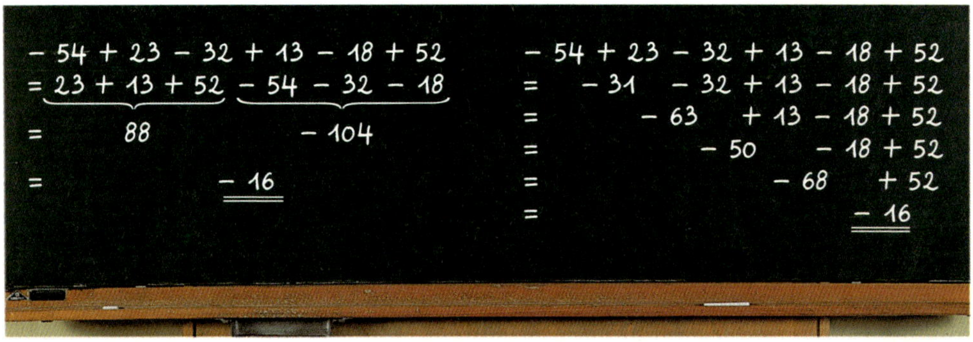

Katrin und Janine haben unterschiedliche Lösungswege gefunden.
Für welchen Weg würdest du dich entscheiden? Begründe deine Antwort.

12 Berechne.

a) 18 − 34 + 105 + 97 − 42 − 17
b) − 6 − 17 + 64 − 81 + 62 − 21 + 32
c) 324 − 87 − 259 + 117 + 36 − 41
d) 39 + 94 − 35 − 71 − 78 + 87 + 95 − 48
e) 9,7 + 5,2 − 3,5 + 2,1 + 3,4 − 9,2 − 5,6
f) − 3,3 + 4,7 − 2,9 + 2,6 − 2,3 − 8,2 + 2,2
g) − 35 + 57,7 − 17,5 + 32,6 − 25 − 34,5
h) 66,03 − 39 + 17,86 − 51,84 + 33,1

13 Bestimme für jedes gelbe Feld die Summe der vier Zahlen in den angrenzenden blauen Feldern.

	5	
− 7	− 4	− 8
	6	

− 7 + 6 − 8 + 5 = − 4

		A	B	C	D	E	F	G	H	
		− 3		0		− 12		0		
1	− 2		5		− 7		45		− 37	
2		4		− 9		− 3		− 8		− 44
3	− 8		11		22		− 30		− 19	
4		− 6		− 7		− 28		− 19		− 7
5	12		− 10		8		− 15		45	
6		− 15		− 23		34		− 37		− 12
7	22		20		− 19		16		− 31	
		− 13		14		− 21		− 40		

14 Wie heißt die Zahl?

a) Berechne die Summe der Zahlen − 2890 und 375.
b) Von welcher Zahl musst du 27 subtrahieren, um − 23 zu erhalten?
c) Welche Zahl erhältst du, wenn du von − 475 die Zahl 475 subtrahierst?
d) Addierst du zu einer Zahl die Zahl − 75, so erhältst du 35.
e) Subtrahiere die Differenz der Zahlen − 34 und − 78 von 105.

1 Der Aufzug in einem Hochhaus hält in der 33. Etage. Anschließend fährt er um 8 Stockwerke nach oben und 42 Etagen nach unten. Wo befindet sich anschließend der Fahrstuhl?

2 Der Kontostand von Herrn Fritsche beträgt 7450 EUR. Folgende Buchungen gehen auf seinem Konto ein: Eine Handwerkerrechnung über 11425,75 EUR, Steuer und Versicherung für sein Auto in Höhe von 345,55 EUR, Lohnsteuerrückerstattung 4487,90 EUR. Bestimme den neuen Kontostand.

3 Schreibe ohne Klammer und berechne.

a) $(+29)-(-25)+(+40)$
$(-30)-(-5)-(+3)$
$(-24)+(-30)-(-40)$
$(-38)-(-42)-(-88)$

b) $(-25)+(+64)+(+25)$
$(-21)+(-58)+(+38)$
$(+789)+(-407)+(-789)$
$(+881)+(+37)+(-882)$

c) $(+324)+(-201)-(-325)-(+3)$
$(-31)-(+23)+(+64)-(-3)$
$(-194)-(-154)-(+13)+(-42)$
$(-35)-(-39)-(-38)+(+53)$

L 36; − 407; 445; 94; − 28; 13; − 95; 95; − 41; 64; − 14; 92

4 a)

+	− 4,9	− 7,3	+ 12,6	− 6,9
− 3,8	■	■	■	■
− 13,4	■	■	■	■
+ 44,7	■	■	■	■
− 34,6	■	■	■	■

b)

−	− 23,3	+ 9,4	− 13,8	+ 4,7
− 15,5	■	■	■	■
+ 38,7	■	■	■	■
− 23,8	■	■	■	■
− 7,9	■	■	■	■

5 Berechne und vergleiche.

a) $12 + 15$
$15 + 12$

b) $1{,}5 + 1{,}2$
$1{,}2 + 1{,}5$

c) $-20 + (-15)$
$-15 + (-20)$

d) $35 + (-47)$
$-47 + 35$

e) $-\frac{3}{8} + \left(-\frac{5}{8}\right)$
$-\frac{5}{8} + \left(-\frac{3}{8}\right)$

6 Berechne zuerst die Klammern.

a) $(25-37)-(52-64)$
$(-26-47)-(-62-17)$

b) $(66+47)-(-37-78)$
$(-5{,}3-4{,}9)-(23-4{,}8)$

c) $(4{,}9-7{,}2)+(3{,}8-5{,}5+2{,}4)$
$-(1{,}28-0{,}68)-(1{,}88-0{,}6)$

7 Vertausche und verbinde geschickt.

a) $-1{,}41+6{,}31-3{,}15+0{,}15+1{,}41-6{,}31$

b) $-1{,}4-4{,}6-0{,}6+1{,}4+0{,}6-4{,}6$

c) $-3{,}2+1{,}3-2{,}6+2{,}6+3{,}2-1{,}9$

d) $0{,}02+0{,}04-0{,}01+3{,}01+0{,}02-0{,}01$

e) $1{,}64-3{,}82-0{,}64+2{,}82-4{,}18$

f) $-1{,}31-2{,}35+4{,}31-3{,}75-0{,}08+1{,}55$

L zu Nr. 6 und 7: − 4,18; − 1,6; − 1,63; − 3; − 28,4; 6; 0; 228; − 9,2; − 1,88; − 0,6; 3,07

8 Übertrage in dein Heft und vervollständige die Tabellen.

a)

Person	Geburtsjahr	Todesjahr	Alter
Cäsar	− 101	− 44	■
Einstein	1879	1955	■
Xerxes	− 519	■	54
Augustus	− 63	14	■
Tiberius	− 42	■	79
Seneca	■	65	69
Virgil	■	− 19	89
Louis XIV	1638	■	77

b)

Gewässer	Oberfläche	tiefste Stelle	Wasserhöhe
Kasp. Meer	− 26 m	− 1098 m	■
Totes Meer	− 394 m	■	306 m
Baikalsee	■	− 1046 m	1522 m
Titicacasee	3812 m	3508 m	■
Genfer See	■	66 m	309 m
Mittelmeer	0	■	4399 m
Bodensee	390 m	■	254 m
Ontariosee	■	− 162 m	237 m

9 Berechne.

a) 35 + (– 17) + (– 53) b) 68 + (– 48) + 76 c) 47 + 33 + (– 88)
d) 6,5 + (– 5,7) + (– 6,5) e) 84 + (– 100) + 16 f) (– 72) + 135 + (– 128)

10 Übertrage die Tabelle in dein Heft und ergänze.

a	b	c	(a + b) + c	a + (b + c)	a + c + b
5	– 4	7	■	■	■
– 3	– 5	– 9	■	■	■
1,5	3,7	– 2,5	■	■	■

11 Rechne vorteilhaft. 157 + (–78) + 43 = (157 + 43) + (–78) = 200 – 78 = 122

a) 44 + (– 78) + 66 b) (– 68) + (– 99) + (– 32) c) (– 428) + (– 248) + 428
b) 3,49 + (– 7) + 0,51 e) (– 19,5) + (– 9,4) + (– 5,6) f) (– 8,43) + (7,33) + (– 7,31)

12 Rechne vorteilhaft.

a) 776 – 4308 + 2340 – 876 + 508 + 640 b) – 495 + 3595 + 2452 – 547 – 2380 + 75
c) 2256 – 1386 – 1776 + 4616 – 3598 + 2698 d) – 156 + 338 + 856 – 1538 – 150 – 235 + 350

13 Berechne.

a) – 345,69 – 47,43 + 287,45 b) 67,78 – 321,4 – 93,34 c) 3,08 + 0,32 + 8,07 – 11,39
487,58 – 345,23 – 45,97 – 3,45 – 0,78 + 5,04 93,73 – 36,72 – 55,72 + 0,9
9,43 – 5,76 –3,67 0,035 – 0,255 – 0,031 – 1,11 – 0,32 + 0,049 + 3,19

L 2,19; 0,81; – 105,67; 0,08; 1,809; 96,38; – 0,251; 0; – 346,96

– 4527 + 2386 = ■
Überschlag:
– 4500 + 2400
= – 2100

14 Überschlage zunächst das Ergebnis. Berechne anschließend:

a) 1825 – 788 b) 4947 – 2446 c) 12 876 – 23 205 d) – 96 282 – 13 718
– 3452 + 623 – 7894 – 3189 – 23 906 + 45 282 – 36 478 + 50 894
– 8983 – 350 4836 – 3982 88 952 – 75 971 78 104 – 93 765
1789 2309 – 9870 + 6729 – 99 827 – 78 920 – 187 622 + 782 293

15 Berechne wie im Beispiel. $-\frac{4}{9} + \frac{5}{9} = \frac{-4+5}{9} = \frac{1}{9}$

a) $\frac{2}{7} - \frac{6}{7}$ b) $-\frac{10}{13} + \frac{12}{13}$ c) $-\frac{15}{17} - \frac{8}{17}$ d) $\frac{11}{23} + \frac{12}{23}$ e) $-\frac{35}{51} + \frac{46}{51}$

$-\frac{4}{9} - \frac{8}{9}$ $-\frac{8}{10} - \frac{4}{10}$ $-\frac{11}{20} + \frac{14}{20}$ $-\frac{7}{19} + \frac{18}{19}$ $\frac{24}{37} - \frac{26}{37}$

16 Berechne: $-\frac{8}{9} + \frac{5}{6} = -\frac{16}{18} + \frac{15}{18} = \frac{-16+15}{18} = -\frac{1}{18}$

a) $\frac{3}{4} - \frac{5}{6}$ b) $-\frac{1}{2} + \frac{3}{7}$ c) $\frac{2}{3} - \frac{3}{5}$ d) $-\frac{1}{3} + \frac{4}{7}$ e) $\frac{10}{34} - \frac{30}{34}$

$-\frac{5}{7} - \frac{3}{5}$ $-\frac{7}{8} - \frac{2}{3}$ $-\frac{4}{9} + \frac{4}{6}$ $-\frac{4}{5} - \frac{2}{10}$ $-\frac{3}{5} - \frac{4}{9}$

L $\frac{8}{36}$; $-\frac{1}{12}$; $\frac{4}{21}$; –1; $-\frac{20}{34}$; $-\frac{47}{45}$; $\frac{1}{15}$; $-\frac{37}{24}$; $-\frac{1}{14}$; $-\frac{46}{35}$

1 

Du findest in vielen Maschinen und elektrischen Geräten Getriebe.

a) Welche Aufgaben haben sie?

b) Beschreibe den Aufbau und die Funktion des Getriebes an deinem Fahrrad.

2 Werden zwei Zahnräder miteinander verbunden, so bilden sie ein **Getriebe.**

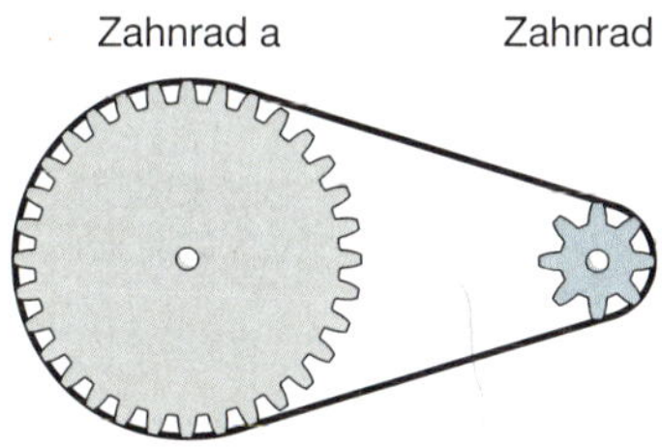

Kettentrieb

$Z_a = 32$ $Z_b = 8$

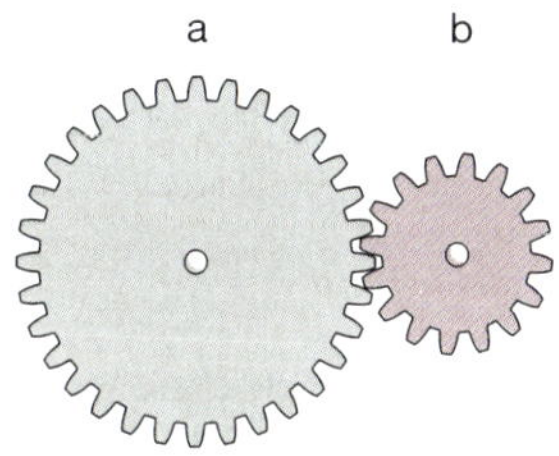

Rädertrieb

$Z_a = 32$ $Z_b = 16$

Z_a = Anzahl der Zähne von Zahnrad a Z_b = Anzahl der Zähne von Zahnrad b

Die dargestellten Getriebe bestehen aus einem antreibenden Zahnrad a und einem angetriebenen Zahnrad b. Löse die Aufgaben für die angegebenen Getriebe.

a) Das antreibende Zahnrad a soll genau eine Umdrehung machen. Wie oft dreht sich dann das angetriebene Zahnrad b?

b) Das antreibende Rad dreht sich im Uhrzeigersinn. Beschreibe die Drehrichtung des Rades b.

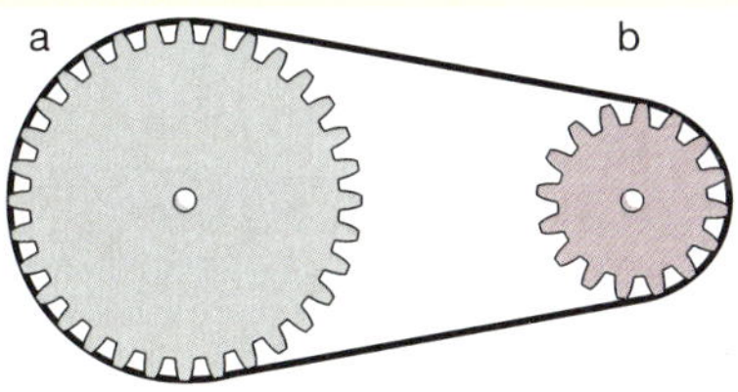

$Z_a = 32$ $Z_b = 16$

Dreht sich Rad a einmal, dann dreht sich Rad b zweimal in die gleiche Richtung.

Wir bezeichnen dieses Getriebe als Multiplikationsgetriebe $\boxed{\cdot 2}$

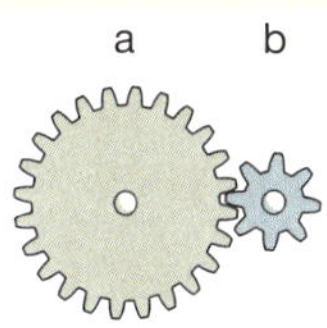

$Z_a = 24$ $Z_b = 8$

Dreht sich Rad a einmal, dann dreht sich Rad b dreimal in die entgegengesetzte Richtung.

Wir bezeichnen dieses Getriebe als Multiplikationsgetriebe $\boxed{\cdot (-3)}$

3 Die Multiplikationsgetriebe lassen sich miteinander verbinden. Der Techniker spricht dann von **mehrstufigen Getrieben.**
Dreht sich das **Zahnrad a einmal,** dann dreht sich das **Zahnrad d sechsmal** in die gleiche Richtung.
Wir bezeichnen diese zusammengesetzten Maschinen auch als Multiplikationsgetriebe.

Also: $\boxed{\cdot 3}$ **x** $\boxed{\cdot 2}$ **=** $\boxed{\cdot 6}$

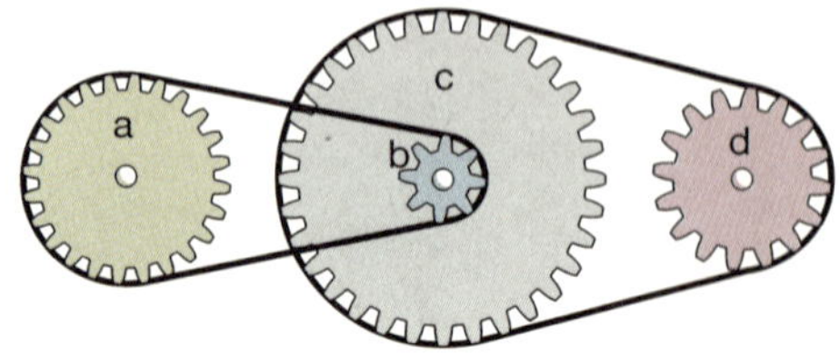

$Z_a = 24$ $Z_b = 8$ $Z_a = 32$ $Z_b = 16$

Stufe 1: $\boxed{\cdot 3}$

Stufe 2: $\boxed{\cdot 2}$

a) Das antreibende Zahnrad a dreht sich jeweils einmal. Wie oft dreht sich das Zahnrad d?
b) Das Zahnrad a dreht sich im Uhrzeigersinn. Beschreibe die Drehrichtung des Zahnrades d.
c) Welche Multiplikationsgetriebe sind hier veranschaulicht?

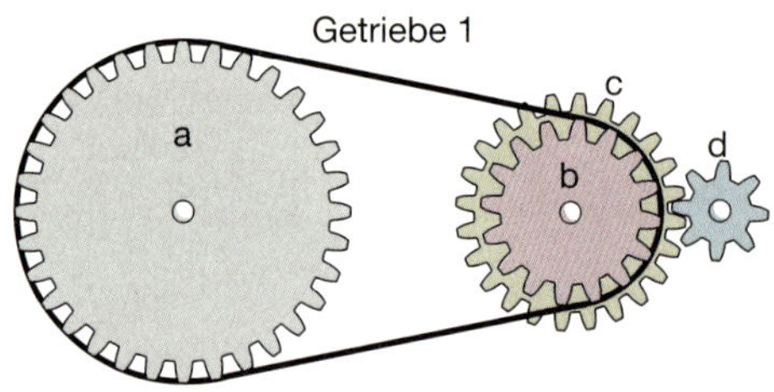

$Z_a = 32$ $Z_b = 16$ $Z_c = 24$ $Z_d = 8$

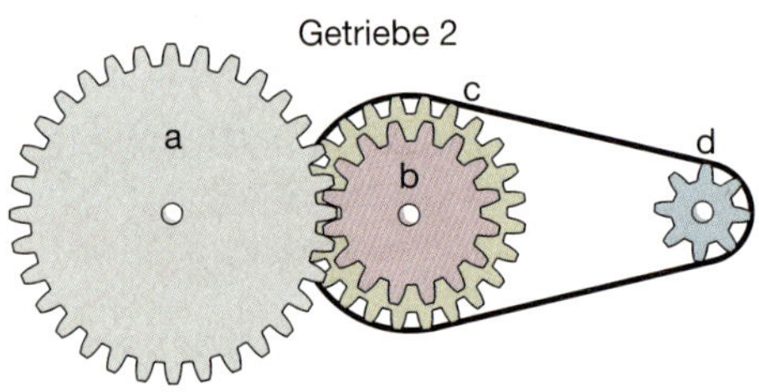

$Z_a = 32$ $Z_b = 16$ $Z_c = 24$ $Z_d = 8$

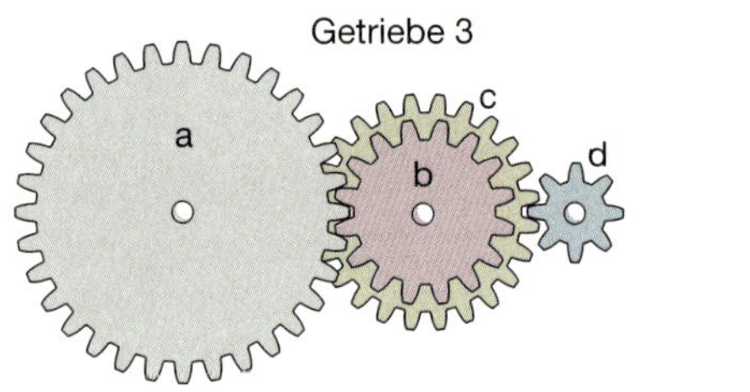

$Z_a = 32$ $Z_b = 16$ $Z_c = 24$ $Z_d = 8$

4 Zahnrad a dreht sich viermal im Uhrzeigersinn.
a) Wie oft dreht sich das Zahnrad f und wie ist seine Bewegungsrichtung?
b) Welches Multiplikationsgetriebe ist hier dargestellt?

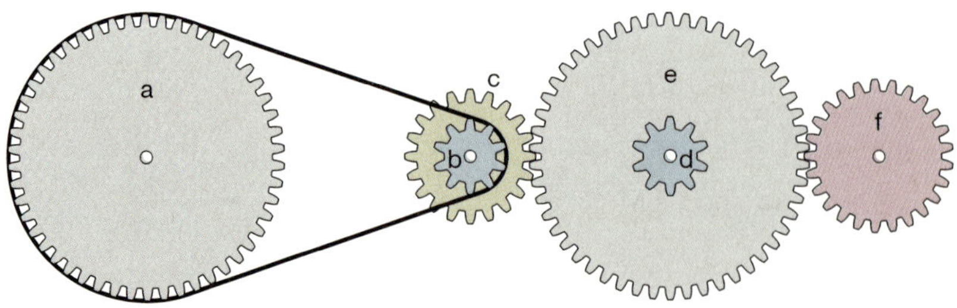

$Z_a = 50$ $Z_b = 10$ $Z_c = 20$ $Z_d = 10$ $Z_e = 50$ $Z_f = 25$

1 Kati und Sahar haben über einige Wochen ihre Einnahmen und Ausgaben notiert.

Kati	
Taschengeld	+30 €
Kino	−8 €
Zeitschrift	−7 €
Eis	−4 €
Eis	−4 €
Taschengeld	+30 €
Zeitschrift	−7 €
Eis	−4 €
Kino	−8 €
Zeitschrift	−7 €
Taschengeld	+30 €
Zeitschrift	−7 €
Kino	−8 €
Eis	−4 €

Sahar	
Taschengeld	+35 €
Tierfutter	−5 €
Kino	−8 €
Schwimmbad	−3 €
Schwimmbad	−3 €
Eis	−4 €
Taschengeld	+35 €
Tierfutter	−5 €
Schwimmbad	−3 €
Kino	−8 €
Schwimmbad	−3 €
Taschengeld	+35 €
Tierfutter	−5 €
Schwimmbad	−3 €

Bestimme die Einnahmen und Ausgaben der beiden Mädchen. Es gibt verschiedene Möglichkeiten der Berechnung.

2 Im 8. Schuljahr soll eine Klassenfahrt stattfinden.
Tims Vater möchte für ein Jahr monatlich einen Teil des Betrages auf das Klassenkonto überweisen.
Wie lauten die jeweiligen Abbuchungen, wenn er vierteljährlich (halbjährlich oder einmalig) überweist?

Alter Kontostand	385 +
Klassenfahrt Tim	25 −
Neuer Kontostand	360 +

3 Schreibe als Additionsaufgabe und berechne:

$3 \cdot (-2{,}5) = (-2{,}5) + (-2{,}5) + (-2{,}5) = -7{,}5$

a) $6 \cdot (-4)$ b) $5 \cdot (-0{,}5)$ c) $7 \cdot (-12)$ d) $9 \cdot (-30)$ e) $8 \cdot (-60)$ f) $15 \cdot (-5)$

4 Schreibe als Multiplikationsaufgabe und berechne dann.
a) $5{,}5 + 5{,}5 + 5{,}5 + 5{,}5 + 5{,}5 + 5{,}5 + 5{,}5$
b) $(-2{,}2) + (\ \ 2{,}2) + (-2{,}2) + (-2{,}2) + (-2{,}2) + (-2{,}2) + (-2{,}2) + (-2{,}2)$
c) $(-0{,}7) + (-0{,}7) + (-0{,}7) + (-0{,}7) + (-0{,}7) + (-0{,}7) + (-0{,}7) + (-0{,}7) + (-0{,}7)$
d) $(-12{,}5) + (-12{,}5) + (-12{,}5) + (-12{,}5) + (-12{,}5) + (-12{,}5) + (-12{,}5)$

1 Übertrage die Aufgaben in dein Heft und setze die Reihen fort. Wie ändert sich das Ergebnis von einer zu anderen Zeile?

a) $(+3)\cdot(+3)=+9$	b) $(-3)\cdot(+3)=-9$	c) $(+4)\cdot(+3)=+12$	d) $(+3)\cdot(-2{,}5)=-7{,}5$
$(+3)\cdot(+2)=+6$	$(-3)\cdot(+2)=-6$	$(+4)\cdot(+2)=+8$	$(+2)\cdot(-2{,}5)=-5$
$(+3)\cdot(+1)=+3$	$(-3)\cdot(+1)=-3$	$(+4)\cdot(+1)=+4$	$(+1)\cdot(-2{,}5)=-2{,}5$
$(+3)\cdot 0 \quad =0$	$(-3)\cdot 0 \quad =0$	$(+4)\cdot(0) \quad =$	$0\cdot(-2{,}5) \quad =$
$(+3)\cdot(-1)=$	$(-3)\cdot(-1)=$	$(+4)\cdot(-1)=$	$(-1)\cdot(-2{,}5)=$
$\vdots$	$\vdots$	$\vdots$	$\vdots$
$(+3)\cdot(-5)=-15$	$(-3)\cdot(-5)=-15$	$(+4)\cdot(-5)=-20$	$(-5)\cdot(-2{,}5)=-12{,}5$

$(+)\cdot(+)=(+)$
$(+)\cdot(-)=(-)$
$(-)\cdot(+)=(-)$
$(-)\cdot(-)=(+)$

Multiplikation zweier rationaler Zahlen mit gleichem Vorzeichen

$(+12)\cdot(+4)=+48$
$(-12)\cdot(-4)=+48$

$(+2{,}5)\cdot(+5)=+12{,}5$
$(-2{,}5)\cdot(-5)=+12{,}5$

Beim Multiplizieren zweier Zahlen mit gleichem Vorzeichen ist das Ergebnis positiv.

Multiplikation zweier rationaler Zahlen mit verschiedenen Vorzeichen

$(+8)\cdot(-7)=-56$
$(-8)\cdot(+7)=-56$

$(-5{,}1)\cdot(+4)=-20{,}4$
$(+5{,}1)\cdot(-4)=-20{,}4$

Beim Multiplizieren zweier Zahlen mit verschiedenen Vorzeichen ist das Ergebnis negativ.

2 Rechne im Kopf.

a) $(+5)\cdot(-3)$	b) $(-12)\cdot(-3)$	c) $(-12)\cdot(+8)$	d) $(-20)\cdot(-5)$	e) $(-9)\cdot(-25)$
$(+4)\cdot(-6)$	$(-21)\cdot(-4)$	$(-16)\cdot(+6)$	$(+3)\cdot(+15)$	$(+16)\cdot(-11)$
$(+7)\cdot(-5)$	$(-15)\cdot(-5)$	$(-12)\cdot(+11)$	$(-15)\cdot(-40)$	$(+23)\cdot(+12)$
$(+9)\cdot(-7)$	$(-22)\cdot(-4)$	$(-25)\cdot(+8)$	$(-30)\cdot(-15)$	$(-32)\cdot(-21)$

3 Multipliziere. Entscheide zunächst, ob das Ergebnis positiv oder negativ ist.

a) $(-12)\cdot(+5)$	b) $(-7)\cdot(-13)$	c) $(-3)\cdot(-33)$	d) $(+8)\cdot(-1{,}5)$
$(+9)\cdot(-13)$	$(+8)\cdot(-21)$	$(+6)\cdot(+21)$	$(-6)\cdot(+0{,}5)$
$(+16)\cdot(+5)$	$(-11)\cdot(+13)$	$(+9)\cdot(-14)$	$(-3)\cdot(-3{,}1)$
$(-7)\cdot(-8)$	$(+19)\cdot(-3)$	$(-14)\cdot(-4)$	$(-5)\cdot(+0{,}8)$

4 Finde alle Produkte aus zwei ganzen Zahlen, die folgendes Ergebnis haben:

$(-6)\cdot(+4)=-24$
$(+12)\cdot(-2)=-24$
$\vdots$

a) +36; − 40; + 28; − 50
b) − 48; + 25; − 100; − 80

5 Berechne.

Vereinfachte Schreibweise:
$(+4)\cdot(-3)=-12$
$4\cdot(-3)=-12$

a) $-5\cdot 11$	b) $35\cdot(-4)$	c) $25\cdot(-8)$	d) $-16\cdot 20$
$8\cdot(-12)$	$-20\cdot(-12)$	$-18\cdot(-5)$	$25\cdot(-9)$
$13\cdot(-11)$	$15\cdot 20$	$32\cdot(-4)$	$-90\cdot 11$
$-15\cdot(-7)$	$-17\cdot(-11)$	$-41\cdot 11$	$30\cdot(-25)$
$-6\cdot(-12)$	$24\cdot(-4)$	$-17\cdot(-5)$	$-4\cdot 15$
$13\cdot(-3)$	$-52\cdot 2$	$15\cdot(-9)$	$28\cdot(-2)$

6 Berechne die Produkte. Überlege zunächst, welches Vorzeichen das Ergebnis hat.

$-8 \cdot (-5) \cdot 9 = \square$
$8 \cdot 5 \cdot 9 = 360$
$-8 \cdot (-5) \cdot 9 = +360$

a) $6 \cdot (-5) \cdot (-3)$
$-4 \cdot (-7) \cdot (-2)$
$-9 \cdot (-5) \cdot 8$
$11 \cdot 5 \cdot (-3)$

b) $-4 \cdot (-15) \cdot 8$
$4 \cdot (-25) \cdot (-12)$
$-125 \cdot (-8) \cdot (-5)$
$-21 \cdot (-11) \cdot 3$

c) $-28 \cdot (-5) \cdot 8$
$-25 \cdot 8 \cdot (-12)$
$-1{,}5 \cdot 10 \cdot (-18)$
$65 \cdot (-4) \cdot 2$

7 Übertrage die Tabelle und ergänze.

a	b	c	(a · b) · c	a · (b · c)	a · c · b
–4	–5	6	■	■	■
3,5	–8	–2,5	■	■	■
5,8	–3,4	–1,7	■	■	■

8 Rechne geschickt. $(-4) \cdot 33 \cdot 25 = (-4) \cdot 25 \cdot 33 = (-100) \cdot 33 = -3300$

a) $8 \cdot (-25) \cdot (-125)$ b) $(-2) \cdot (-19) \cdot 50$ c) $2{,}5 \cdot (-3{,}5) \cdot (-4)$ d) $-4 \cdot (-17) \cdot 250$
e) $(-12{,}5) \cdot (-9) \cdot (-8)$ f) $-4 \cdot 59 \cdot (-2{,}5)$ g) $20 \cdot (-23) \cdot (-5)$ h) $2 \cdot (-5) \cdot 4 \cdot 25$

9 Berechne.

$-14 \cdot (-18) \cdot (-12) = \square$

14 · 18		252 · 12	
14		252	
112		504	
252		3024	

$-14 \cdot (-18) \cdot (-12) = -3024$

a) $22 \cdot (-5) \cdot (-14)$
$-18 \cdot 8 \cdot (-25)$
$-2 \cdot (-55) \cdot (-25)$
$14 \cdot 7 \cdot (-50)$

b) $-12 \cdot (-13) \cdot (-35)$
$32 \cdot (-21) \cdot (-16)$
$42 \cdot 23 \cdot (-51)$
$-68 \cdot (-17) \cdot (-33)$

c) $-38 \cdot (-34) \cdot (-27)$
$72 \cdot (-16) \cdot (-43)$
$-87 \cdot 46 \cdot (-40)$
$-58 \cdot (-73) \cdot 84$

10 Multipliziere.

a) $1{,}5 \cdot (-2{,}3) \cdot 3{,}1$
$-2{,}8 \cdot 4{,}1 \cdot (-3{,}7)$
$5{,}1 \cdot (-3{,}6) \cdot 4{,}3$
$-6{,}8 \cdot 6{,}8 \cdot (-6{,}7)$

b) $-4{,}7 \cdot (-3{,}8) \cdot (-2{,}1)$
$3{,}2 \cdot (-9{,}1) \cdot 6{,}6$
$-3{,}8 \cdot (-6{,}4) \cdot 8{,}8$
$7{,}1 \cdot (-9{,}2) \cdot 8{,}2$

c) $7{,}8 \cdot (-5{,}9) \cdot -9{,}6$
$-8{,}5 \cdot 7{,}2 \cdot (-7{,}4)$
$-8{,}9 \cdot (-6{,}8) \cdot (-3{,}9)$
$9{,}1 \cdot (-0{,}9) \cdot (-7{,}3)$

L zu Nr. 9 und 10: 10 752; 355 656; – 4900; – 21 318; – 10,695; 49 536; 192,192; 309,808; 3600; – 5460; – 78,948; – 535,624; – 49 266; 42,476; 214,016; 1540; 441,792; 22 446; 59,787; – 2750; – 37,506; 452,88; – 34 884; – 474,192; 160 080; – 38 148

Potenzen

11 Schreibe als Potenz. $(-2) \cdot (-2) \cdot (-2) \cdot (-2) \cdot (-2) \cdot (-2) = (-2)^6$

a) $(-1) \cdot (-1) \cdot (-1) \cdot (-1) \cdot (-1) \cdot (-1) \cdot (-1) \cdot (-1) \cdot (-1)$
b) $(-3) \cdot (-3) \cdot (-3) \cdot (-3) \cdot (-3) \cdot (-3)$
c) $(-5) \cdot (-5) \cdot (-5) \cdot (-5) \cdot (-5) \cdot (-5) \cdot (-5) \cdot$
d) $(-7) \cdot (-7) \cdot (-7) \cdot (-7) \cdot$

Basis $(-2)^6$ Exponent
Potenz

12 Berechne und vergleiche. Erkennst du die Vorzeichenregel?

a) $(-2)^3$ mit $(-2)^2$ b) $(-2)^4$ mit $(-2)^1$ c) $(-2)^6$ mit $(-2)^2$ d) $(-2)^3$ mit $(-2)^5$
e) $(-10)^2$ mit $(-10)^4$ f) $(-10)^5$ mit $(-10)^3$ g) $(-10)^2$ mit $(-10)^5$

13 Bestimme das Vorzeichen des Ergebnisses.

a) $(-1)^7$ b) $(-1)^{17}$ c) $(-1)^{26}$ d) $(-1)^{35}$ e) $(-1)^{56}$ f) $(-1)^{23}$ g) $(-1)^{73}$
h) $(-10)^4$ i) $(-10)^3$ k) $(-10)^2$ l) $(-10)^7$ m) $(-10)^5$ n) $(-10)^8$

14 Überschlage das Ergebnis zuerst.

$496 \cdot (-31) = ■$

$500 \cdot (-30) = -15000$

$496 \cdot 31$: $1488 + 496 = 15376$

$496 \cdot (-31) = -15376$

a) $-288 \cdot 19$
$97 \cdot (-518)$
$-423 \cdot 53$
$-2026 \cdot (-41)$
$1715 \cdot (-32)$
$-978 \cdot 78$

b) $38 \cdot (-1223)$
$-104 \cdot (-192)$
$632 \cdot (-482)$
$-302 \cdot (-1914)$
$692 \cdot (-2021)$
$-1094 \cdot (-395)$

15 Multipliziere. Kürze, wenn möglich. Bestimme zunächst das Vorzeichen.

$-\frac{3}{4} \cdot \frac{8}{11} = -\frac{3 \cdot 8}{4 \cdot 11} = -\frac{6}{11}$

$-\frac{4}{5} \cdot \left(-\frac{7}{12}\right) = +\frac{4 \cdot 7}{5 \cdot 12} = \frac{7}{15}$

a) $\frac{6}{35} \cdot \left(-\frac{7}{18}\right)$
$-\frac{12}{17} \cdot \left(-\frac{34}{21}\right)$
$-\frac{13}{25} \cdot \frac{15}{52}$

b) $-\frac{4}{9} \cdot \left(-\frac{7}{13}\right)$
$\frac{45}{72} \cdot \left(-\frac{48}{75}\right)$
$-\frac{28}{39} \cdot \left(-\frac{52}{49}\right)$

16 Berechne.

a) $-\frac{12}{21} \cdot \frac{3}{4}$
$\frac{2}{9} \cdot \left(-\frac{12}{21}\right)$
$-\frac{1}{2} \cdot \left(-\frac{4}{5}\right)$

b) $-\frac{16}{17} \cdot \frac{7}{32}$
$-\frac{21}{23} \cdot \left(-\frac{46}{63}\right)$
$-\frac{12}{17} \cdot \left(-\frac{51}{62}\right)$

c) $-\frac{12}{10} \cdot \left(-\frac{16}{15}\right)$
$-\frac{15}{18} \cdot \frac{30}{45}$
$-\frac{7}{8} \cdot \frac{7}{8}$

d) $-\frac{2}{15} \cdot 5$
$-8 \cdot \left(-\frac{11}{24}\right)$
$-\frac{14}{32} \cdot (-12)$

17 Berechne wie im Beispiel.

$-3\frac{3}{5} \cdot \left(-\frac{4}{9}\right) = -\frac{18}{5} \cdot \left(-\frac{4}{9}\right) = \frac{18 \cdot 4}{5 \cdot 9} = \frac{8}{5} = 1\frac{3}{5}$

a) $4\frac{3}{4} \cdot \left(-\frac{1}{2}\right)$
$-2\frac{5}{8} \cdot \left(-\frac{5}{7}\right)$
$-\frac{4}{9} \cdot \left(-3\frac{2}{5}\right)$
$3\frac{1}{2} \cdot \left(-\frac{7}{12}\right)$
$-7\frac{1}{3} \cdot \frac{3}{11}$

b) $5\frac{7}{12} \cdot \left(-4\frac{3}{5}\right)$
$-3\frac{8}{10} \cdot \left(-2\frac{15}{18}\right)$
$-6\frac{4}{5} \cdot 14\frac{6}{25}$
$-5\frac{6}{8} \cdot 4\frac{3}{7}$
$-4\frac{7}{32} \cdot \left(-3\frac{19}{27}\right)$

18 Übertrage in dein Heft und fülle aus.

a)

$\cdot$	$-2\frac{3}{4}$	$4\frac{5}{8}$	$-1\frac{1}{3}$	$-2\frac{2}{7}$	$3\frac{1}{12}$
$\frac{5}{6}$	■	■	■	■	■
$-5\frac{1}{2}$	■	■	■	■	■
$2\frac{1}{5}$	■	■	■	■	■
$-\frac{7}{3}$	■	■	■	■	■

b)

$\cdot$	$-2\frac{3}{5}$	$1\frac{1}{10}$	$-4\frac{1}{4}$	$-5\frac{7}{12}$	$4\frac{3}{7}$
$2\frac{1}{2}$	■	■	■	■	■
$-4\frac{3}{5}$	■	■	■	■	■
$-5\frac{1}{4}$	■	■	■	■	■
$3\frac{5}{8}$	■	■	■	■	■

19 Berechne. Bestimme zunächst das Vorzeichen des Ergebnisses.

$\frac{4}{9} \cdot \frac{18}{25} \cdot \left(-\frac{15}{21}\right) = -\frac{4 \cdot 18 \cdot 15}{9 \cdot 25 \cdot 21} = -\frac{8}{35}$

a) $-\frac{1}{2} \cdot \left(-\frac{1}{3}\right) \cdot \frac{5}{4}$
$\frac{15}{16} \cdot \left(-\frac{12}{25}\right) \cdot \frac{2}{3}$
$-\frac{5}{7} \cdot \frac{18}{35} \cdot \frac{14}{27}$

b) $3\frac{3}{4} \cdot \left(-\frac{8}{14}\right) \cdot \frac{5}{7}$
$-2\frac{16}{25} \cdot \left(-\frac{5}{12}\right) \cdot \left(-\frac{15}{27}\right)$
$2\frac{4}{5} \cdot \left(-1\frac{11}{16}\right) \cdot \frac{25}{63}$

1 Suche zu jeder Divisionsaufgabe die passende Multiplikationsaufgabe. Notiere in dein Heft.

2 Berechne. Kontrolliere dein Ergebnis durch eine Multiplikation.

a) (− 49) : (− 7)
(+ 42) : (− 14)
(+ 27) : (+ 9)

b) (− 32) : (− 8)
(− 45) : (+ 9)
(− 64) : (− 8)

c) (− 85) : (+ 5)
(+ 96) : (+ 12)
(− 75) : (− 15)

d) (− 108) : (− 12)
(+ 144) : (− 9)
(− 175) : (− 25)

(+) : (+) = (+)
(+) : (−) = (−)
(−) : (+) = (−)
(−) : (−) = (+)

Division zweier rationaler Zahlen mit gleichem Vorzeichen

(+ 21) : (+ 7) = + 3
(− 21) : (− 7) = + 3

(+ 7,5) : (+ 1,5) = + 5
(− 7,5) : (− 1,5) = + 5

Beim Dividieren zweier Zahlen mit gleichem Vorzeichen ist das Ergebnis positiv.

Division zweier rationaler Zahlen mit verschiedenen Vorzeichen

(+ 18) : (− 3) = − 6
(− 18) : (+ 3) = − 6

(− 5,2) : (+ 4) = − 1,3
(+ 5,2) : (− 4) = − 1,3

Beim Dividieren zweier Zahlen mit verschiedenen Vorzeichen ist das Ergebnis negativ.

Die Division durch Null ist nicht zulässig

3 Berechne.

a) (+ 72) : (− 9)
(+ 35) : (− 7)
(+ 77) : (− 11)
(+ 89) : (− 1)

b) (− 64) : (− 8)
(− 48) : (− 6)
(− 96) : (− 24)
(− 176) : (− 8)

c) (− 39) : (+ 13)
(− 51) : (+ 17)
(− 35) : (+ 35)
(− 76) : (+ 19)

d) (− 56) : (− 8)
(− 72) : (− 12)
(− 132) : (− 4)
(− 245) : (− 7)

e) (+ 84) : (− 7)
(− 105) : (− 15)
(+ 121) : (− 11)
(− 216) : (+ 9)

Vereinfachte Schreibweise
(−15) : (−3) =
−15 : (−3) = +5
(−15) : (+3) =
−15 : 3 = −5

4 Berechne. Bestimme zunächst das Vorzeichen.

a) 21 : (− 7)
− 24 : (− 3)
64 : (− 4)
− 54 : 9

b) 15 : (− 6)
− 18 : 5
72 : (− 12)
− 56 : (− 8)

c) − 27 : 9
105 : (− 35)
− 64 : 16
93 : (− 31)

d) − 126 : (− 6)
96 : (− 12)
− 136 : 8
360 : (− 15)

e) − 252 : (− 12)
352 : (− 16)
− 234 : (− 18)
− 168 : 56

5 Bestimme den Platzhalter durch eine Divisionsaufgabe und rechne.

$8 \cdot (-7) = -56$, denn $-56 : (-7) = 8$

a) ... · (− 6) = − 48 b) ... · 15 = − 45 c) − 20 · ... = 120 d) ... · (− 25) = 375
e) − 35 · ... = − 840 f) 14 · ... = − 490 g) ... · (− 21) = 882 h) [5 · ...] · (− 8) = 200

6 Übertrage in dein Heft und ergänze die fehlenden Vorzeichen und Zahlen.
a) (− 81) : (■ 9) = − ■ b) (− 144) : (− ■) = ■ 12 c) − ■ : 30 = ■ 12 d) ■ 64 : (− ■) = − 4

7 Setze sechs passende Aufgaben zusammen.

Dividend Divisor Quotient
− 45 : (− 5) = 9
Quotient

Dividend	Divisor	Quotient
− 45; − 100; 88; − 96; 175; − 330; 121; − 180; − 51	− 6; − 25; 110; − 17; − 5; − 11; − 22; 20; − 12	− 4; 5; − 7; − 3; 8; 9; 11; 3; 30

8 Überschlage das Ergebniss vor der Rechnung.

− 5096 : 52 = ...

Überschlag: − 5000 : 50 = − 100

5096 : 52 = 98
468
416
416
0

− 5096 : 52 = <u>− 98</u>

a) (− 1862) : (− 19)
− 2744 : 49
− 1230 : (− 41)

b) 1947 : (− 59)
− 7259 : (− 119)
5244 : (− 76)

c) − 1920 : 32
4480 : (− 16)
− 6600 : (− 12)

d) − 5967 : 17
− 2829 : (− 69)
5376 : (− 21)

9 Berechne.

a) − 22 : 5
33 : (− 6)
− 28 : (− 8)
− 54 : 4

b) − 4,5 : 9
6,3 : 7
3,3 : 11
− 7,2 : 12

c) − 2,7 : 0,9
10,5 : (− 1,5)
− 4,8 : 1,6
9,3 : (− 3,1)

d) − 6,3 : (− 0,6)
0,9 : (− 0,15)
− 3,2 : 0,8
3,6 : (− 0,03)

e) − 2,88 : (− 1,2)
2,6 : (− 0,16)
− 1,26 : (− 1,8)
− 0,7 : 5,6

10 Übertrage in dein Heft und fülle aus.

a)

:	− 6	− 14	9	− 17
12 852	■	■	■	■
− 38 556	■	■	■	■
− 6426	■	■	■	■
89964	■	■	■	■

b)

:	5	− 1,5	3,2	− 0,4
− 806,4	■	■	■	■
278,4	■	■	■	■
− 1180,8	■	■	■	■
3369,6	■	■	■	■

L − 5292; − 8242; 1071; − 2142; − 714; 55,68; − 918; 673,92; 1428; 87; 2754; − 236,16; 378; − 369; − 6426; − 161,28; − 14 994; 787,2; 2016; 459; − 756; − 2246,4; − 696; 6426; − 185,6; 9996; − 252; − 4284; 1053; 2268; 2952; 537,6

11 Berechne.

$\frac{3}{5} : \left(-\frac{7}{10}\right) = \frac{3 \cdot \cancel{10}^{2}}{{}_{1}\cancel{5} \cdot 7} = -\frac{6}{7}$

a) $-\frac{8}{12} : \frac{2}{3}$ b) $-\frac{40}{64} : \left(-\frac{32}{48}\right)$ c) $\frac{3}{5} : \left(-\frac{11}{13}\right)$

$-\frac{10}{16} : \left(-\frac{10}{14}\right)$ $-\frac{5}{12} : \frac{10}{18}$ $-\frac{4}{9} : \left(-\frac{5}{6}\right)$

$-\frac{27}{18} : \frac{3}{4}$ $-\frac{35}{36} : \frac{25}{48}$ $-\frac{9}{14} : \frac{18}{35}$

$\frac{7}{8} : \left(-\frac{21}{26}\right)$ $\frac{10}{21} : \left(-\frac{8}{35}\right)$ $-\frac{6}{17} : \left(-\frac{2}{51}\right)$

12 Verwandle die gemischten Zahlen in Brüche und berechne.

$2\frac{1}{4} : \left(-1\frac{1}{4}\right) = \frac{9}{4} : \left(-\frac{5}{4}\right) = \frac{9 \cdot \cancel{4}^{1}}{{}_{1}\cancel{4} \cdot 5} = -\frac{9}{5} = -1\frac{4}{5}$

a) $-4\frac{3}{5} : \left(-6\frac{1}{3}\right)$ b) $-6\frac{3}{7} : 2\frac{12}{21}$ c) $5\frac{8}{12} : \left(-7\frac{2}{10}\right)$ d) $-5\frac{3}{9} : \left(-\frac{15}{16}\right)$

$-4\frac{2}{3} : \left(-2\frac{2}{13}\right)$ $-1\frac{4}{7} : \left(-3\frac{6}{13}\right)$ $-10\frac{2}{3} : 2\frac{4}{9}$ $-1\frac{11}{14} : 8\frac{1}{8}$

13 Übertrage in dein Heft und fülle aus.

a)

:	$-\frac{4}{18}$	$\frac{2}{7}$	$-\frac{5}{8}$	$-\frac{4}{3}$
$\frac{1}{2}$	■	■	■	■
$-\frac{3}{4}$	■	■	■	■
$\frac{5}{8}$	■	■	■	■
$-\frac{26}{32}$	■	■	■	■

b)

:	$-4\frac{1}{3}$	$-3\frac{1}{8}$	$1\frac{1}{4}$	$-2\frac{2}{3}$
$-2\frac{1}{2}$	■	■	■	■
$-3\frac{1}{4}$	■	■	■	■
$1\frac{2}{5}$	■	■	■	■
$2\frac{3}{5}$	■	■	■	■

14 Berechne.

a) $-3 : \frac{3}{4}$ b) $\frac{6}{7} : (-4)$ c) $\frac{1}{2} : \left(-3\frac{1}{5}\right)$ d) $-8 : 2\frac{2}{9}$

$4 : \left(-\frac{3}{5}\right)$ $\frac{7}{12} : 14$ $\frac{3}{4} : 2\frac{1}{5}$ $4\frac{4}{5} : \left(-5\frac{1}{2}\right)$

15 Bestimme zunächst das Vorzeichen und kürze die Beträge von Zähler und Nenner soweit wie möglich.

$-\frac{28}{35} = \frac{\cancel{28}^{4}}{\cancel{35}_{5}} = -\frac{4}{5}$

a) $-\frac{12}{28}$ b) $\frac{-90}{120}$ c) $\frac{-42}{-70}$ d) $\frac{-500}{650}$

16 Schreibe als Quotienten und rechne.

$\frac{-\frac{3}{4}}{\frac{1}{2}} = -\frac{3}{4} : \frac{1}{2} = -\frac{3 \cdot \cancel{2}^{1}}{{}_{2}\cancel{4} \cdot 1} = -\frac{3}{2}$

a) $\frac{-\frac{6}{14}}{\frac{18}{21}}$ b) $\frac{\frac{7}{8}}{-\frac{14}{24}}$ c) $\frac{-\frac{6}{12}}{-\frac{18}{39}}$ d) $\frac{\frac{7}{10}}{-\frac{21}{35}}$

Nicht weit von der Küste liegt ein Schiff vor Anker. An seiner Bordwand hängt eine Strickleiter bis zum Wasser hinab. Sie hat 10 Sprossen. Der Abstand zwischen den Sprossen beträgt 30 cm. Die unterste Sprosse berührt das Wasser. Das Meer ist sehr ruhig. Da beginnt die Flut, die das Wasser in jeder Stunde um 15 cm steigen lässt. Innerhalb welcher Zeit wird die dritte Sprosse vom Wasser erreicht?

1 Berechne und vergleiche.

a) $4 \cdot (8 + 3)$
 $4 \cdot 8 + 4 \cdot 3$

b) $7 \cdot (11 + 8)$
 $7 \cdot 11 + 7 \cdot 8$

c) $(6 + 9) \cdot 8$
 $6 \cdot 8 + 9 \cdot 8$

d) $-5 \cdot (6 + 8)$
 $-5 \cdot 6 + (-5) \cdot 8$

e) $-7 \cdot (-4 - 7)$
 $-7 \cdot (-4) - (-7) \cdot 7$

f) $-2{,}5 \cdot (6 - 15)$
 $-2{,}5 \cdot 6 - (-2{,}5) \cdot 15$

g) $(3{,}5 - 4{,}5) \cdot (-1{,}5)$
 $3{,}5 \cdot (-1{,}5) - 4{,}5 \cdot (-1{,}5)$

2 Überprüfe die Aussagen. Ist das Gleichheitszeichen richtig gesetzt?

a) $(36 + 48) : (-12) = 48 : (-12) + 36 : (-12)$

b) $(75 - 30) : (-15) = 75 : (-15) - 30 : (-15)$

c) $(270 - 162) : (-9) = 270 : (-9) - 162 : (-9)$

d) $(-8{,}5 - 3{,}4) : 1{,}7 = -8{,}5 : 1{,}7 - 3{,}4 : 1{,}7$

3 Löse die Klammern auf und berechne.

a) $-9 \cdot (28 + 13)$
 $(45 - 67) \cdot (-12)$
 $2{,}6 \cdot (4{,}7 + 7{,}3)$

b) $(-270 + 63) : (-9)$
 $(32 + 584) : (-8)$
 $(49 + 1{,}4) : (-0{,}7)$

c) $-18 \cdot (2{,}5 + 1{,}5)$
 $3{,}5 \cdot (24 - 369)$
 $-7{,}5 \cdot (15 - 8)$

d) $-2{,}5 \cdot (7{,}8 + 4{,}2)$
 $(10{,}7 - 5{,}3) \cdot 4{,}5$
 $-3{,}7 \cdot (8{,}9 + 6{,}7)$

Setze Klammern und berechne.

$4{,}5 \cdot 7{,}2 + 4{,}5 \cdot (-5{,}6)$
$= 4{,}5 \cdot [7{,}2 - 5{,}6]$
$= 4{,}5 \cdot 1{,}6$
$= \underline{\underline{7{,}2}}$

a) $14 \cdot (-15) + 14 \cdot 22$

b) $-63 \cdot 8 - 13 \cdot 8$

c) $-19 \cdot (-64) - 36 \cdot (-19)$

d) $-4{,}5 \cdot (-2{,}5) + 3{,}5 \cdot (-2{,}5)$

e) $-22 \cdot 2{,}5 - 4{,}5 \cdot (-22)$

f) $-4{,}6 \cdot (-7) + 4{,}6 \cdot (-7)$

g) $7{,}4 \cdot (-12{,}5) - 7{,}5 \cdot 7{,}4$

h) $-16{,}7 \cdot (-8{,}4) + (-16{,}7) \cdot 8{,}4$

5 Klammere zuerst gemeinsame Faktoren aus und berechne dann.

a) $9 \cdot 22 + 9 \cdot 13 + 9 \cdot (-8)$
 $-33 \cdot (-7) - 27 \cdot (-7) + 8 \cdot (-7)$
 $15 \cdot (-2{,}5) + 12 \cdot (-2{,}5) + (-2{,}5) \cdot 27$

b) $0{,}1 \cdot (-25) - 0{,}1 \cdot (-17{,}5) - 0{,}1 \cdot 3$
 $0{,}5 \cdot (-7) + 0{,}5 \cdot (-7) + 12 \cdot (-7)$
 $-2{,}2 \cdot 0{,}4 - 0{,}8 \cdot (-2{,}2) + 1{,}2 \cdot (-2{,}2)$

6 Gleich oder ungleich ($=$, $\neq$)?

a) $(-16 + 6) : 2$ ■ $(-16 : 2) + (6 : 2)$

b) $(-35 - 14) : 7$ ■ $(-35 : 7) - (-14 : 7)$

c) $-64 : (-4 + 8)$ ■ $-64 : (-4) + (-64) : 8$

d) $96 : (-8 + 4)$ ■ $[96 : (-8)] + (96 : 6)$

7 Berechne.

$(49 - 84) : (-7) + (32 - 17) \cdot 5$
$= -35 : (-7) + 15 \cdot 5$
$= 5 + 75$
$= \underline{\underline{80}}$

a) $(24 + 136) : (-4) + (-21 - 59) \cdot 5$

b) $7 \cdot (16 + 26 - 56 - 43) - 1$

c) $(48 - 104 + 256 + 568) : (-8)$

d) $\frac{4}{5} \cdot (-6 - 9) + (-4 - 20) : \frac{4}{5}$

8 Berechne.

a) $(36 - 15) : (-7) + 8 \cdot (-12 + 14)$

b) $3 \cdot [(-10 + 25) : 5 - (14 + 26) : 8]$

c) $[33 + 4 \cdot (-7)] \cdot [-18 \cdot (-5) - 40]$

d) $-8 + 4 \cdot [72 : (-6) + 12 \cdot (-4)] + 249$

L zu Nr. 7 und 8: -1; -400; -42; 13; 250; 46; -6; -440

Als ein Fahrgast die Hälfte seiner Reise im Zug zurückgelegt hatte, begann er zu schlafen. Er schlief so lange, bis von der Reise noch die Hälfte der Strecke, die er schlafend verbracht hatte, zurückzulegen war. Welchen Teil der ganzen Strecke war er schlafend gefahren?

9 Berechne das Produkt. Bestimme zunächst das Vorzeichen.

a) $-8 \cdot (-15) \cdot 12 \cdot (-4) \cdot 5 \cdot (-2)$
b) $2 \cdot (-2) \cdot 2 \cdot (-2) \cdot 2 \cdot (-2) \cdot 2 \cdot (-2) \cdot 2$
c) $(15-32) \cdot (15-32) \cdot (15-32) \cdot (15-32)$
d) $-0{,}5 \cdot (-18) \cdot 15 \cdot (-5) \cdot (-3) \cdot (-2)$
e) $25 \cdot (-39+22) \cdot (-15) \cdot (52-67)$
f) $-35 \cdot (-4) \cdot 10 \cdot (-0{,}5) \cdot (-1) \cdot 12 \cdot (-2)$

10 Rechne schriftlich.

a) $225 \cdot (-335)$
b) $-452 \cdot (-234)$
c) $-2845 \cdot (-347)$
d) $-4876 \cdot (-2249)$
e) $15\,370 : (-58)$
f) $-88\,368 : (-21)$
g) $[2445 : (-15)] \cdot 12$
h) $[-112\,668 : 246] \cdot (-7)$
i) $[48\,888 : (-63)] : 16$
k) $[-8640 \cdot 16] : [-1440 : (-8)]$

L – 265; 987 215; 3206; – 768; 105 768; – 48,5; – 75 375; 4208; 10 966 124; – 1956

11 Übertrage die Aufgaben in dein Heft. Setze die fehlenden Klammern so, dass das vorgegebene Ergebnis stimmt.

a) $-4 \cdot 5 - 7 = 10$
b) $35 - 24 : (-8) = 38$
c) $4 \cdot 9 + 8 : (-2) = -22$
d) $-66 : 3 + 9 + 14 = 11$
e) $-5 \cdot 7 + 8 \cdot (-4) = 300$
f) $8 - 9 \cdot (-5) + 7 \cdot (-4) = -240$

12 Rechne vorteilhaft.

$4\frac{1}{3} \cdot (-6)$
$= \left(4 + \frac{1}{3}\right) \cdot (-6)$
$= 4 \cdot (-6) + \frac{1}{3} \cdot (-6)$
$= -24 - 2$
$= \underline{\underline{-26}}$

a) $5\frac{3}{5} \cdot (-8)$
$4\frac{2}{7} \cdot (-5)$
$3\frac{2}{3} \cdot (-7)$
$8\frac{3}{10} \cdot (-3)$

b) $\frac{4}{5} \cdot \left(-2\frac{1}{2}\right)$
$\frac{5}{6} \cdot \left(-12\frac{1}{4}\right)$
$-\frac{3}{8} \cdot \left(-4\frac{2}{9}\right)$
$-\frac{7}{10} \cdot \left(-5\frac{3}{8}\right)$

c) $-\frac{7}{12} \cdot \left(-10\frac{3}{7}\right)$
$-\frac{4}{9} \cdot \left(-8\frac{3}{7}\right)$
$-\frac{5}{8} \cdot \left(-7\frac{3}{10}\right)$
$-\frac{11}{15} \cdot \left(-12\frac{4}{9}\right)$

13 Berechne.

a) $[(35-48) \cdot (-4) - 75 - (23+37) \cdot 2] \cdot (-5)$
b) $50 - [65 + (18 + 14 \cdot (-6) - 39) : (-15)] + 23$
c) $[(171-236) : (-13) + 9 \cdot (-0{,}5) + (-8{,}5 - 1{,}3) \cdot 0{,}75] \cdot (-11)$

14 Rechne vorteilhaft.

$(7-9) \cdot (25+8) - (7-9) \cdot (2-8)$
$= (7-9) \cdot [(25+8) - (2-8)]$
$= (7-9) \cdot [33 - (-6)]$
$= -2 \cdot 39$
$= \underline{\underline{-78}}$

a) $(-37+44) \cdot (45-67) - (-37+44) \cdot (12-22)$
b) $(-25-38) \cdot (50+33) + (-25-38) \cdot (23+12)$
c) $(-57+34) \cdot (23-87) - (-23-87) \cdot (-34-26)$
d) $(46+37) \cdot (-29-38) - (-46+32) \cdot (46+37)$
e) $(33-67) \cdot (-86+78) + (78-86) \cdot (45-89)$

15 Schreibe die dazugehörige Rechnung und bestimme das Ergebnis.

a) Multipliziere die Summe aus – 75, 68 und – 125 mit – 84.
b) Dividiere die Differenz aus 4580 und 3260 mit – 16.
c) Subtrahiere das Produkt aus 22 und – 34 von der Differenz aus – 9856 und 4297.
d) Dividiere die Differenz aus – 4288 und – 9946 durch die Summe aus – 499 und 511.

Addition rationaler Zahlen
Addieren bei gleichem Vorzeichen:

$(+3{,}5) + (+4{,}4) = (+7{,}9)$
$(-3{,}5) + (-4{,}4) = (-7{,}9)$

Du setzt das gemeinsame Vorzeichen und addierst die Beträge.

Addieren bei verschiedenen Vorzeichen:

$(-15) + (+12) = (-3)$
$(+15) + (-12) = (+3)$

Du setzt das Vorzeichen der Zahl mit dem größeren Betrag und subtrahierst den kleineren vom größeren Betrag.

Subtrahieren rationaler Zahlen:

$(+17) - (+12) = (+17) + (-12) = +5$
$(-15) - (-13) = (-15) + (+13) = -2$

$(+25) - (-8) = (+25) + (+8) = +33$
$(-7) - (+14) = (-7) + (-14) = -21$

Du subtrahierst eine rationale Zahl, indem du ihre Gegenzahl addierst.

Vereinfachte Schreibweise ohne Klammern

$(+9) + (+18) = 9 + 18 = 27$
$(+9) - (-18) = 9 + 18 = 27$

Sind Rechenzahlen und Vorzeichen der zweiten Zahl gleich, so schreibe „+“.

$(+15) + (-7) = 15 - 7 = 8$
$(+15) - (+7) = 15 - 7 = 8$

Sind Rechenzahlen und Vorzeichen der zweiten Zahl verschieden, so schreibe „–“.

Multiplikation zweier rationaler Zahlen mit gleichem Vorzeichen

$(+2{,}5) \cdot (+5) = +12{,}5$
$(-2{,}5) \cdot (-5) = +12{,}5$

Du setzt das Vorzeichen „+“ und multiplizierst die Beträge.

Multiplikation zweier rationaler Zahlen mit verschiedenen Vorzeichen

$(-5{,}1) \cdot (+4) = -20{,}4$
$(+5{,}1) \cdot (-4) = -20{,}4$

Du setzt das Vorzeichen „–“ und multiplizierst die Beträge.

Division zweier rationaler Zahlen mit gleichem Vorzeichen

$(+7{,}5) : (+1{,}5) = +5$
$(-7{,}5) : (-1{,}5) = +5$

Du setzt das Vorzeichen „+“ und dividierst die Beträge.

Division zweier rationaler Zahlen mit verschiedenen Vorzeichen

$(-5{,}2) : (+4) = -1{,}3$
$(+5{,}2) : (-4) = -1{,}3$

Du setzt das Vorzeichen „–“ und dividierst die Beträge.

Die Division durch Null ist nicht zulässig.

Kommutativgesetz der Addition und der Multiplikation

$(-5) + (-3) + (+7) = (-3) + (+7) + (-5) = 1$

$(-4) \cdot (+5) \cdot (-8) = (-8) \cdot (-4) \cdot (+5) = 160$

Bei der Addition bzw. Multiplikation rationaler Zahlen darfst du die Zahlen beliebig vertauschen.

Assoziativgesetz der Addition und der Multiplikation

$28 + (-35) + (-75) = (-7) + (-75) = -82$
$28 + (-35) + (-75) = 28 + (-110) = -82$

$(-7) \cdot 4{,}5 \cdot (-6) = (-31{,}5) \cdot (-6) = 189$
$(-7) \cdot 4{,}5 \cdot (-6) = (-7) \cdot (-27) = 189$

Bei der Addition bzw. Multiplikation rationaler Zahlen darfst du die Zahlen beliebig zusammenfassen.

1

Auf den Abbildungen siehst du Fliesen mit kunstvoll gestalteten Mustern.
Diese Muster bestehen aus mehrfach aneinandergereihten Figuren gleicher Größe und gleicher Form. Sie werden als zueinander **deckungsgleiche** oder als zueinander **kongruente** Figuren bezeichnet.

2 Schneide aus gefaltetem Papier eine zusammenhängende Figurenreihe aus. Worauf musst du dabei achten?

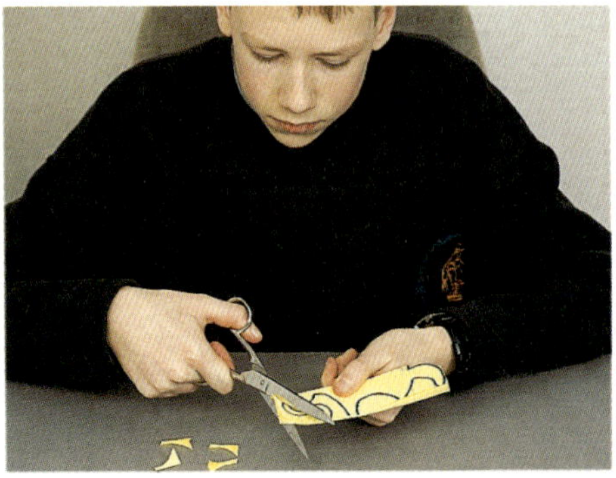

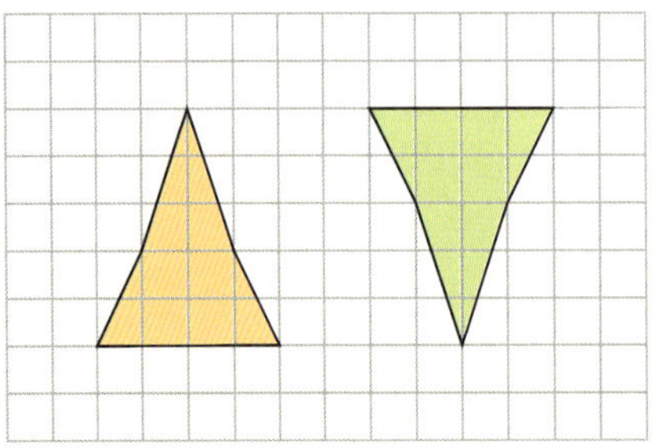

Zwei Figuren heißen **kongruent** zueinander, wenn sie in **Größe** und **Form** übereinstimmen.
Entsprechende Strecken und Winkel sind in kongruenten Figuren gleich groß.

3 Erläutere, warum die gelben Fußabdrücke paarweise zueinander kongruent sind.

Wiesbaden (be).
In den kommenden Tagen werden Eltern, Lehrer und Schüler aktiv und sprühen „kleine gelbe Füße" auf Schulwege.

An besonderen Gefahrenpunkten heißt es dann:

Achtung, hier aufpassen!

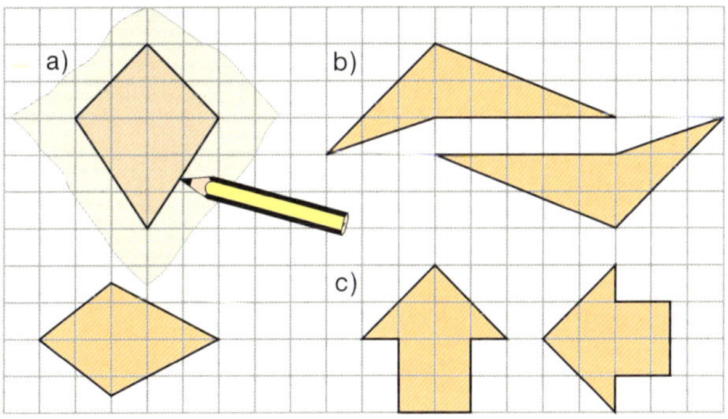

4 Überprüfe, ob die beiden Figuren mit derselben Schablone gezeichnet wurden. Übertrage dazu eine der beiden Figuren auf Transparentpapier. Untersuche anschließend, ob deine Figur genau auf die zweite Figur passt.

5 Welche Figuren sind zueinander kongruent?

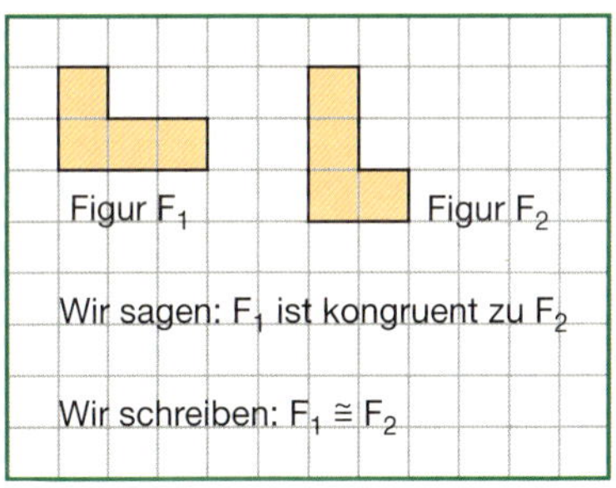

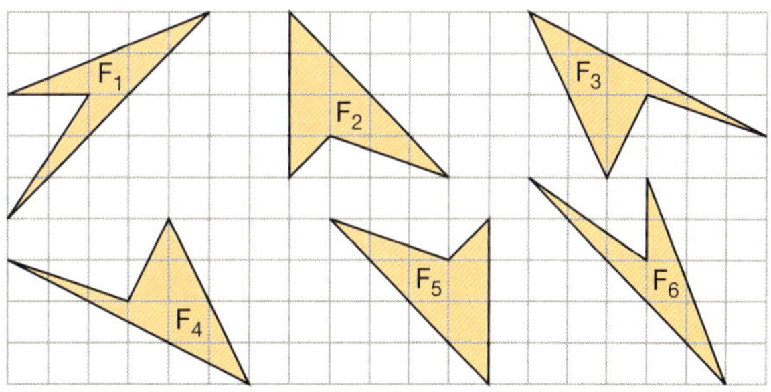

6 Welche der Teilfiguren sind zueinander kongruent?

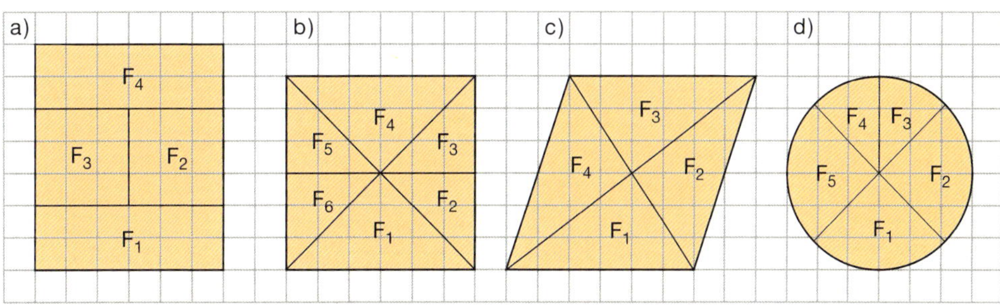

1 Annalena will mit Hilfe eines Geometrieprogramms zueinander kongruente (deckungsgleiche) Dreiecke erzeugen.

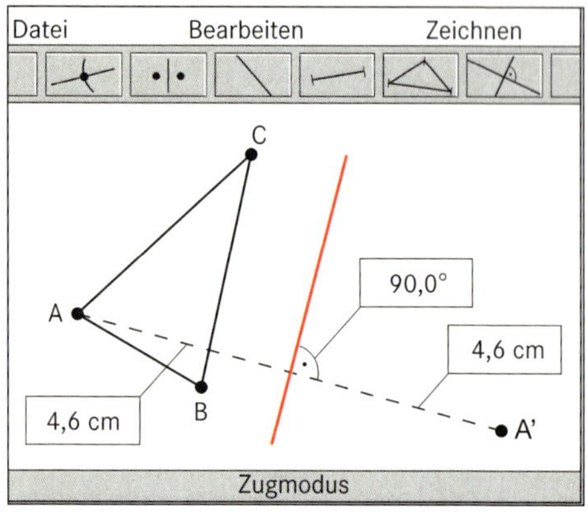

Versuche die Frage anhand der Abbildung auf dem Bildschirm zu beantworten.

WANN LEBTEN DIESE MATHEMATIKER?
VIETA
DESCARTES
LEIBNIZ
BERNOULLI
EULER
GAUSS

2

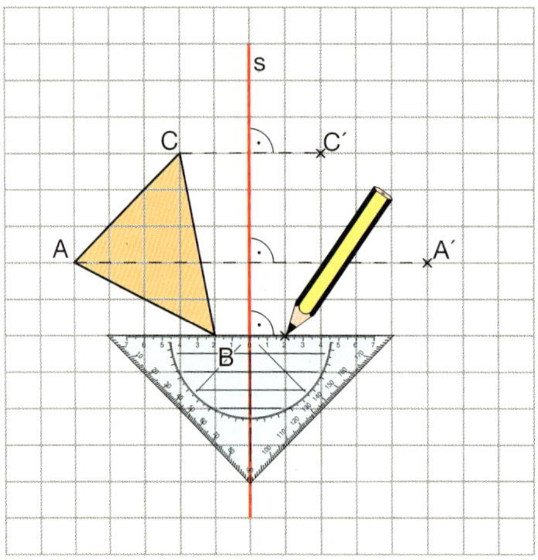

Das Dreieck ABC soll an der Geraden s gespiegelt werden.

a) Wie liegen die Strecken $\overline{AA'}$, $\overline{BB'}$, $\overline{CC'}$ jeweils zur Spiegelachse s?

b) Wo findest du gleich lange Strecken?

c) Übertrage das Dreieck ABC und die Gerade s in dein Heft.
Spiegele das Dreieck an s.

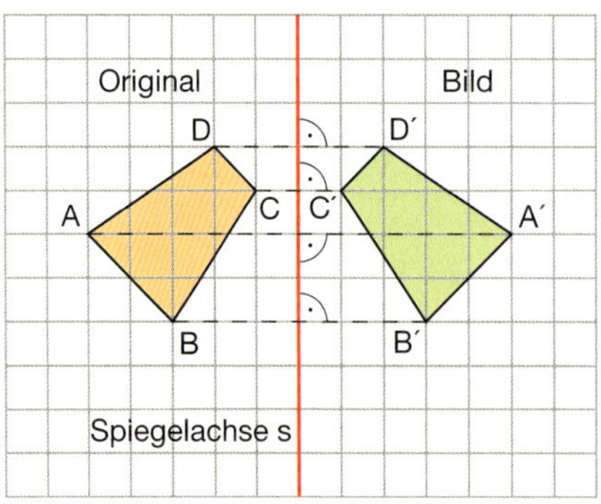

Das Viereck ABCD ist an der Geraden s gespiegelt.
Die Gerade s heißt Spiegelachse.

Die Verbindungsstrecke zwischen einem Originalpunkt und seinem Bildpunkt steht senkrecht zur Spiegelachse.
Ein Originalpunkt und sein Bildpunkt haben jeweils den gleichen Abstand zur Spiegelachse.

Bei einer Achsenspiegelung sind Originalfigur und Bildfigur zueinander kongruent (deckungsgleich).
Die Achsenspiegelung ist eine Kongruenzabbildung.

3

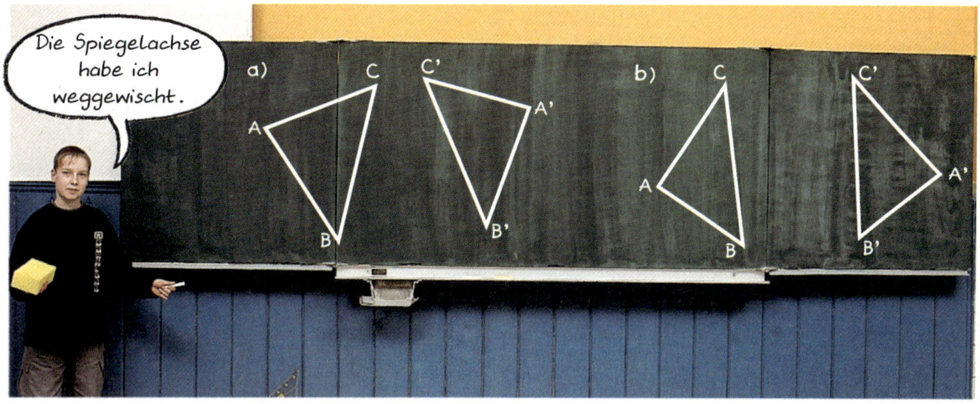

Ist das Dreieck A′B′C′ das Bild des Dreiecks ABC bei einer Achsenspiegelung? Begründe deine Antwort.

4

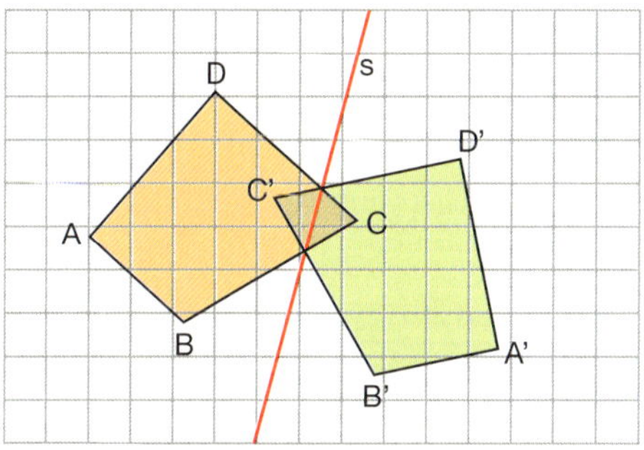

Emre hat das Viereck ABCD an der Geraden s gespiegelt.
Hat er es richtig gemacht?

5 In der Abbildung erkennst du Punkte, die bei einer Achsenspiegelung auf sich selbst abgebildet werden.
Benenne die Punkte und beschreibe ihre Lage.

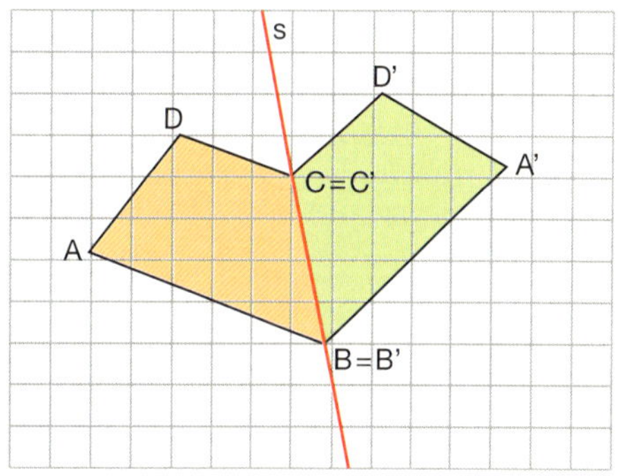

Eigenschaften der Achsenspiegelung

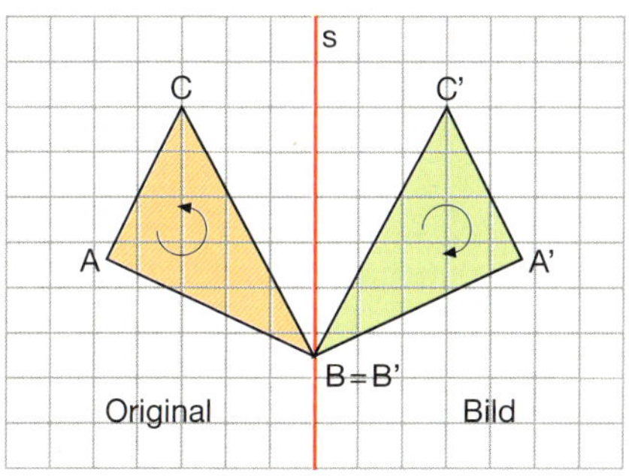

Bei einer Achsenspiegelung bleiben die Länge einer Strecke sowie die Größe eines Winkels erhalten.

Ein Punkt, der auf der Spiegelachse liegt, wird auf sich selbst abgebildet. Er heißt Fixpunkt.

Die Achsenspiegelung ändert den Umlaufsinn.

6 Überprüfe, ob die Achsenspiegelung richtig ausgeführt ist.

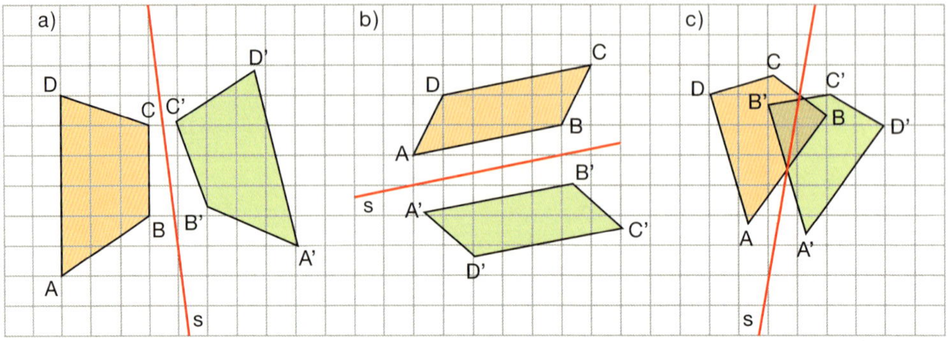

7 Übertrage die Figur in dein Heft und spiegele sie an der Geraden s. Achte auf die gefärbten Flächen.

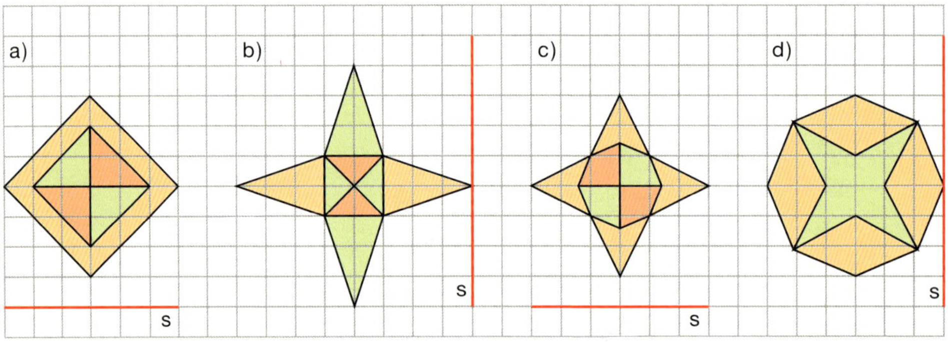

8 Übertrage die Figur und spiegele sie an der Geraden s.

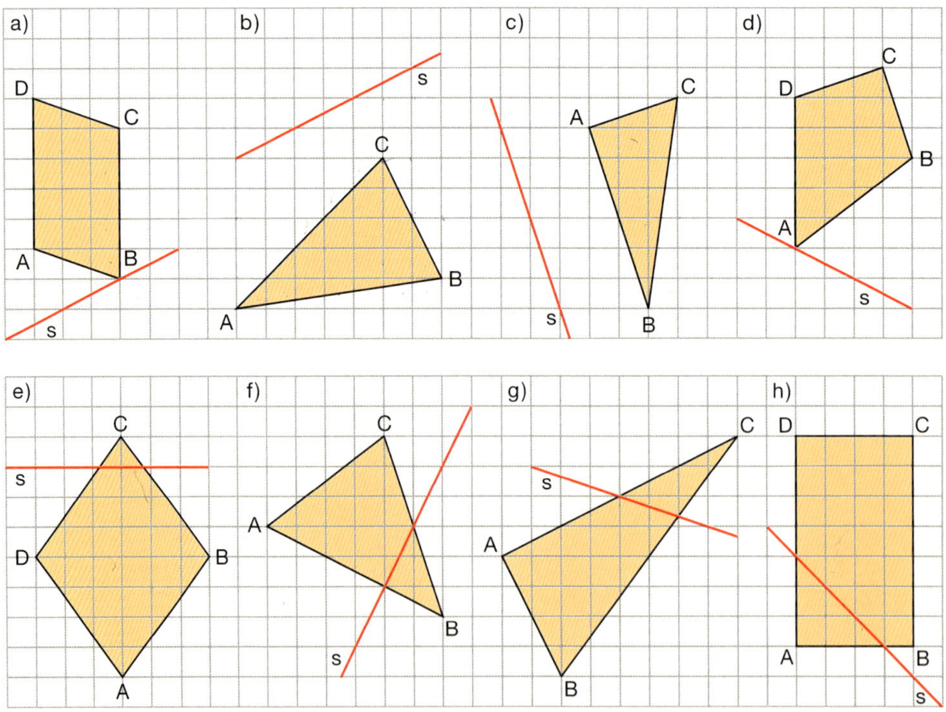

9

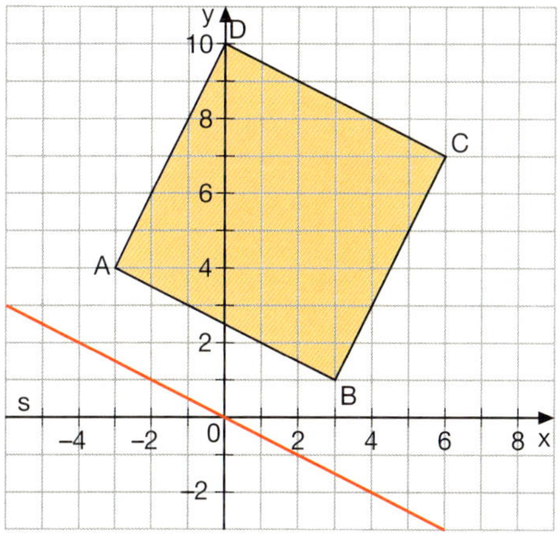

a) Zeichne ein Koordinatensystem (Einheit 0,5 cm) und spiegele das Quadrat ABCD an der Geraden s. Gib die Koordinaten der Bildpunkte an.

b) Zeichne das Rechteck mit den Eckpunkten A (3|−2), B (9|1), C (7|5) und D (1|2) in ein Koordinatensystem (Einheit 0,5 cm).
Zeichne eine Gerade s durch die Punkte R (2|5) und S (−3|5). Spiegele das Quadrat an der Geraden s und gib die Koordinaten der Bildpunkte an.

10 Verbinde die folgenden Punkte in einem Koordinatensystem (Einheit 0,5 cm) zur angegebenen Figur. Zeichne eine Gerade s durch die Punkte R (−8|8) und S (7|−7). Spiegele die Figur an s und gib die Koordinaten der Bildpunkte an.

a)

Raute	A (−8|−2), B (−3|1) C (−8|4), D (−10|1)

b)

Trapez	A (0|1), B (6|1) C (4|5), D (1|5)

c)

Parallelo- gramm	A (−1|−8), B (2|−8) C (4|−4), D (1|−4)

11 Zeichne in ein Koordinatensystem (Einheit 0,5 cm) die Figur mit folgenden Eckpunkten.
a) A (−15|0), B (−11|−2), C (−9|2), D (−13|4); b) A (−5|0), B (1|2), C (1|7), D (−5|5)
c) A (−2|−9), B (2|−6), C (2|−1), D (−2|−4); d) A (4|−7), B (8|−9), C (13|1), D (9|3)
Spiegele die Figur an der Geraden s durch R (12|−6) und S (−16|8) und gib die Koordinaten der Bildpunkte an.

12 Übertrage die Figur und den markierten Bildpunkt B in dein Heft.
Konstruiere die zugehörige Spiegelachse s. Spiegele anschließend die Figur an s.

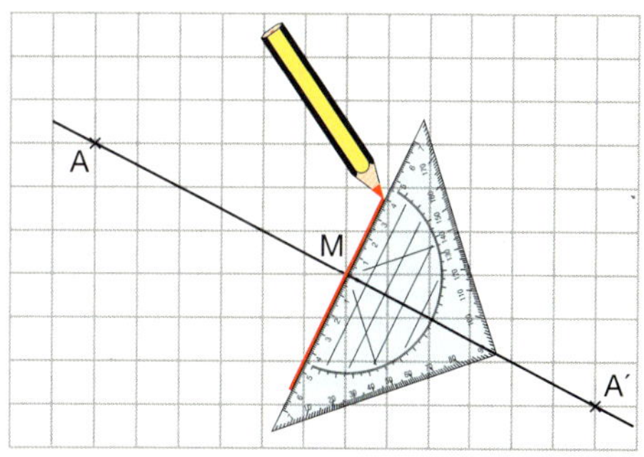

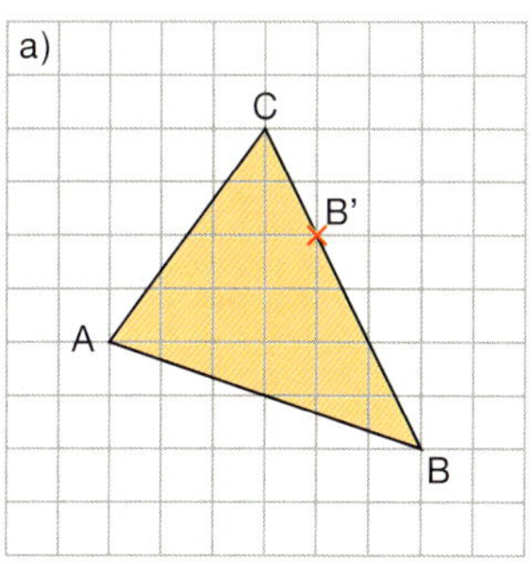

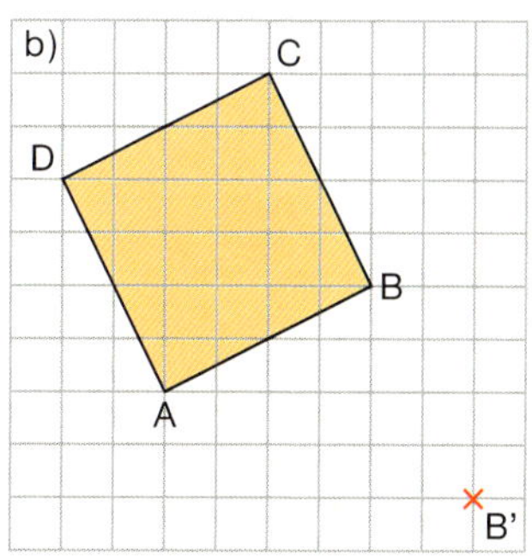

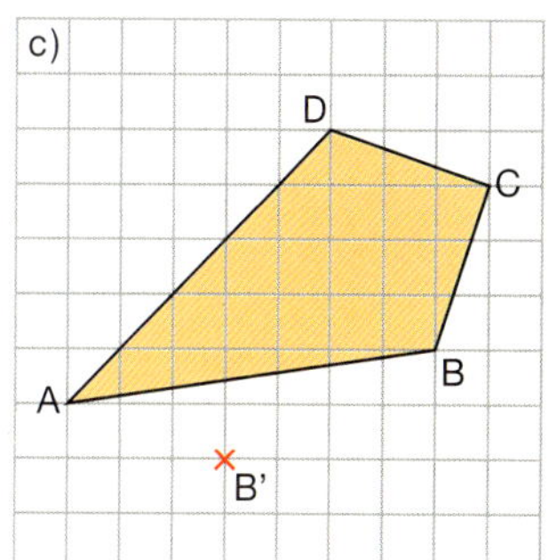

13 Übertrage jeweils Original- und Bildpunkt in ein Koordinatensystem (Einheit 0,5 cm). Konstruiere die zugehörige Spiegelachse s und gib zwei Punkte an, die zu s gehören.
a) P (8|6), P′(0|4); b) S (− 5|3), S′(7|− 3); c) Q (− 5|− 7), Q′(7|1); d) R (− 4|− 2), R′(4|4)

14 Der Punkt A (7|1) wird durch eine Achsenspiegelung auf A′(3|7) abgebildet.
Welche Koordinaten haben bei dieser Spiegelung die Bildpunkte von B (12|0) und C (9|11)?

15 Übertrage die Punkte in ein Koordinatensystem (Einheit 0,5 cm). Konstruiere die Spiegelachse s. Gib die Koordinaten der fehlenden Bildpunkte an.

a)

Original	Bild
A (− 7|0)	
B (0|− 6)	B′ (0|10)
C (7|0)	
D (0|− 2)	

b)

Original	Bild
A (− 7|− 1)	
B (1|7)	
C (11|− 2)	C′ (5|10)
D (3|4)	

c)

Original	Bild
A (− 11|5)	
B (− 7|3)	
C (2|6)	
D (4|10)	D′ (8|− 2)

16 a) Zeichne das Parallelogramm mit den Eckpunkten A (3|2), B (13|4), C (11|8) und D (1|6) in ein Koordinatensystem (Einheit 0,5 cm).
b) Spiegele das Parallelogramm an der x-Achse (y-Achse) und gib die Koordinaten der Bildpunkte an. Was stellst du fest?

17 Das Rechteck mit den Eckpunkten A (3|− 5), B (9|− 11), C (12|− 8) und D (6|− 2) wird an der x-Achse (y-Achse) gespiegelt.
Bestimme jeweils – ohne Zeichnung – die Koordinaten der Bildpunkte. Begründe deine Lösung.

18 Wie viele Spiegelachsen hat die Figur? Übertrage und zeichne. Begründe deine Antwort.

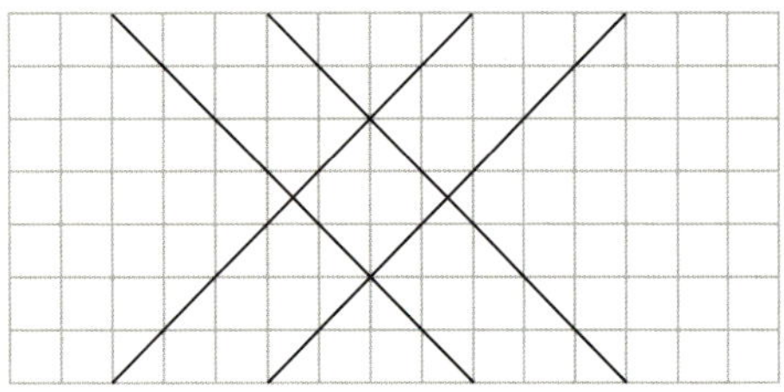

19 Übertrage die Abbildung und spiegele jeweils die Geraden an der Spiegelachse s.

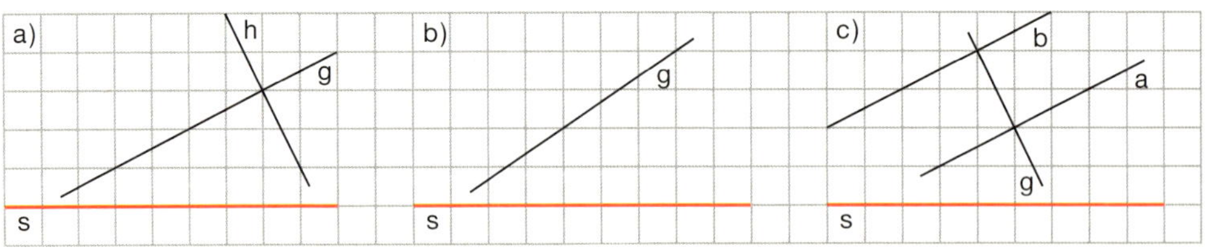

20 a) Zeichne einen Kreis um M (− 2|0) mit r = 2 cm in ein Koordinatensystem (Einheit 0,5 cm).
b) Spiegele den Kreis an der y-Achse. Welche Punkte der Kreislinie sind Fixpunkte? Nenne jeweils ihre Koordinaten.
c) Führe mit dem Kreis eine erneute Achsenspiegelung an einer Parallelen zur y-Achse aus, sodass nur ein Punkt der Kreislinie Fixpunkt ist. Wie viele Lösungen findest du?

1 

Der Giebel einer kleinen Garage wird gemauert. Die Maurer haben dafür ein Brett und zwei Schnüre angebracht.

a) Worauf mussten die Maurer beim Anbringen des Brettes besonders achten?

b) Hätten sie den Nagel auch höher oder tiefer in das Brett einschlagen können?

2 a) Übertrage die Strecke $\overline{AB}$ und die markierten Punkte in dein Heft.

b) Stelle fest, welche Punkte jeweils von A und von B gleich weit entfernt liegen.
Verbinde diese Punkte. Was fällt dir auf?

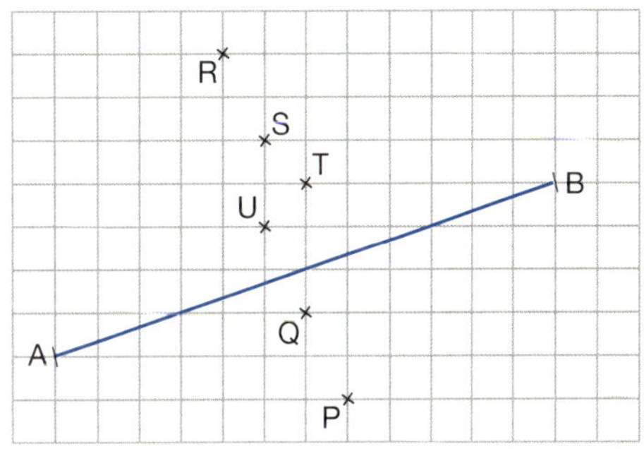

3 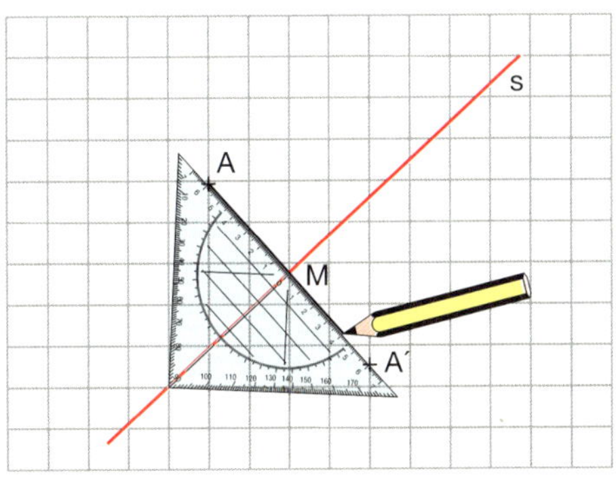

Der Punkt A ist an der Geraden s gespiegelt.
Begründe, warum du die Spiegelachse s auch als **Mittelsenkrechte** der Strecke $\overline{AA'}$ bezeichnen kannst.

4 Zeichne eine 5 cm lange Strecke $\overline{AB}$. Markiere sechs Punkte, die von den Endpunkten der Strecke jeweils gleich weit entfernt sind. Miss jeweils die Entfernung.

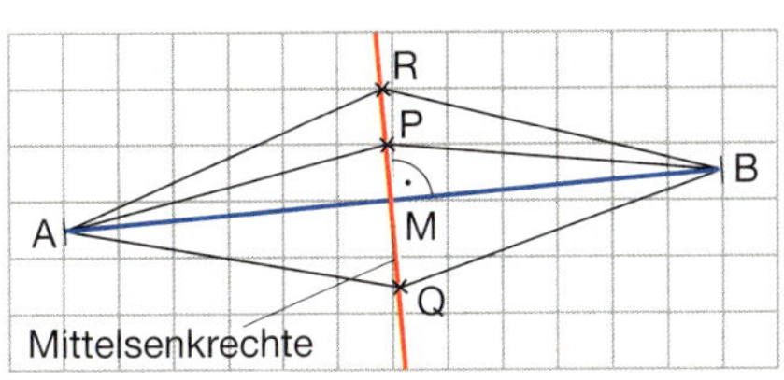

$\overline{PA} = \overline{PB}$ $\overline{QA} = \overline{QB}$ $\overline{RA} = \overline{RB}$

Die Mittelsenkrechte einer Strecke geht durch den Mittelpunkt der Strecke und steht senkrecht zu ihr.

Die Punkte der Mittelsenkrechten sind von den Eckpunkten einer Strecke jeweils gleich weit entfernt.

5 In welcher Abbildung ist die eingezeichnete Gerade g die Mittelsenkrechte der Strecke $\overline{AB}$? Begründe deine Antwort.

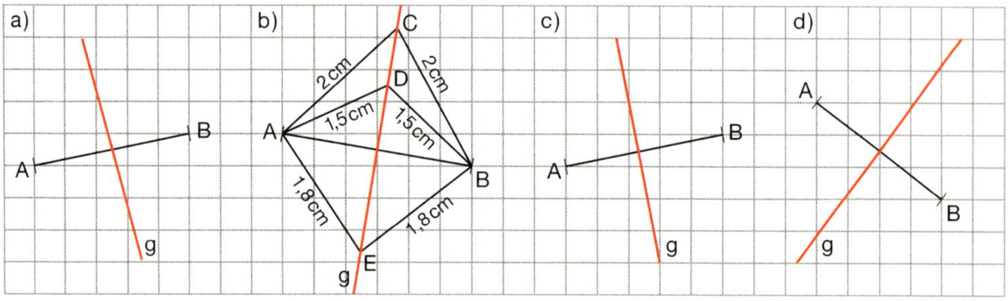

6 a) Zeichne ein Strecke $\overline{GH}$ von 4 cm Länge. Kennzeichne Punkte, die von G und H jeweils 3 cm entfernt sind.
b) Verbinde diese Punkte jeweils mit G und H. Welche Figur entsteht?

7 Zeichne die Strecke und ihre Mittelsenkrechte.

	a)	b)	c)	d)	e)	f)	g)	h)	i)	k)
Strecke	$\overline{AB}$	$\overline{CD}$	$\overline{EF}$	$\overline{GH}$	$\overline{KL}$	$\overline{MN}$	$\overline{OP}$	$\overline{RS}$	$\overline{TU}$	$\overline{VW}$
Länge	3 cm	5 cm	4,4 cm	36 mm	52 mm	4,8 cm	0,6 dm	0,54 dm	7 cm 6 mm	0,66 dm

8

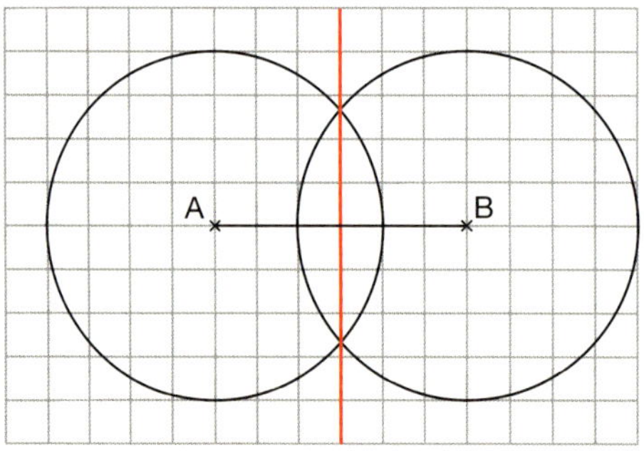

a) Ist die rot markierte Gerade die Mittelsenkrechte der Strecke $\overline{AB}$? Begründe deine Antwort.
b) Übertrage die Abbildung. Zeichne anschließend um A und um B zwei weitere Kreise, sodass ihre Schnittpunkte auf der Mittelsenkrechten von $\overline{AB}$ liegen.
Wie groß musst du jeweils die Radien wählen?

Mittelsenkrechte konstruieren

9 So kannst du mit Zirkel und Lineal die Mittelsenkrechte einer Strecke konstruieren:

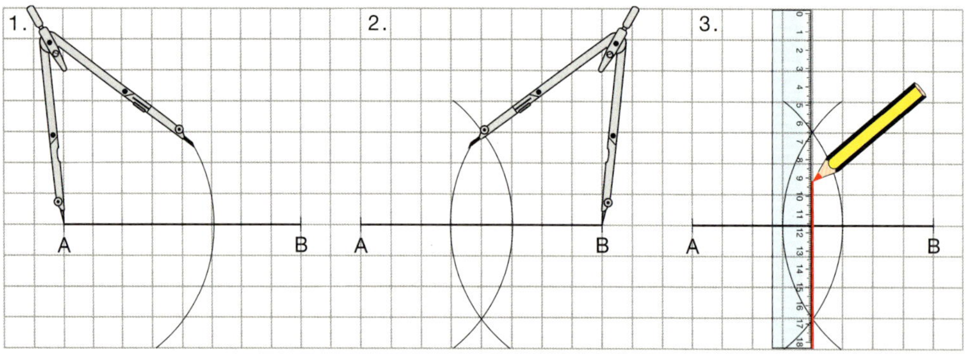

Zeichne die Strecke und konstruiere ihre Mittelsenkrechte.

	a)	b)	c)	d)	e)	f)	g)	h)
Strecke	$\overline{AB}$	$\overline{CD}$	$\overline{EF}$	$\overline{GH}$	$\overline{KL}$	$\overline{MN}$	$\overline{OP}$	$\overline{RS}$
Länge	5 cm	3,7 cm	4,3 cm	45 mm	53 mm	3 cm 5 mm	0,6 dm	0,49 dm

10 Halbiere die Strecke mit Zirkel und Lineal.

	a)	b)	c)	d)	e)	f)	g)	h)
Strecke	$\overline{AB}$	$\overline{CD}$	$\overline{EF}$	$\overline{GH}$	$\overline{KL}$	$\overline{MN}$	$\overline{OP}$	$\overline{RS}$
Länge	9 cm	8,5 cm	4,9 cm	7,1 cm	115 mm	0,55 dm	9,9 cm	6 cm 3 mm

11 a) Zeichne eine Strecke mit den Endpunkten A (1|7) und B (13|1) in ein Koordinatensystem (Einheit 0,5 cm).
b) Zeichne die Mittelsenkrechte zu $\overline{AB}$. Gib die Koordinaten des Mittelpunktes der Strecke $\overline{AB}$ an.
c) Bestimme zwei Punkte, die zur Mittelsenkrechten gehören. Die Koordinaten dieser Punkte sollen ganzzahlig sein.

12 Zeichne jeweils Original- und Bildpunkt einer Achsenspiegelung in ein Koordinatensystem (Einheit 1 cm). Konstruiere die Spiegelachse.
a) A (2|7), A′ (9|5) b) B (10|2), B′ (11|7) c) C (1,5|1), C′ (7,5|3)

13 Teile eine 7 cm (9,5 cm; 1,3 dm) lange Strecke in vier gleich lange Teile. Benutze dazu den Zirkel.

14 Zeichne eine 8,4 cm lange Strecke $\overline{AB}$. Konstruiere auf ihr einen Punkt C, der von A dreimal so weit entfernt ist wie von B.

15 Übertrage die Figuren in dein Heft und konstruiere zu jeder Seite die Mittelsenkrechte. Bei welchen Figuren schneiden sich die Mittelsenkrechten in einem Punkt?

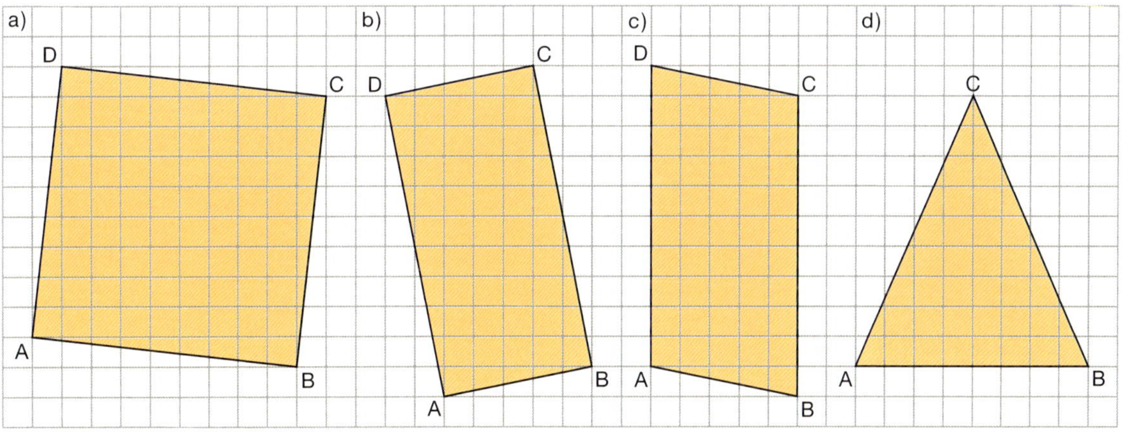

16 a) Zeichne die Strecke $\overline{AB}$ mit A (− 5|1), B (6|1) sowie den Punkt C (3|3) in ein Koordinatensystem (Einheit 0,5 cm).
b) Konstruiere die Punkte, die jeweils von A und von B gleich weit und von C genau 2,5 cm entfernt sind. Gib jeweils die Koordinaten dieser Punkte an.

17 a) Zeichne die Punkte A (− 2|− 4), B (4|2) und C (− 2|8) in ein Koordinatensystem (Einheit 0,5 cm).
b) Konstruiere einen Punkt M, der von A, B und von C gleich weit entfernt ist. Gib die Koordinaten von M an.

Lot fällen

18 So kannst du mit Zirkel und Lineal das Lot von einem Punkt P auf eine Gerade g fällen (d. h. die Senkrechte zu g durch P konstruieren):

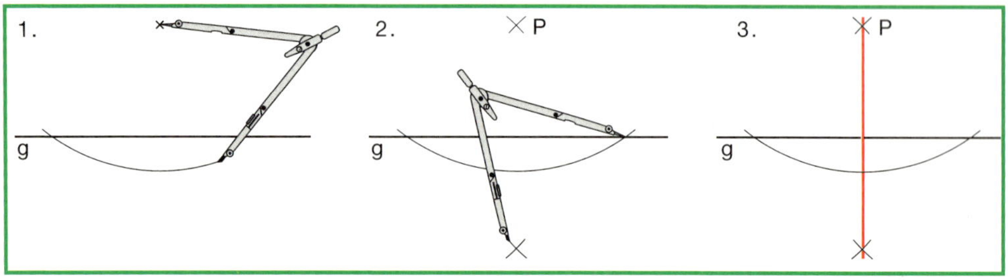

Beschreibe die einzelnen Konstruktionsschritte.

19 Zeichne wie in der Abbildung eine Gerade g und einen Punkt P.
Fälle das Lot von Punkt P auf g und miss den Abstand vom Punkt zur Geraden.

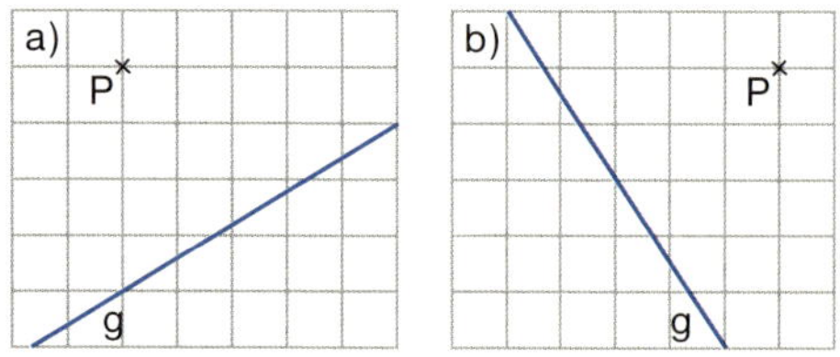

20 a) Zeichne eine Gerade AB mit A (2|2), B (20|8) sowie die Punkte P (3|9), Q (8|14) und S (16|0) in ein Koordinatensystem (Einheit 0,5 cm).
b) Konstruiere mit Zirkel und Lineal jeweils das Lot von P, Q und S auf die Gerade AB. Bestimme jeweils die Koordinaten des Fußpunktes des Lotes auf AB.

Senkrechte errichten

21 So kannst du mit Zirkel und Lineal die Senkrechte zu einer Geraden g in einem Punkt P errichten:

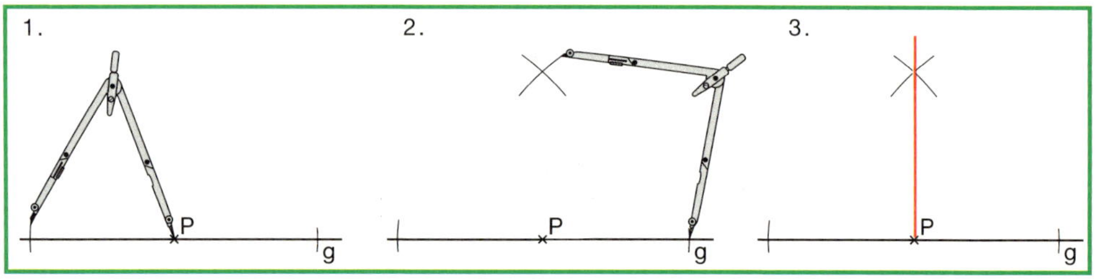

Beschreibe die einzelnen Konstruktionsschritte.

22 Zeichne fünf Geraden a, b, c, d und e in dein Heft. Markiere auf ihnen jeweils einen Punkt und errichte in ihm die Senkrechte.

23 Zeichne eine Gerade g durch die Punkte A (1|6), B (13|2) in ein Koordinatensystem (Einheit 0,5 cm). Errichte in P (7|4) die Senkrechte zu g und konstruiere durch den Punkt S (9|10) eine zu g parallele Gerade h.
Markiere drei Punkte der Geraden h und bestimme jeweils ihre Koordinaten.

24 Konstruiere zu einer Geraden g eine Parallele h im Abstand von 4,7 cm. Konstruiere eine weitere Parallele, die von g denselben Abstand hat wie von h.

25 a) Konstruiere mit Zirkel und Lineal ein Quadrat mit der Seitenlänge 3,5 cm (4,5 cm).
b) Konstruiere ebenso ein Rechteck mit den Seitenlängen 2,8 cm und 5,7 cm.

1

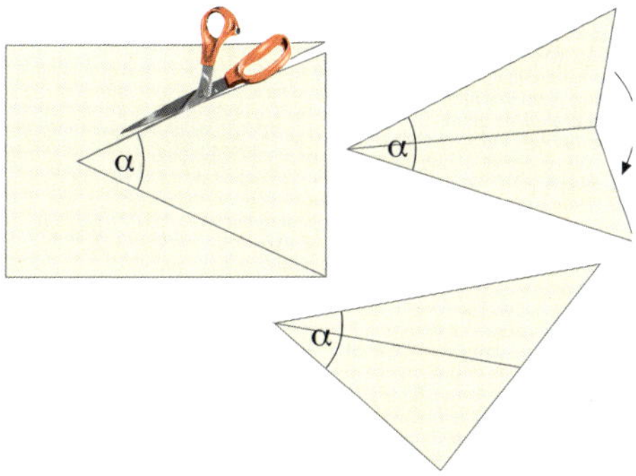

In der Abbildung wird der Winkel so gefaltet, dass seine beiden Schenkel genau aufeinander liegen.

Beschreibe die Lage der Faltachse.

2 Zeichne einen beliebig großen Winkel α. Markiere wie in der Zeichnung auf den Schenkeln g und h zwei Punkte A und B. Konstruiere eine Spiegelachse, sodass Punkt A auf Punkt B beziehungsweise B auf A abgebildet wird.
Welche Eigenschaften hat diese Spiegelachse?

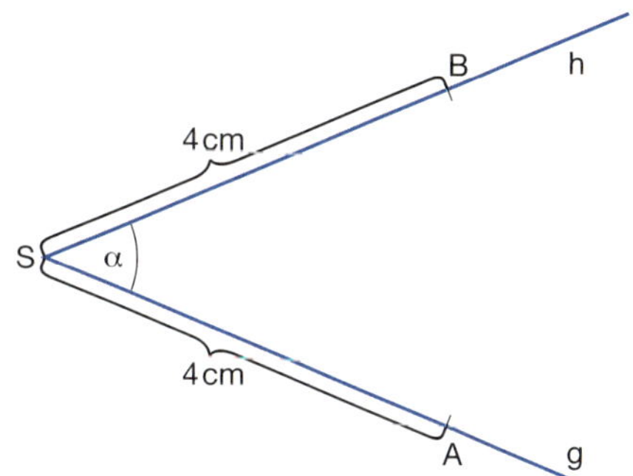

3

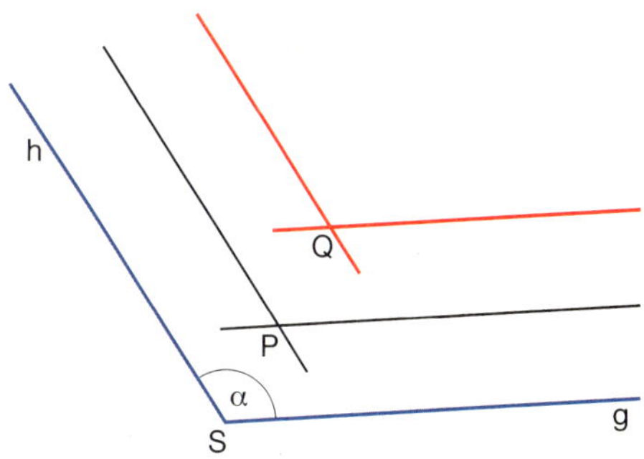

Zeichne einen 120° großen Winkel. Konstruiere verschiedene Punkte, die jeweils von beiden Schenkeln des Winkels denselben Abstand haben.
Zeichne, wenn möglich, eine Gerade durch die Punkte. Was stellst du fest?

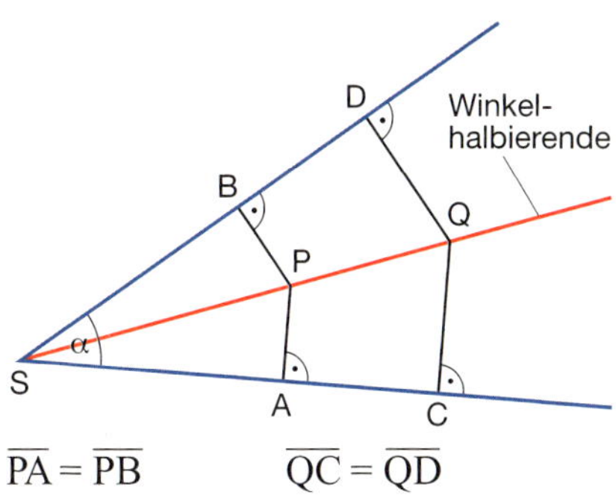

Die Winkelhalbierende teilt einen Winkel in zwei gleich große Teilwinkel.
Die Winkelhalbierende eines Winkels ist die Symmetrieache des Winkels.

Jeder Punkt der Winkelhalbierenden hat von den beiden Schenkeln denselben Abstand.

4 Überprüfe mit dem Geodreieck, ob die rot gefärbte Gerade in der Abbildung den markierten Winkel halbiert.

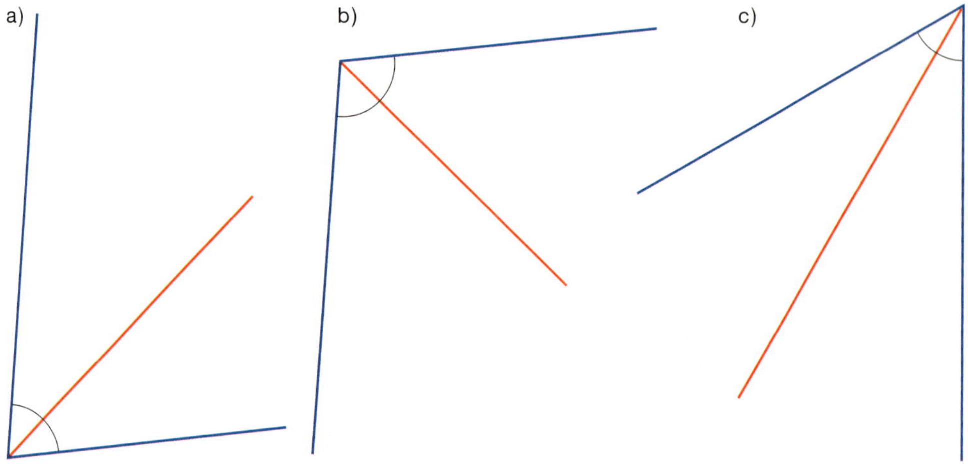

Winkelhalbierende konstruieren

5 So kannst du mit Zirkel und Lineal die Winkelhalbierende konstruieren:

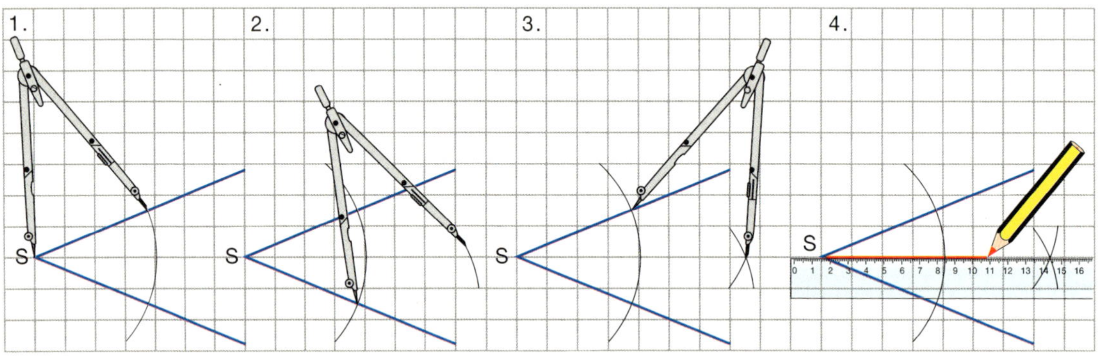

Zeichne einen Winkel der angegebenen Größe. Konstruiere seine Winkelhalbierende.

a) 30°; 50°; 60°; 80°; 46°; 72°
b) 110°; 140°; 156°; 174°; 118°
c) 75°; 43°; 87°; 105°; 133°; 157°
d) 230°; 312°; 267°; 307°; 335°

6 Zeichne einen Winkel der Größe 125° (158°; 235°) und teile ihn mit Hilfe von Zirkel und Lineal in vier gleich große Winkel.

7 Zeichne einen Winkel der Größe 35° (56°; 77°; 134°) und verdopple ihn mit Hilfe von Zirkel und Lineal
Überprüfe deine Konstruktion mit dem Geodreieck.

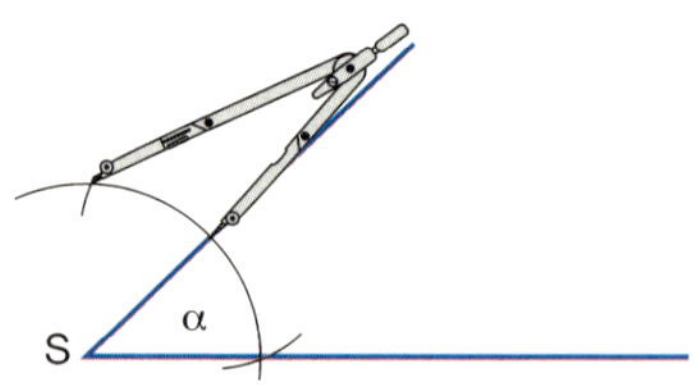

8 a) Zeichne wie in der Abbildung die Winkel $\alpha = 80°$ und $\beta = 100°$.
b) Halbiere jeweils die Winkel α und β.
c) Beschreibe die Lage der Winkelhalbierenden zueinander. Was stellst du fest? Begründe!

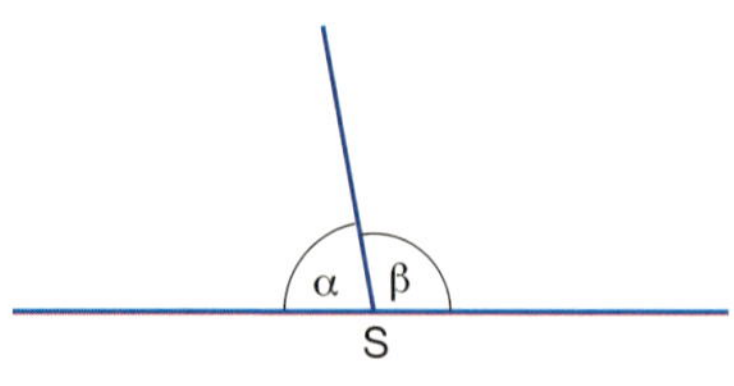

1

Du kannst Bandornamente (Streifenmuster) durch wiederholtes Verschieben einer Grundfigur in die gleiche Richtung herstellen.

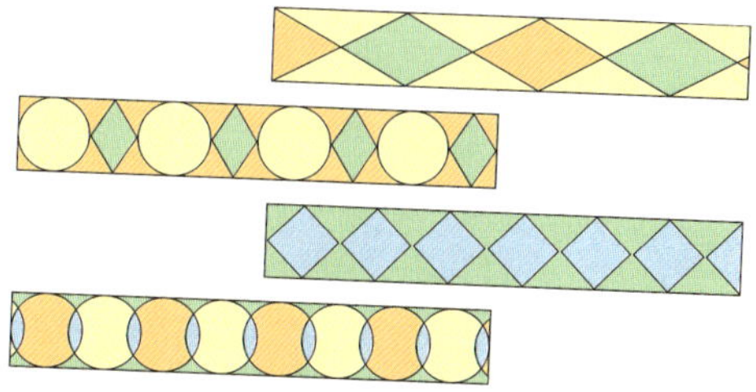

a) Welche Grundfigur ist in den abgebildeten Mustern mehrfach verschoben?
b) Fertige eine Schablone an und erzeuge mit ihrer Hilfe farbige Streifenmuster.

2 Das Viereck ABCD wird durch eine Verschiebung abgebildet.
Der **Verschiebungspfeil** $\overrightarrow{AA'}$ zeigt die Verschiebungsrichtung und die Verschiebungslänge an.
a) Bestimme anhand der Zeichnung die **Verschiebungsvorschrift.**
b) Übertrage die Abbildung in dein Heft und zeichne die Bildfigur A′B′C′D′. Beschreibe deine Konstruktion.

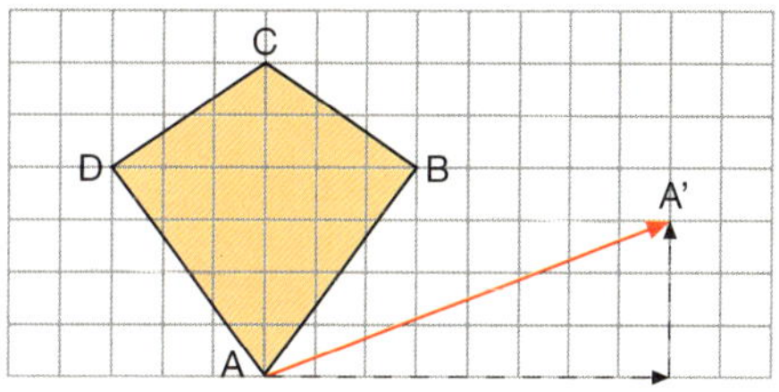

Verschiebungsvorschrift:
▭ Kästchen nach rechts und
▭ Kästchen nach ▭

3 Trifft die folgende Eigenschaft auf die Verschiebung zu?
a) Die Verschiebungspfeile sind gleich lang.
b) Ein Strecke und ihr Bild sind gleich lang.
c) Der Umlaufsinn einer Figur ändert sich.
d) Die Größe eines Winkels bleibt erhalten.
e) Eine Verschiebung hat Fixpunkte.
f) Eine Strecke und ihr Bild sind parallel zueinander.

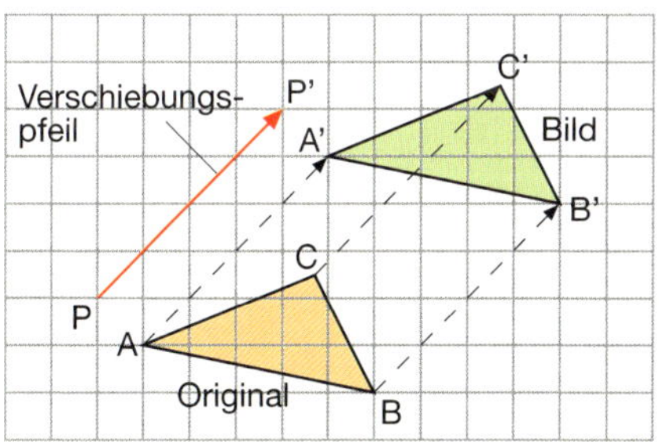

Das Dreieck ABC ist parallel zu dem Verschiebungspfeil $\overrightarrow{PP'}$ verschoben.

Der Verschiebungspfeil legt die Verschiebungsrichtung und die Verschiebungslänge fest.
Die Verschiebungspfeile sind gleich lang und parallel zueinander.
Sie zeigen in die gleiche Richtung.

Bei einer Verschiebung sind Originalfigur und Bildfigur zueinander kongruent (deckungsgleich).
Die Verschiebung ist eine Kongruenzabbildung.

4 Überprüfe, ob eine Verschiebung richtig ausgeführt ist. Begründe deine Antwort.

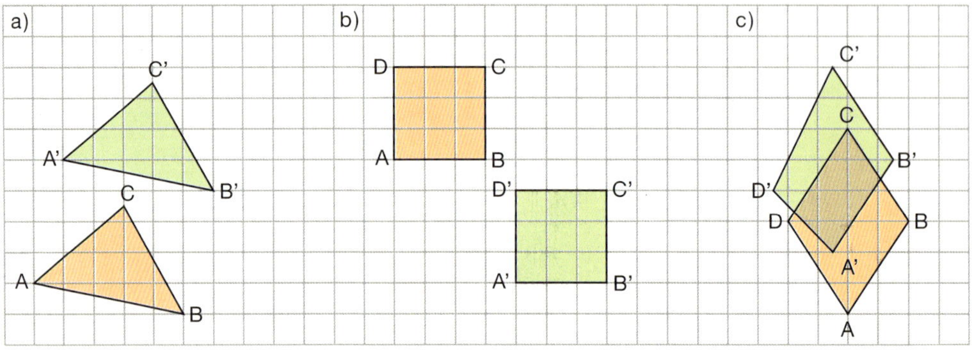

5 Zeichne ein Quadrat (eine Raute, ein Parallelogramm) in dein Heft. Lege die Eckpunkte der Figur auf Gitterpunkte des karierten Papiers. Verschiebe die Figur nach folgender Verschiebungsvorschrift:
a) sechs Kästchen nach rechts und drei Kästchen nach oben
b) sieben Kästchen nach links und vier Kästchen nach oben
c) neun Kästchen nach rechts und fünf Kästchen nach unten
d) fünf Kästchen nach links und neun Kästchen nach unten

6 Übertrage die Figur in dein Heft und verschiebe sie. Die Verschiebungsvorschrift wird durch den rot eingezeichneten Pfeil vorgegeben.

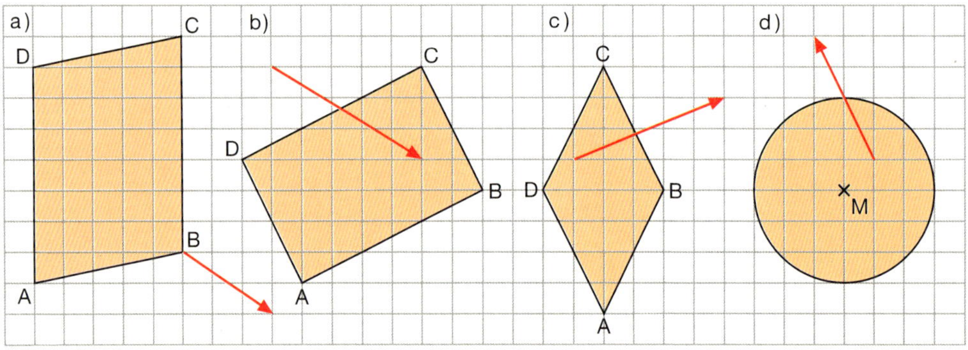

7 Zeichne die Figur mit den angegebenen Eckpunkten jeweils in ein Koordinatensystem (Einheit 0,5 cm). Verschiebe sie, sodass der entsprechende Originalpunkt auf den angegebenen Bildpunkt abgebildet wird. Gib die Koordinaten der fehlenden Bildpunkte an.

	Figur	Eckpunkte	Bildpunkt
a)	Rechteck	A (2|− 6), B (10|− 8), C (11|− 4), D (3|− 2)	A′ (− 8|1)
b)	Quadrat	A (− 10|− 8), B (− 4|− 9), C (− 3|− 3), D (− 9|− 2)	B′ (− 5|2)
c)	Parallelogramm	A (3|3), B (10|2), C (12|5), D (5|6)	C′ (2|− 2)
d)	Trapez	A (− 12|3), B (− 4|1), C (− 5|5), D (− 9|6)	D′ (5|5)

8 Zeichne ein Rechteck ABCD mit A (− 6|− 5), B (2|− 5), C (2|1) und D (− 6|1) in ein Koordinatensystem (Einheit 0,5 cm). Zeichne das Bild des Rechtecks bei einer Verschiebung von A nach C. Gib die Koordinaten der Bildpunkte an.

1

Die Bilder zeigen Beispiele für Drehbewegungen. Der Hammer und die Gondeln bewegen sich dabei jeweils auf Kreisbahnen um einen Mittelpunkt. Nenne weitere Beispiele für Drehbewegungen.

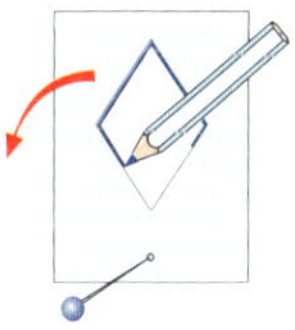

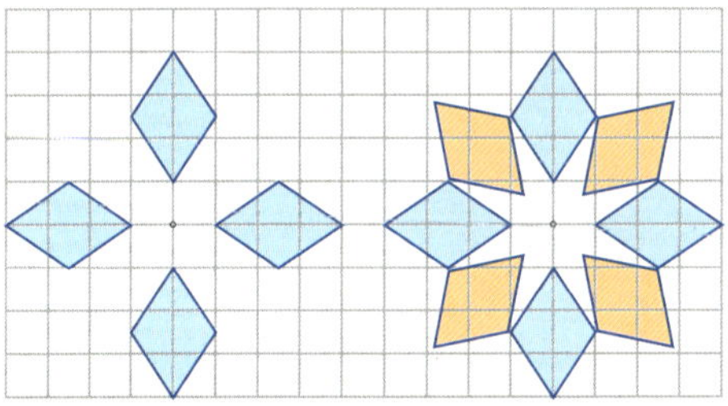

2 Schmuckfiguren kannst du durch mehrfaches Drehen einer Grundfigur erzeugen. Wie musst du vorgehen, um die abgebildeten Figuren herzustellen?
Gib die Größe des Winkels an, um den die Grundfigur jeweils weitergedreht wurde.

3 Das Dreieck ABC wird durch eine Drehbewegung um den Punkt Z abgebildet.

a) Bestimme anhand der Zeichnung die **Drehrichtung** und die Größe des **Drehwinkels.**

b) Übertrage die Abbildung in dein Heft und zeichne das Bild A′B′C′.

c) Beschreibe deine Konstruktion.

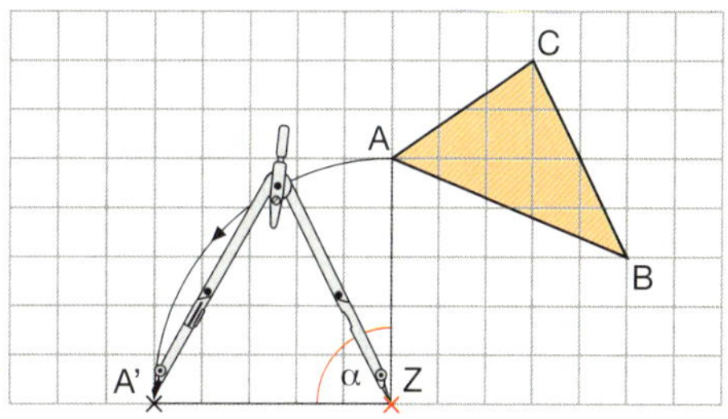

4 Du hast bereits die Eigenschaften der Achsenspiegelung und der Verschiebung kennengelernt. Welche Eigenschaften gelten für die Drehung?

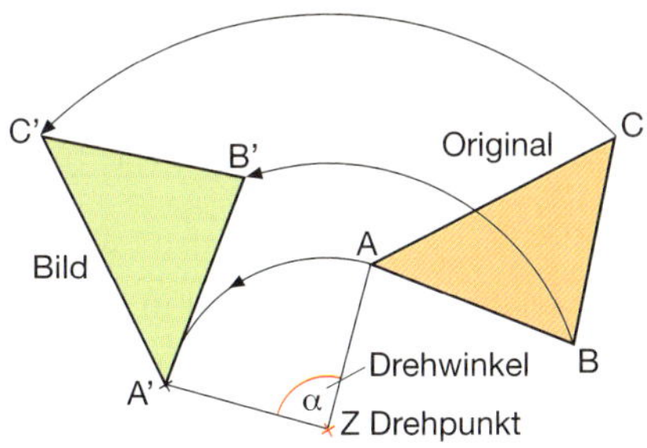

Das Dreieck ABC ist entgegen dem Uhrzeigersinn um Z mit $\alpha = 90°$ gedreht.
Bei einer Drehung liegen die Originalpunkte und die Bildpunkte auf Kreisbahnen um den Drehpunkt.

Der Drehwinkel gibt an, wie weit gedreht wird.

Bei einer Drehung sind Originalfigur und Bildfigur zueinander kongruent (deckungsgleich).
Die Drehung ist eine Kongruenzabbildung.

5 So kannst du den Punkt A um den Drehpunkt Z um 90° drehen:

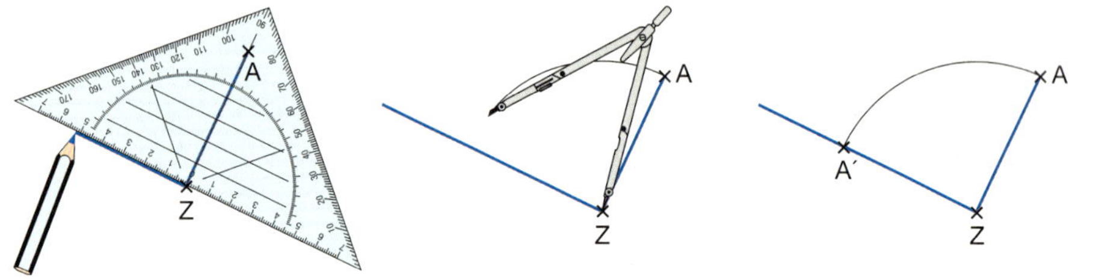

1. Verbinde A mit Z und trage in Z an der Strecke $\overline{ZA}$ einen 90° großen Winkel an.
2. Zeichne um Z den Kreis mit dem Radius $\overline{ZA}$.
3. Bezeichne den Schnittpunkt des Kreises mit dem freien Schenkel mit A′.

Übertrage in dein Heft und drehe die Figuren um 90° (180°, 270°) um den Punkt Z.

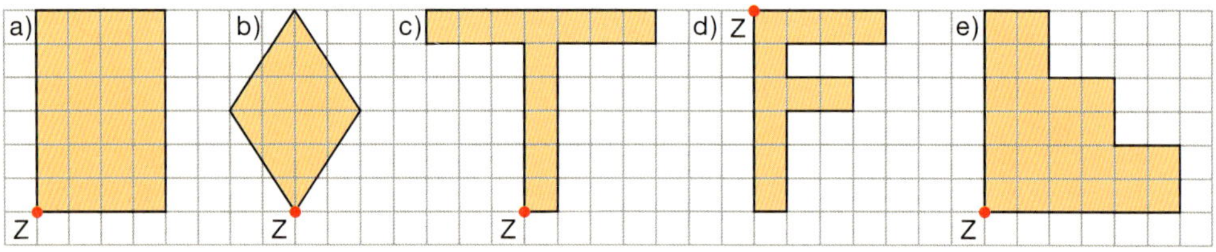

6 Übertrage die Figur in dein Heft und drehe sie mit Hilfe des Zirkels um den Punkt Z um 90° (180°; 270°).

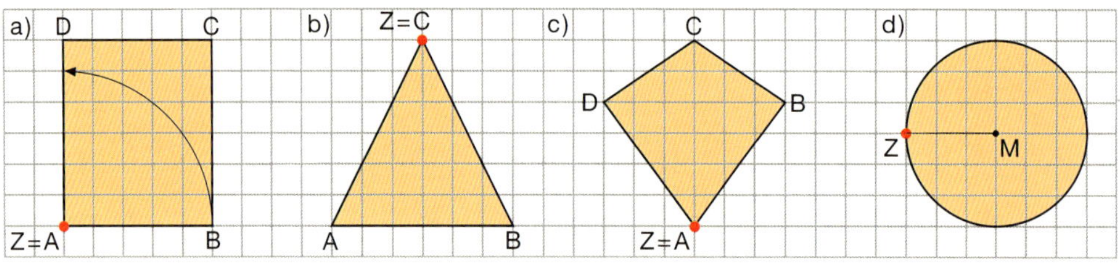

7 Übertrage in dein Heft und drehe um den Punkt Z um 90° (180°, 270°).

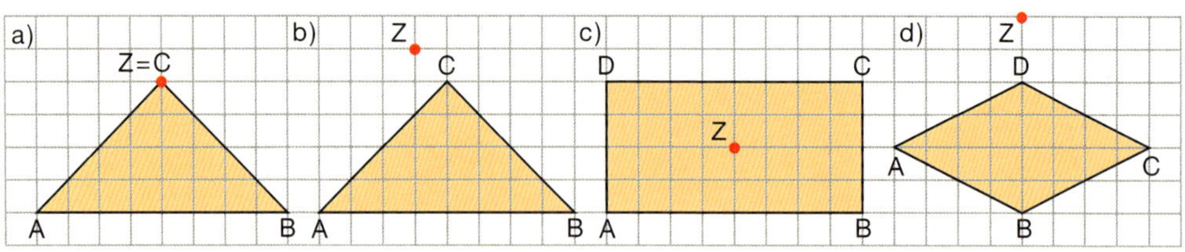

8 Zeichne in ein Koordinatensystem (Einheit 0,5 cm) ein Dreieck mit den Eckpunkten A (6|16), B (14|16), C (10|20). Drehe das Dreieck um Z (10|11) um 90° (180°, 270°). Gib die Koordinaten der Bildpunkte an.

9 Zeichne in ein Koordinatensystem (Einheit 0,5 cm) ein Viereck mit den Eckpunkten A (12|15), B (19|15), C (16|18) und D (9|18). Drehe das Dreieck um Z (12|9) um 90° (270°). Gib die Koordinaten der Bildpunkte an.

10 Zeichne ein Dreieck mit den Eckpunkten A (6|14), B (14|14) und C (10|18) in ein Koordinatensystem (Einheit 0,5 cm). Drehe das Dreieck um Z (10|10) um a) 90°, b) 180°, c) 270°. Gib die Koordinaten der Bildpunkte an.

11 Das Viereck ABCD wird durch eine Drehung um Z auf das Bildviereck A′B′C′D′ abgebildet. Gib die Größe des Drehwinkels und die fehlenden Koordinaten der Bildpunkte an.

Drehpunkt Z (9|9)	
Original-figur	Bild-figur
A (14|9)	
B (18|14)	
C (13|18)	
D (9|13)	D′ (9|5)

Drehpunkt Z (11|4)	
Original-figur	Bild-figur
A (16|4)	A′ (11|9)
B (21|9)	
C (18|12)	
D (13|7)	

Drehpunkt Z (0|0)	
Original-figur	Bild-figur
A (0|0)	A′ (0|0)
B (− 1|5)	
C (− 6|6)	C′ (6|− 6)
D (− 5|1)	

Drehpunkt Z (0|0)	
Original-figur	Bild-figur
A (5|− 3)	A′(−3|−5)
B (11|− 3)	
C (15|3)	
D (9|3)	

12 a) Zeichne die Figur mit den angegebenen Eckpunkten in ein Koordinatensystem (Einheit 0,5 cm).
b) Drehe die Figur, sodass die jeweiligen Originalpunkte auf die vorgegebenen Bildpunkte abgebildet werden.
c) Bestimme die Koordinaten des Drehpunktes, der Bildpunkte und gib die Größe des Drehwinkels an.

Original-figur	Bild-figur	Original-figur	Bild-figur	Original-figur	Bild-figur	Original-figur	Bild-figur
A (5|− 5)		A (0|0)	A′ (0|0)	A (1|− 4)	A′(−1|−6)	A (1|2)	A′ (4|− 1)
B (8|0)		B (6|3)		B (5|− 4)	B′(−1|−2)	B (7|2)	B′ (4|− 7)
C (5|5)	C′ (−5|−5)	C (−4|8)	C′ (−8|−4)	C (5|4)		C (7|8)	
D (2|0)	D′ (−2|0)			D (1|4)		D (1|8)	

13 Zeichne ein Rechteck mit den Seitenlängen 3,5 cm und 5,5 cm in dein Heft. Drehe das Rechteck um den Schnittpunkt der Diagonalen um a) 90°, b) 180°, c) 270°, d) 360°. Was stellst du fest?

14 a) Zeichne ein Quadrat ABCD mit der Seitenlänge 5 cm. Zeichne die Diagonalen ein.
b) Bei einer Drehung um den Schnittpunkt der Diagonalen soll $\overline{AB}$ auf $\overline{BC}$ ($\overline{DC}$ auf $\overline{BC}$) abgebildet werden. Gib jeweils die Größe des Drehwinkels an.

15 Übertrage die Figur und den Punkt Z in dein Heft. Drehe anschließend die Figur um Z um den angegebenen Drehwinkel α.

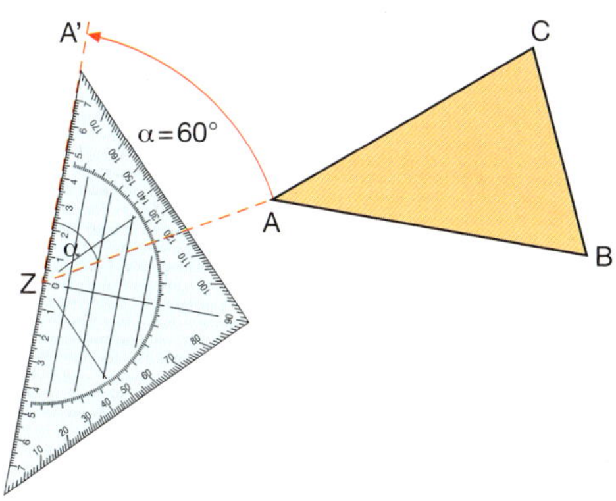

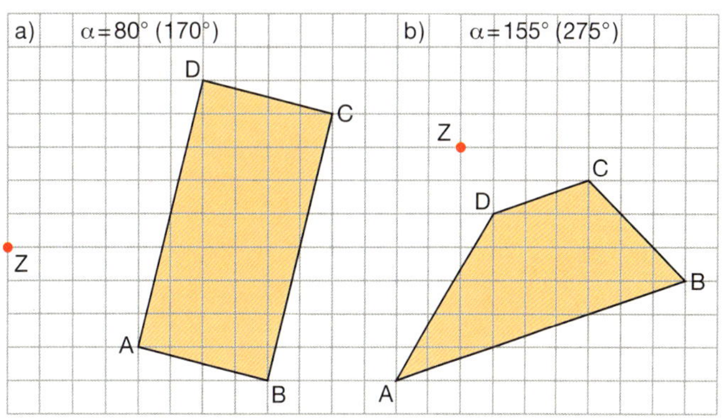

1 Das Dreieck ABC wird durch eine Drehung um 180° **(Halbdrehung)** auf das Dreieck A′B′C′ abgebildet.
a) Warum kann die Halbdrehung auch als **Punktspiegelung** an Punkt Z bezeichnet werden?
b) Beschreibe, wie sich die Bildpunkte sehr einfach konstruieren lassen.
c) Wie liegen Original- und Bildstrecken jeweils zueinander?

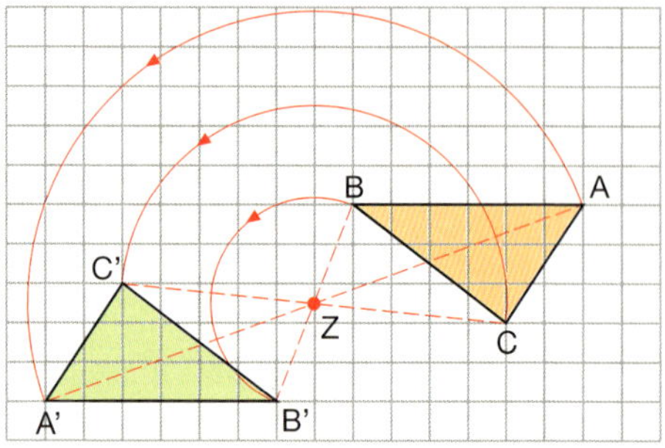

2 Übertrage das Dreieck und führe eine Halbdrehung um Punkt Z aus. Welche Gesamtfigur entsteht?

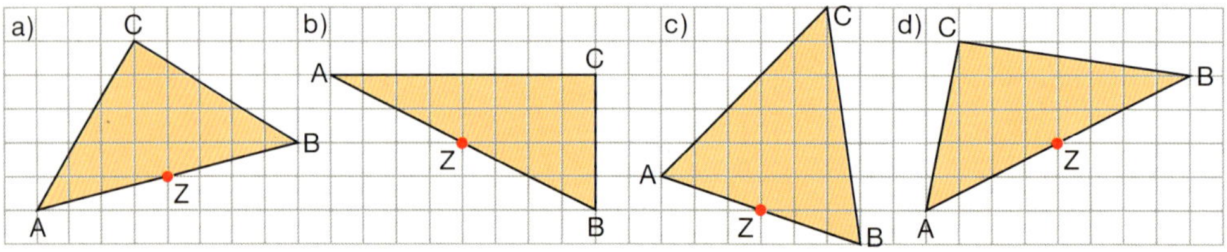

3 Zeichne das Rechteck in dein Heft und drehe es um 180° um den Punkt B (C, M, E).

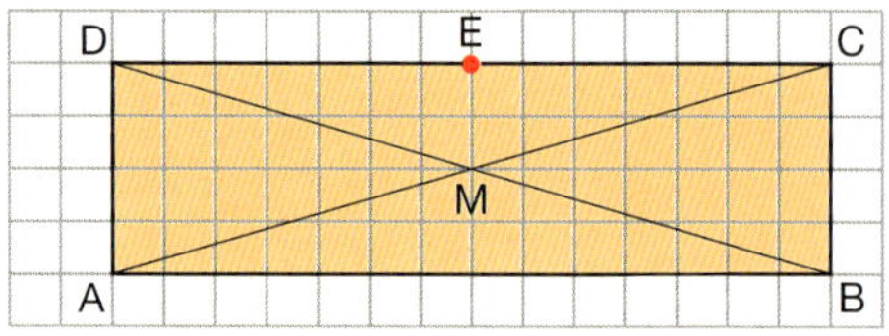

4 Bilde das Rechteck mit A (− 4 | 1), B (2 | 3), C (1 | 6) und D (− 5 | 4) durch eine Punktspiegelung an a) Z (0 | 0), b) Z (2 | 3) und c) Z (− 2 | 5) ab.

5 Die Strecke $\overline{AB}$ wird durch eine Punktspiegelung auf $\overline{A'B'}$ abgebildet. Übertrage die Strecken in ähnlicher Lage in dein Heft und zeichne den Symmetriepunkt.

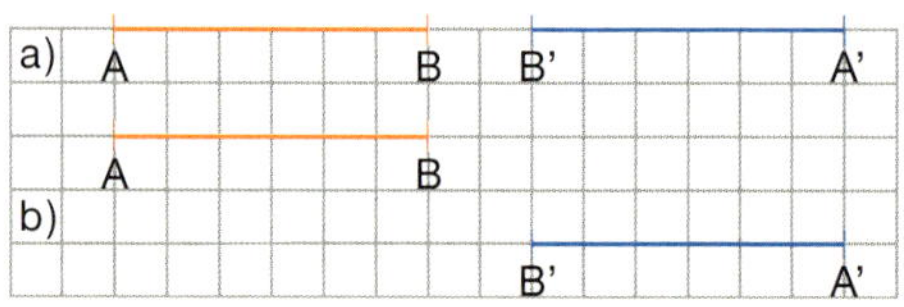

6 Zeichne die Strecke und ihre Bildstrecke mit den in der Tabelle angegebenen Endpunkten in ein Koordinatensystem. Untersuche, ob sie durch eine Punktspiegelung aufeinander abgebildet werden können. Gib, wenn möglich, die Koordinaten des Symmetriepunktes an.

	a)	b)	c)	d)
Strecke	A (− 4 | 8), B (2 | 8)	C (− 9 | 5), D (− 3 | 5)	E (1 | 6), F (1 | 0)	G (7 | 4), H (13 | 4)
Bildstrecke	A′ (8 | 8), B′ (2 | 8)	C′ (− 3 | 1), D′ (− 9 | 1)	E′ (5 | 6), F′ (5 | 0)	G′ (13 | 4), H′ (7 | 4)

7 Zeichne die Figur mit den angegebenen Eckpunkten in ein Koordinatensystem. Durch eine Punktspiegelung an Z soll der Originalpunkt A auf den Bildpunkt A′ abgebildet werden. Konstruiere die Bildfigur und gib die Koordinaten der Bildpunkte und des Symmetriezentrums Z an.
a) A (3 | 7), B (7 | 9), C (5 | 13), D (1 | 11); A′ (− 5 | 7)
b) A (− 8 | − 3), B (− 2 | − 6), C (− 2 | − 2); A′ (8 | 3)

1

Viele Figuren, Bilder und Gegenstände in deiner Umgebung sind symmetrisch.

Welches Foto zeigt eine achsensymmetrische Figur?
Begründe deine Antwort.

2 Die abgebildete Figur ist symmetrisch. Durch eine Spiegelung an einer Geraden kommt sie nicht mit sich selbst zu Deckung.

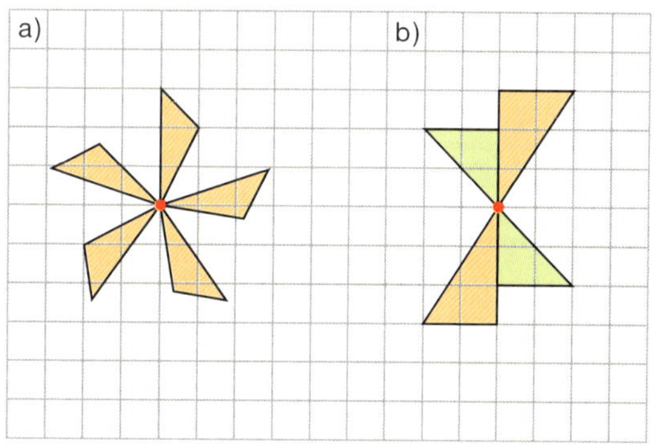

Um wie viel Grad musst du die Figur drehen, damit sie auf sich selbst abgebildet wird? Gib die Größe des kleinsten Drehwinkels an.

3 Kommt eine Figur nach einer Drehung um einen bestimmten Winkel (der kein Vollwinkel ist) mit sich selbst zur Deckung, so heißt sie **drehsymmetrisch.** Eine Figur, die sich nur bei einer Drehung um 180° auf sich selbst abbilden lässt, heißt **punktsymmetrisch.**
Überprüfe, ob die einzelnen Figuren achsen-, dreh- oder punktsymmetrisch sind.

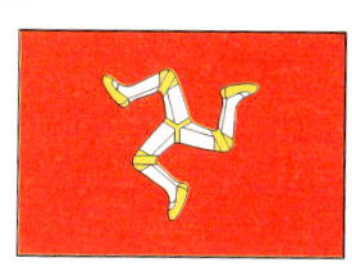

4 Übertrage die Figuren in dein Heft. Überprüfe, welche der Figuren punktsymmetrisch ist. Kennzeichne, wenn möglich, den Drehpunkt (das Symmetriezentrum) mit dem Buchstaben Z.
Welche der Figuren ist außerdem achsensymmetrisch? Zeichne gegebenenfalls die Symmetrieachsen ein.

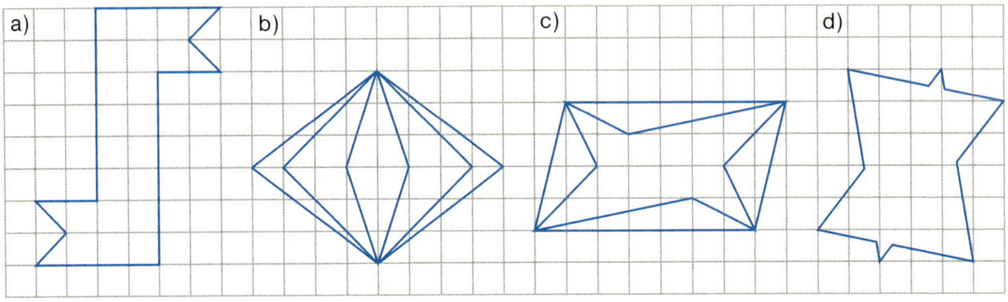

5 Gib an, ob die Figur achsensymmetrisch (drehsymmetrisch, punktsymmetrisch) ist.

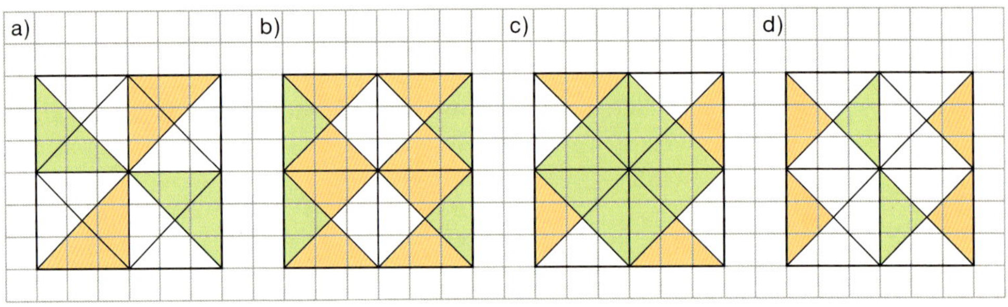

6 Übertrage die Figur in dein Heft. Färbe die Figur, sodass du sie durch eine Drehung um 180° um den Punkt Z mit sich selbst zur Deckung bringen kannst.

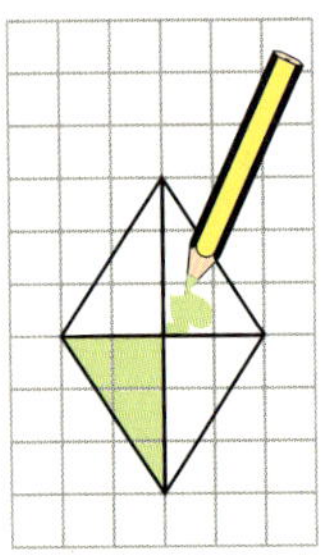

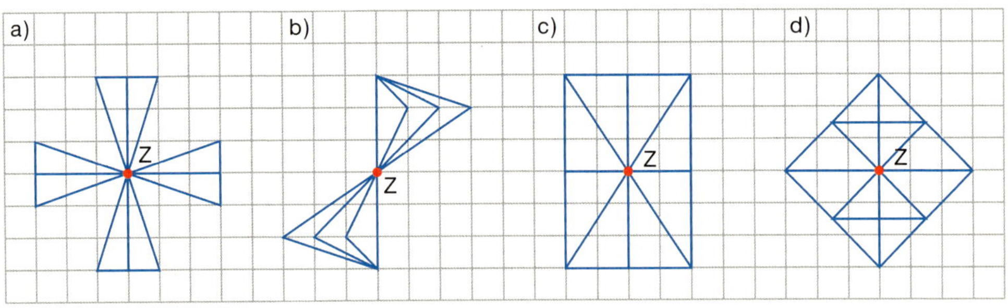

7 Übertrage die Figur in dein Heft.
Färbe einige Teilflächen, sodass die gefärbte Gesamtfigur nur achsensymmetrisch (nur punktsymmetrisch; punkt- und achsensymmetrisch) ist.

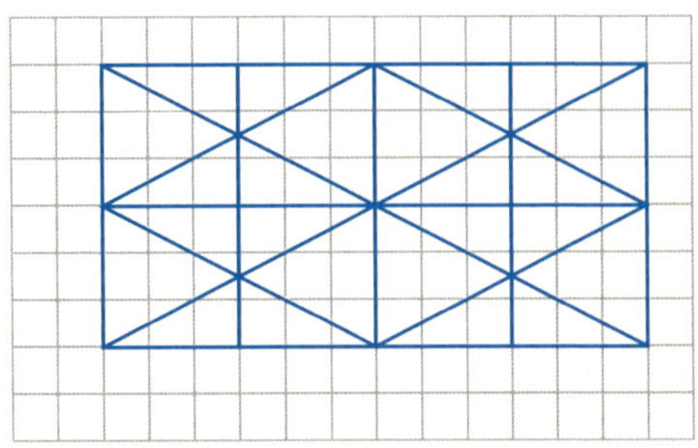

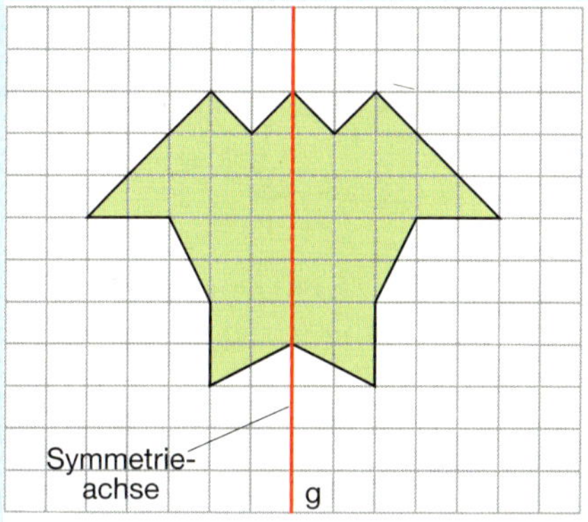

Eine Figur heißt **achsensymmetrisch** zu einer Geraden g, wenn sie bei einer Spiegelung an der Geraden g auf sich selbst abgebildet wird.

Die Gerade g ist **Symmetrieachse** der Figur.

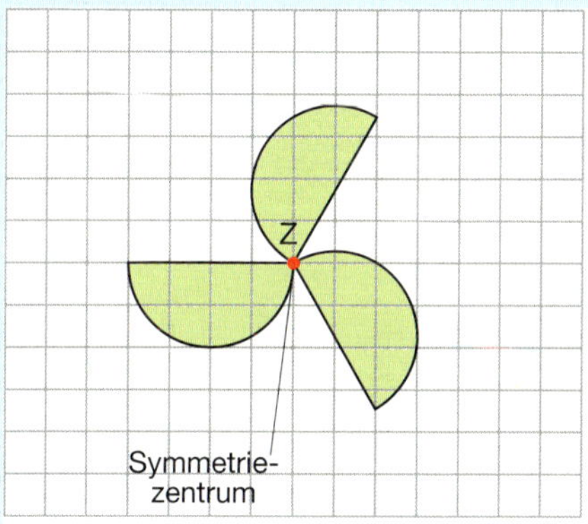

Eine Figur heißt **drehsymmetrisch,** wenn sie bei einer Drehung um einen Drehwinkel α ($0° < \alpha < 360°$) um einen Punkt Z auf sich selbst abgebildet wird.

Der Punkt Z ist **Symmetriezentrum** der Figur.

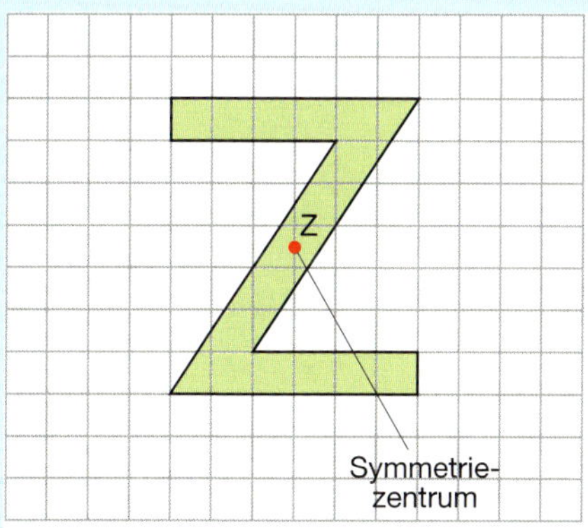

Eine Figur heißt **punktsymmetrisch** zu einem Punkt Z, wenn sie bei einer Punktspiegelung (Halbdrehung) an Z auf sich selbst abgebildet wird.

Der Punkt Z ist **Symmetriezentrum** der Figur.

1

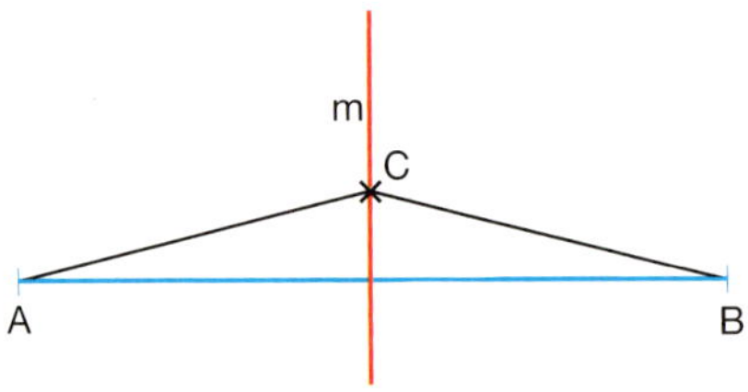

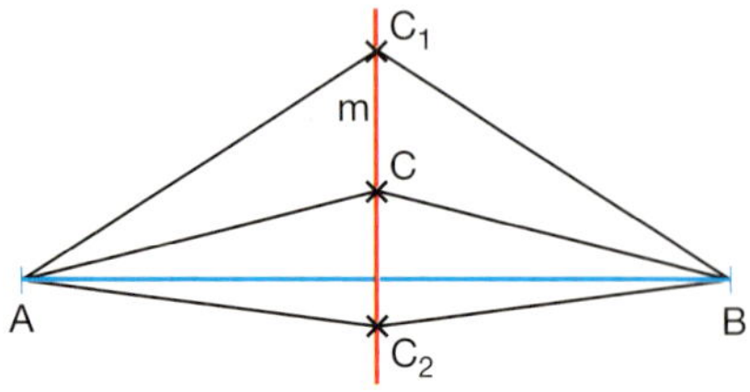

a) Zeichne die Mittelsenkrechte m zu einer 6 cm langen Strecke $\overline{AB}$. Markiere wie abgebildet auf m einen Punkt C. Verbinde C mit A und mit B. Welche Eigenschaften hat das Dreieck ABC?

b) Kennzeichne auf der Mittelsenkrechten m weitere Punkte. Verbinde sie jeweils mit A und B. Beschreibe die entstandenen Dreiecke.

2

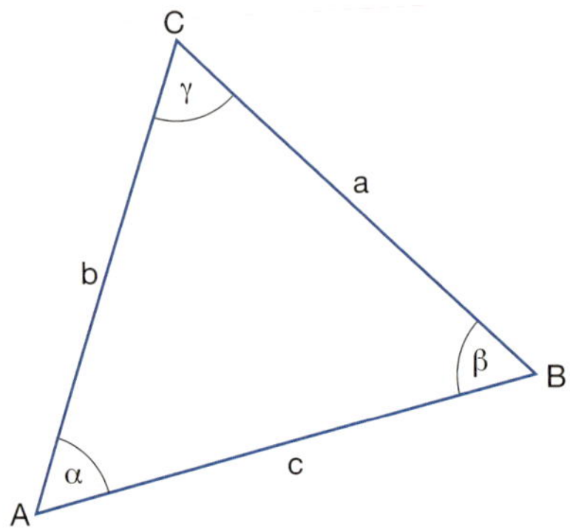

a) Miss in dem abgebildeten Dreieck die Seitenlängen und die Winkelgrößen. Was stellst du fest?

b) Ist das abgebildete Dreieck gleichschenklig? Wenn ja, welche Seite kannst du als Basis betrachten?

c) Wie viele Symmetrieachsen hat das Dreieck?

3 Entscheide, ob die Aussage wahr oder falsch ist.

a) Ein Dreieck mit einer Symmetrieachse ist gleichschenklig.

b) Jedes gleichschenklige Dreieck ist ein gleichseitiges.

c) Ein Dreieck mit zwei gleich großen Winkeln ist gleichschenklig.

d) Jedes gleichseitige Dreieck ist gleichschenklig.

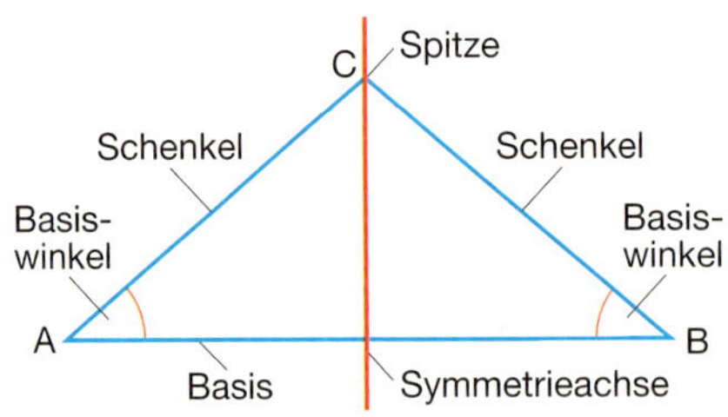

Ein Dreieck mit zwei gleich langen Seiten heißt **gleichschenkliges Dreieck.**
Die gleich langen Seiten werden als Schenkel, die dritte Seite als Basis bezeichnet.
Die Basiswinkel sind gleich groß.

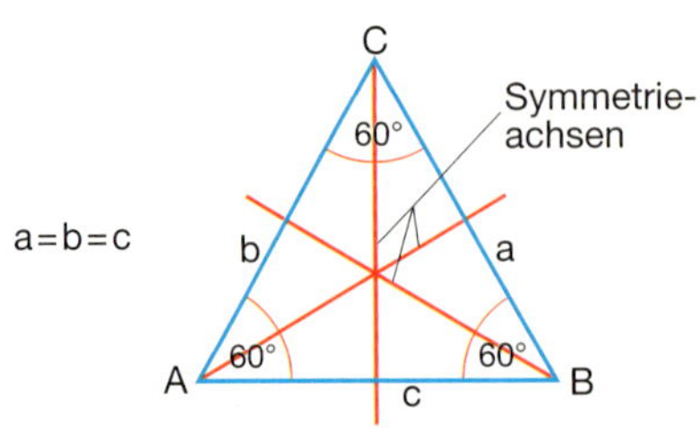

Ein Dreieck mit drei gleich langen Seiten heißt **gleichseitiges Dreieck.**

Jeder Winkel im gleichseitigen Dreieck hat eine Größe von 60°.

1 So kannst du ein gleichschenkliges Dreieck aus der Länge der Basis und der Größe eines Basiswinkels konstruieren:

Beispiel: c = 5 cm; $\alpha = 40°$

1. Fertige eine Planfigur an, in der du alle gegebenen Stücke farbig markierst.

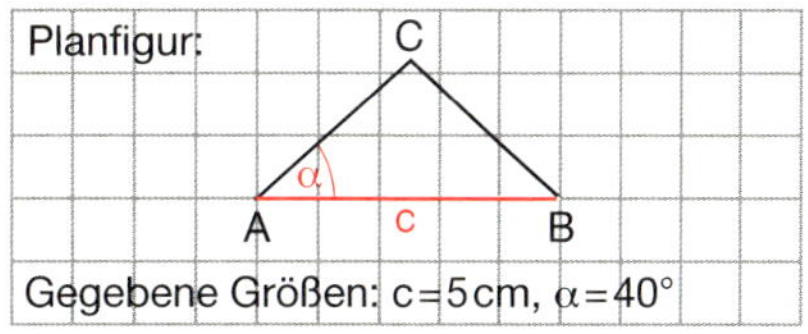

2. Führe die Konstruktion schrittweise aus. Überlege zunächst, mit welchem vorgegebenen Stück du beginnen kannst.

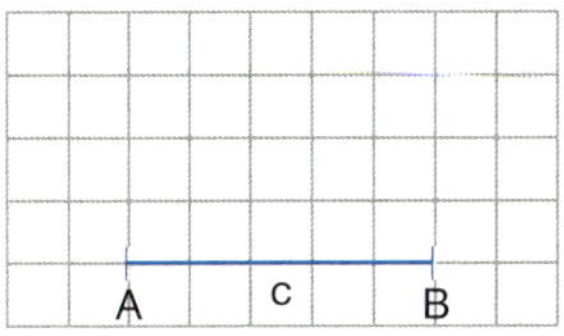

Zeichne die Basis $\overline{AB}$ mit der Länge c = 5 cm.

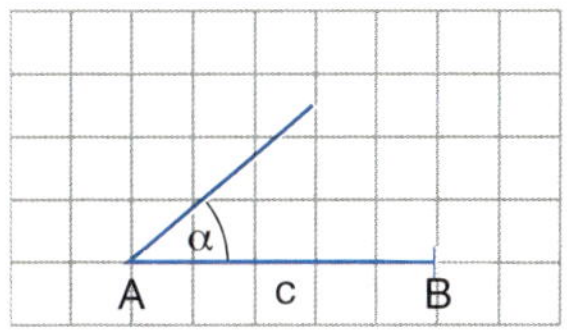

Trage in A an $\overline{AB}$ den Winkel $\alpha = 40°$ an.

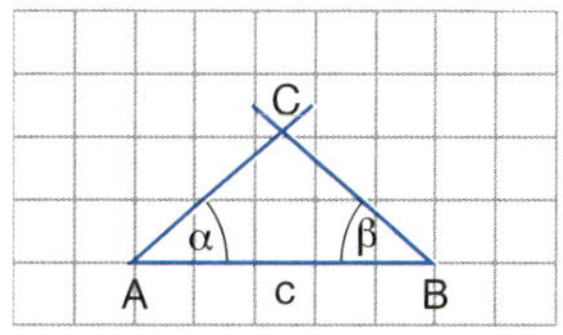

Trage in B an $\overline{AB}$ den Winkel $\beta = 40°$ an. Die freien Schenkel von α und β schneiden sich in C.

Konstruiere ein gleichschenkliges Dreieck ABC.

	a)	b)	c)	d)	e)	f)	g)	h)	i)
Basis $\overline{AB}$	5 cm	6 cm	7 cm	2 cm	3,5 cm	5,5 cm	4,8 cm	6,4 cm	5,2 cm
Basiswinkel α	30°	55°	20°	70°	45°	60°	43°	61°	37°

2 Konstruiere aus der Schenkellänge und der Größe des Winkels an der Spitze ein gleichschenkliges Dreieck.
Fertige zunächst eine Planfigur an.

	a)	b)	c)	d)
Schenkel-länge	5 cm	7 cm	4 cm	8 cm
Winkel an der Spitze	60°	20°	115°	45°

3 Konstruiere aus der Länge der Basis $\overline{AB}$ und einer Schenkellänge ein gleichschenkliges Dreieck ABC. Die Abbildung zeigt dir, wie du anfangen kannst.

	a)	b)	c)	d)
Basis $\overline{AB}$	5 cm	4 cm	5,8 cm	7,6 cm
Schenkel-länge	3 cm	2,5 cm	4 cm	5 cm

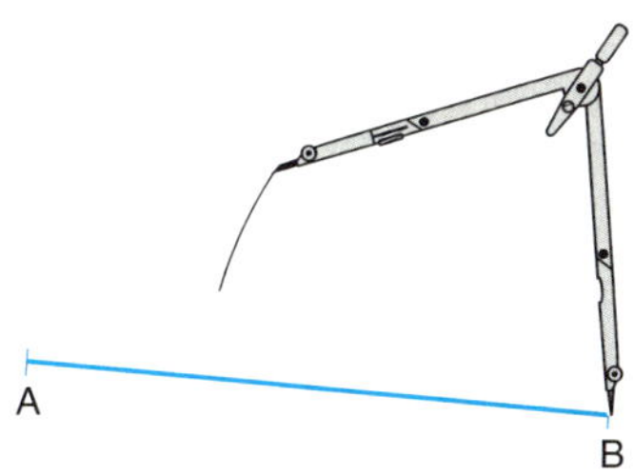

4 Konstruiere ein gleichseitiges Dreieck mit der angegebenen Seitenlänge.
a) 5 cm b) 6 cm c) 5,5 cm d) 7,2 cm e) 3,4 cm f) 4,5 cm

1

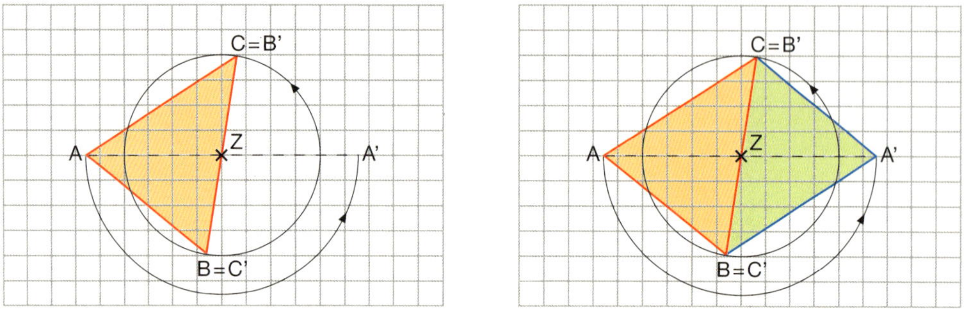

Das Dreieck ABC wird durch eine Halbdrehung (Drehung um 180°) auf das Dreieck A′B′C′ abgebildet. Diese Kongruenzabbildung wird auch als **Punktspiegelung,** der **Drehpunkt Z** als **Symmetriezentrum** bezeichnet.

a) Welche Gesamtfigur ist durch die abgebildete Punktspiegelung entstanden?

b) Beschreibe jeweils die Lage des Drehpunktes in dem Dreieck ABC in der Gesamtfigur.

2 Übertrage das Dreieck ABC in dein Heft. Zähle dafür sorgfältig die Kästchen aus. Spiegele anschließend das Dreieck an dem rot markierten Punkt Z.
Beschreibe die Eigenschaften des entstandenen Vierecks. Zeichne in das Viereck alle Diagonalen und Symmetrieachsen ein. Was stellst du fest?

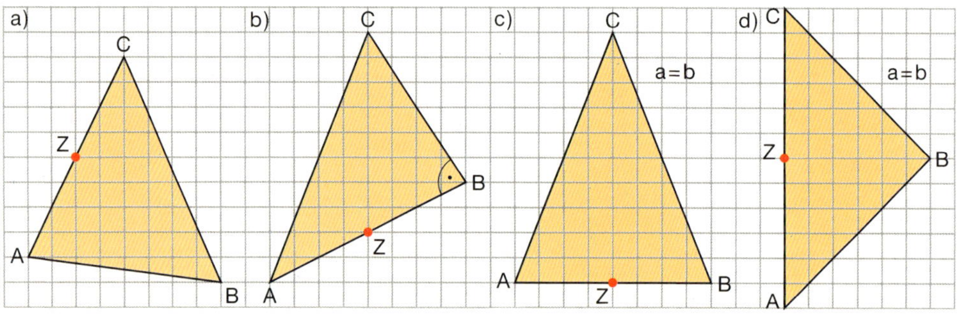

3 Zeichne die Vierecke mit den angegebenen Eckpunkten in ein Koordinatensystem (Einheit 1 cm).
Gib an, ob es sich um ein Parallelogramm, eine Raute, ein Rechteck oder ein Quadrat handelt.

a) A (1|2); B (2|0); C (2|4); D (1|6)

b) A (3,5|2); B (6|3,5); C (7,5|6); D (5|4,5)

c) A (8,5|3,5); B (11|3); C (11,5|5,5); D (9|6)

d) A (5,5|0); B (8|2,5); C (7|3,5); D (4,5|1)

e) A (8,5|0,5); B (11,5|0,5); C (10|1); D (7|1)

f) A (2|6); B (4|5,5); C (3,5|7,5); D (1,5|8)

1 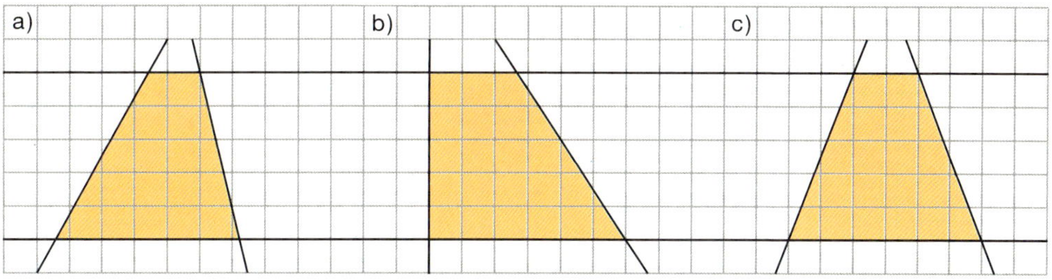

In der Abbildung wird ein Parallelstreifen von zwei Geraden geschnitten, sodass das farbig markierte Viereck entsteht.
Übertrage die Zeichnung in dein Heft. Welche Eigenschaften haben die einzelnen Vierecke? In welchem Viereck kannst du eine Symmetrieachse einzeichnen?

2 Zeichne das Viereck mit den angegebenen Eckpunkten in **ein** Koordinatensystem (Einheit 1 cm). Zeichne die Symmetrieachse und die Diagonalen ein. Welche besonderen Eigenschaften hat das Viereck?
a) A (0,5|0,5); B (6,5|0,5); C (5|5); D (2|5)
b) A (− 5,5|3); B (− 1,5|1); C (− 1|4,5); D (− 3|5,5)
c) A (1,5|− 6); B (9,5|− 2); C (6|0); D (2|− 2)
d) A (0|− 4,5); B (0|− 1,5); C (− 5|− 2); D (− 5|− 4)

3 Aus einem gefalteten Blatt Papier kannst du wie abgebildet einen Drachen ausschneiden.
Zeichne das Dreieck ABC mit den Eckpunkten A (1|1), B (6,5|2,5), C (6|6) in ein Koordinatensystem (Einheit 1 cm).
Spiegele das Dreieck an der Geraden AC. Beschreibe die Eigenschaften der entstandenen Gesamtfigur.

4 Entscheide, ob die Aussage wahr oder falsch ist.
a) In einem gleichschenkligen Trapez sind die Diagonalen gleich lang.
b) Im Drachen gibt es ein Paar gleich große Winkel.
c) Die Diagonalen eines Drachens halbieren sich.
d) Im gleichschenkligen Trapez sind je zwei gegenüberliegende Seiten parallel.
e) Im Drachen sind je zwei gegenüberliegende Seiten gleich lang.
f) Im Drachen halbiert die Symmetrieachse zwei gegenüberliegende Winkel.

1 Welche Vierecke findest du in den abgebildeten Flaggen?

2 Zeichne die Vierecke mit den angegebenen Eckpunkten in ein Koordinatensystem (Einheit 1 cm) und trage die Symmetrieachsen ein. Welches Viereck erhältst du jeweils?
a) A (− 8 | 3); B (− 6 | 1); C (− 4 | 3); D (− 6 | 5)
b) E (1 | 0,5); F (3 | 0,5); G (3 | 5); H (1 | 5)
c) I (5 | 1); K (8 | 0); L (9,5 | 5,5); M (4 | 4)
d) N (2 | − 3); O (4,5 | − 5); P (7 | − 3); Q (4,5 | − 1)
e) R (− 4 | − 5); S (− 2 | − 6); T (− 2 | − 1); U (− 4 | − 2)
f) V (− 9 | − 4); W (− 7 | − 4); X (− 5 | − 2,5); Y (− 7 | 2,5)

3 Zeichne die punktsymmetrischen Vierecke mit den angegebenen Eckpunkten in ein Koordinatensystem (Einheit 1 cm). Gib den Namen des Vierecks und die Koordinaten des Symmetriezentrums Z an.
a) A (1 | 1); B (4 | 3); C (4 | 7); D (1 | 5)
b) E (1 | − 3); F (3,5 | − 5); G (6 | − 3); H (3,5 | − 1)
c) I (− 2 | − 4); K (0 | − 2); L (− 2 | 0); M (− 4 | − 2)
d) N (− 3,5 | 0,5); O (− 0,5 | 3,5); P (− 2,5 | 5,5); Q (− 5,5 | 2,5)

4 Welche symmetrischen Vierecke haben
a) gleich lange Seiten und zwei Paar gleich große gegenüberliegende Winkel,
b) gleich lange gegenüberliegende Seiten und gleich große gegenüberliegende Winkel,
c) gleich lange Seiten und gleich große Winkel,
d) gleich lange gegenüberliegende Seiten und gleich große Winkel,
e) vier gleich große Winkel,
f) zwei Paar gleich lange Nachbarseiten und ein Paar gleichgroße gegenüberliegende Winkel?

5 Welches Viereck ist
a) ein Parallelogramm und zugleich ein gleichschenkliges Trapez,
b) ein Drachen und zugleich ein Parallelogramm,
c) eine Raute und zugleich Rechteck und Parallelogramm,
d) ein Drachen und zugleich ein gleichschenkliges Trapez?

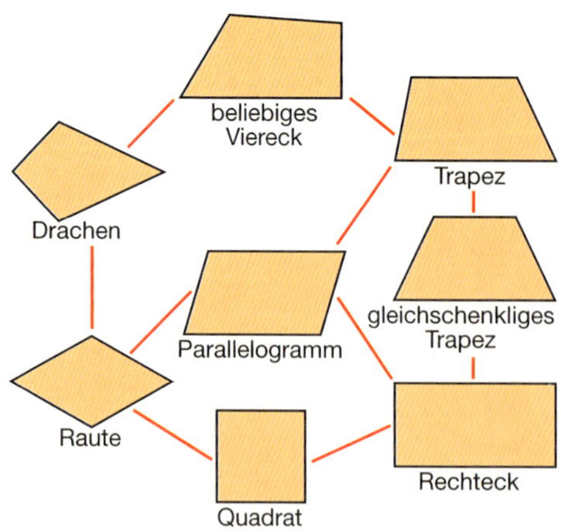

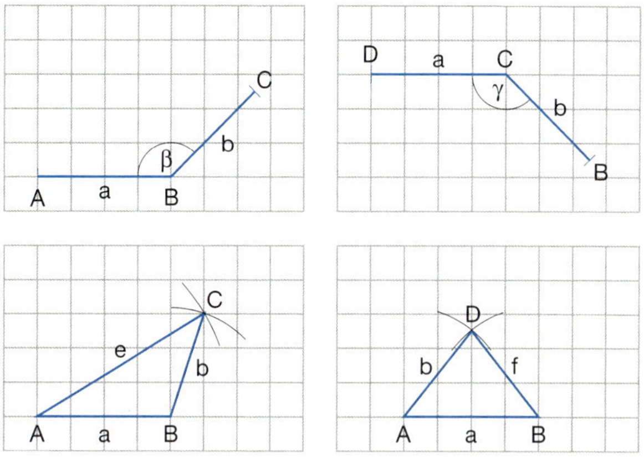

1 Konstruiere aus den gegebenen Stücken ein Parallelogramm ABCD.
Fertige zunächst eine Planfigur an.
a) a = 7,5 cm; b = 5,2 cm; $\beta = 130°$
b) a = 6,8 cm; b = 4,6 cm; $\gamma = 125°$
c) a = 5,3 cm; b = 3,7 cm; e = 8,2 cm
d) a = 6,3 cm; b = 4,5 cm; f = 4,8 cm

Die Zeichnungen zeigen dir, wie du die einzelne Konstruktion beginnen kannst.

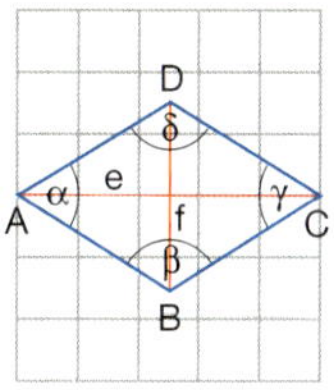

2 Die Diagonale e einer Raute ABCD ist 7 cm lang; die Diagonale f hat eine Länge von 4 cm. Konstruiere die Raute.
Die Abbildung zeigt dir, wie du anfangen kannst.

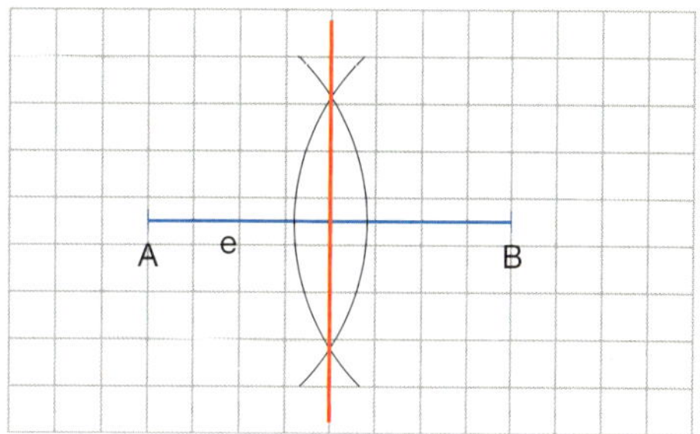

3 Konstruiere eine Raute ABCD. Fertige zunächst eine Planfigur an.

a)	b)	c)	d)	e)	f)	g)	h)	i)
e = 6,4 cm	e = 5,2 cm	e = 5,4 cm	a = 4,8 cm	a = 5,2 cm	a = 4 cm	a = 3,7 cm	f = 3,8 cm	e = 5,6 cm
f = 2,8 cm	f = 3,6 cm	f = 8,2 cm	e = 6,4 cm	f = 5,2 cm	$\alpha = 50°$	$\beta = 120°$	$\delta = 100°$	$\beta = 70°$

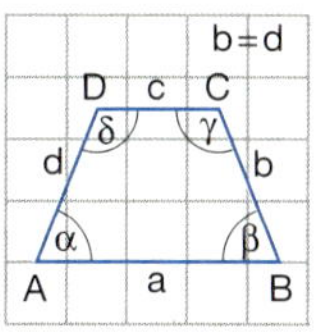

4 Konstruiere ein gleichschenkliges Trapez ABCD (b = d).
Benutze für deine Konstruktion die Eigenschaften des gleichschenkligen Trapezes.

a)	b)	c)	d)
a = 5,5 cm	a = 7,8 cm	b = 4,4 cm	a = 7,4 cm
b = 2,4 cm	b = 4,6 cm	c = 2,2 cm	d = 3,2 cm
$\alpha = 65°$	$\alpha = 35°$	$\gamma = 115°$	$\alpha = 45°$

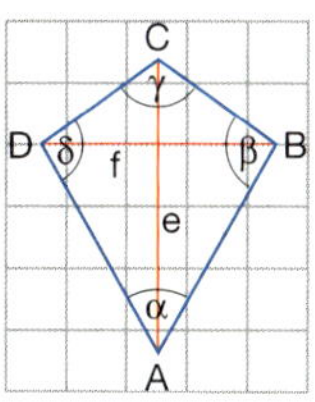

5 Die Diagonale e eines Drachens ist 6 cm lang. Der Winkel α hat eine Größe von 60°; der Winkel γ ist 100° groß. Konstruiere den Drachen. Die Abbildung zeigt dir, wie du anfangen kannst.

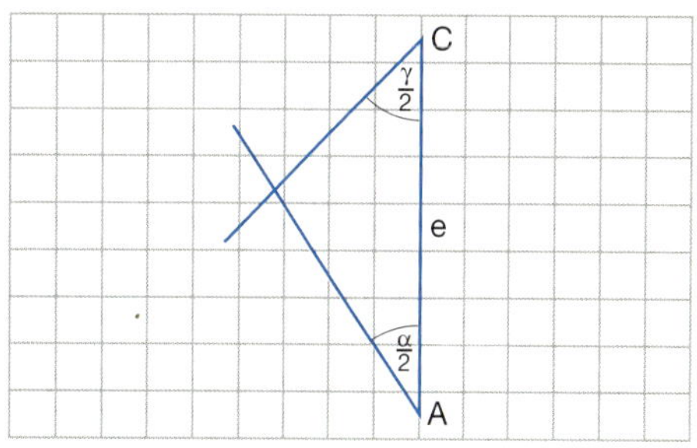

6 Konstruiere aus den gegebenen Stücken einen Drachen ABCD.
a) e = 4 cm; $\alpha = 70°$; $\gamma = 90°$
b) e = 7 cm; $\alpha = 120°$; $\gamma = 40°$
c) a = 5,5 cm; $\alpha = 80°$; $\gamma = 110°$
d) e = 6 cm; a = 5 cm; $\alpha = 60°$
e) e = 5,4 cm; b = 2,8 cm; $\gamma = 130°$
f) e = 4,7 cm; b = 3,8 cm; $\beta = 100°$

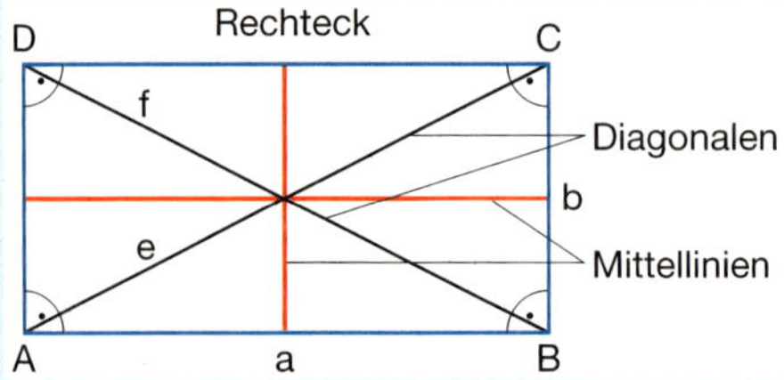

Ein Viereck, in dem die benachbarten Seiten senkrecht zueinander stehen, heißt **Rechteck.**

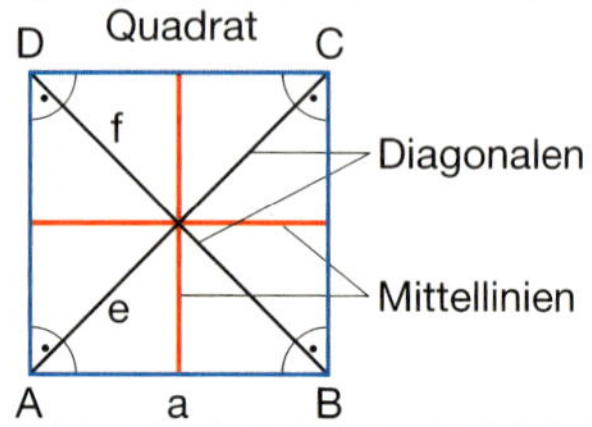

Ein Rechteck, in dem alle Seiten gleich lang sind, heißt **Quadrat.**

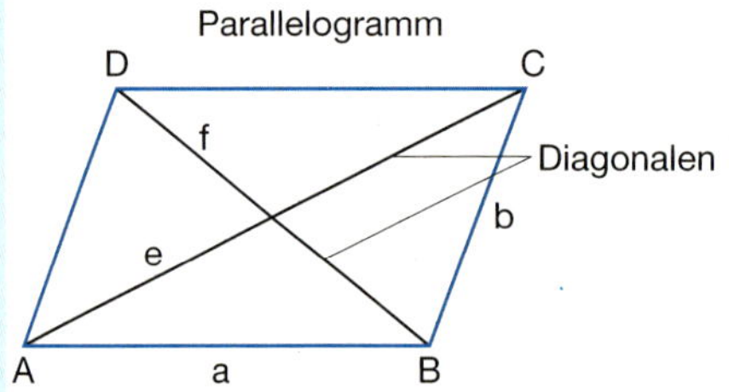

Ein Viereck, in dem die gegenüberliegenden Seiten parallel sind, heißt **Parallelogramm.**

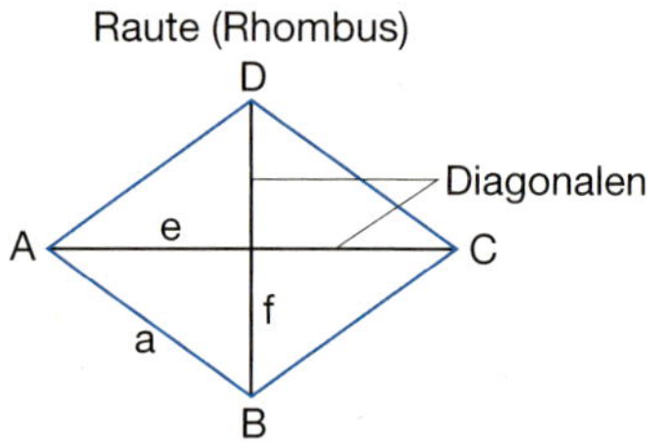

Ein Parallelogramm, in dem alle Seiten gleich lang sind, heißt **Raute** (Rhombus).

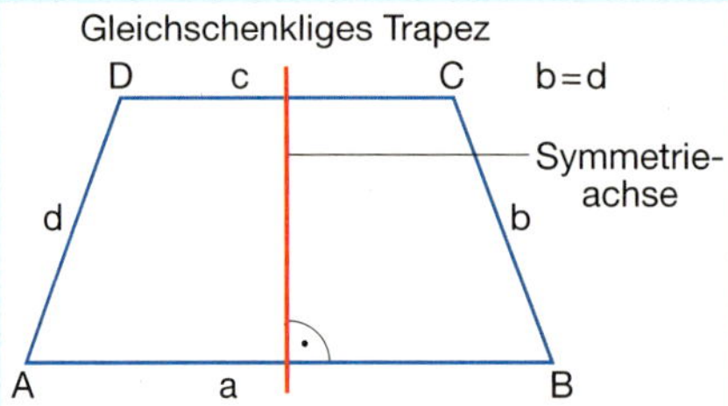

Ein Viereck mit zwei parallelen Gegenseiten heißt **Trapez.**
Ein Trapez mit einer Symmetrieachse, die senkrecht auf den beiden parallelen Seiten steht, heißt **gleichschenkliges Trapez.**

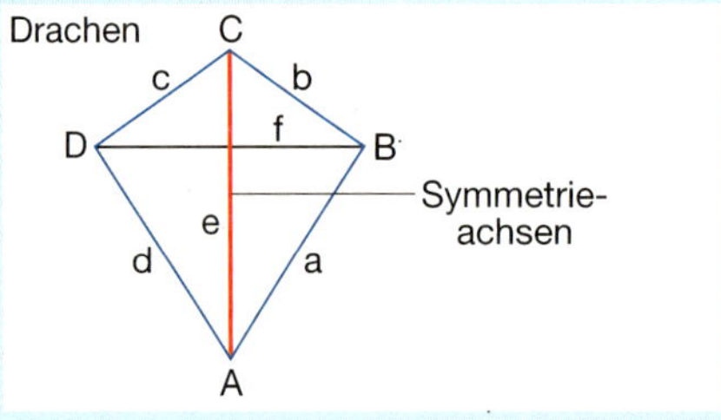

Ein Viereck, in dem eine Diagonale Symmetrieachse ist, heißt **Drachen** (Drachenviereck).

Quadrat, Rechteck, Raute und Parallelogramm sind punktsymmetrisch zum Diagonalenschnittpunkt.

Quadrat, Rechteck und Raute sind außerdem achsensymmetrisch.

Gleichschenkliges Trapez und Drachen sind achsensymmetrisch.

Grundbegriffe

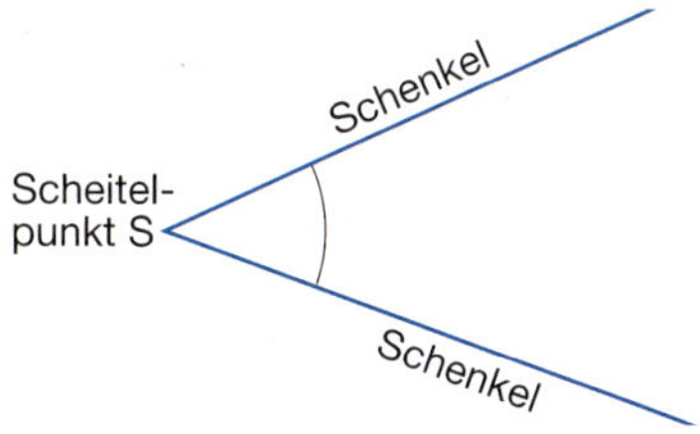

Ein **Winkel** wird von zwei Strahlen gebildet, die einen gemeinsamen Anfangspunkt haben.
Dieser Punkt heißt **Scheitelpunkt** des Winkels.
Die Strahlen heißen **Schenkel** des Winkels.

Bezeichnungen für Winkel

… mit griechischen Buchstaben: α (alpha), β (beta), γ (gamma), δ (delta), ε (epsilon), φ (phi), …

… durch die Nennung seiner Schenkel:

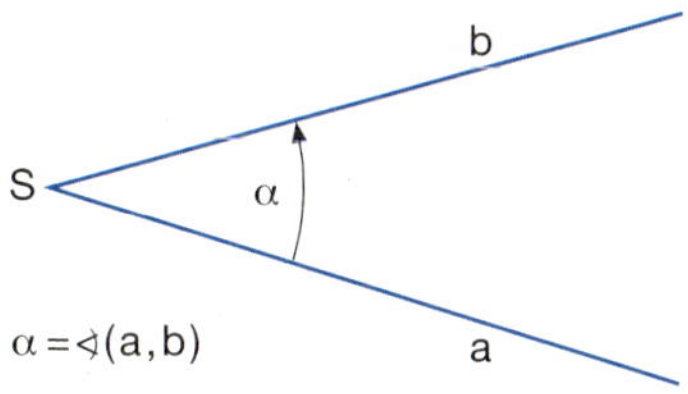

Der Winkel α entsteht, wenn der Strahl a entgegen dem Uhrzeigersinn auf Strahl b gedreht wird.

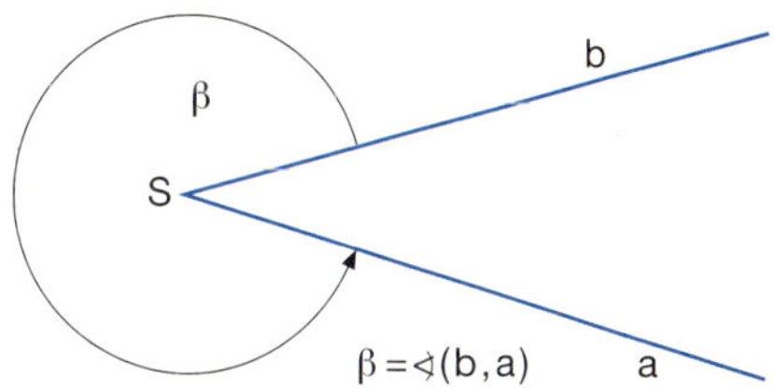

Der Winkel β entsteht, wenn der Strahl b entgegen dem Uhrzeigersinn auf Strahl a gedreht wird.

Winkeleinheit

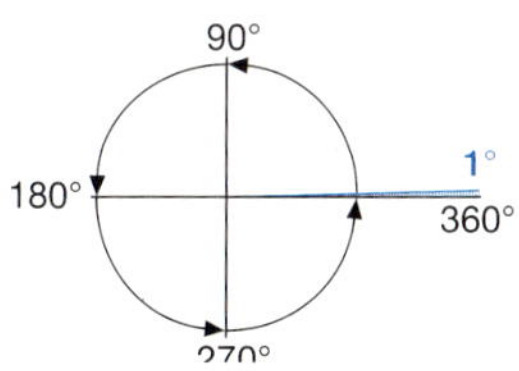

Zum Messen eines Winkels wird ein Kreis (Vollwinkel) in 360 gleiche Teile geteilt.
Die Größe eines Winkels wird in der Einheit Grad angegeben. 1 Grad (1°) ist der 360. Teil eines Vollwinkels.

Winkelarten

spitzer Winkel	rechter Winkel	stumpfer Winkel	gestreckter Winkel	überstumpfer Winkel	Vollwinkel
$0° < \alpha < 90°$	$\alpha = 90°$	$90° < \alpha < 180°$	$\alpha = 180°$	$180° < \alpha < 360°$	$\alpha = 360°$

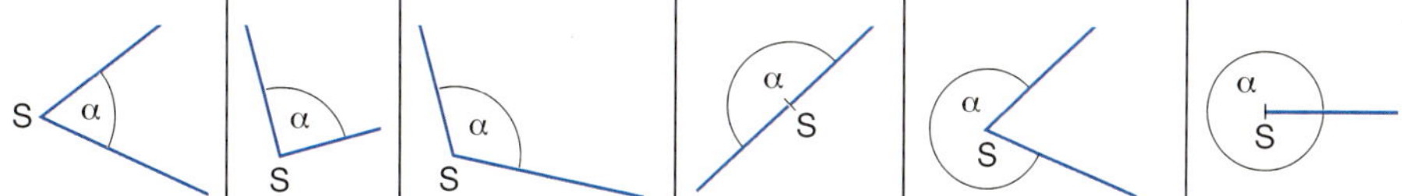

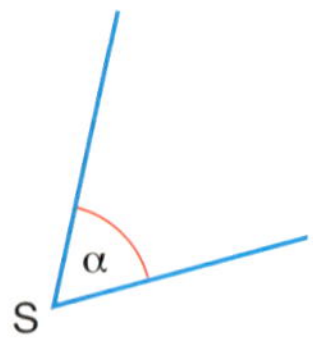

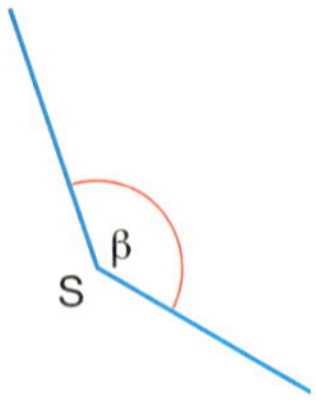

1 Mit Hilfe eines Geodreiecks kannst du die Größe eines Winkels bestimmen:

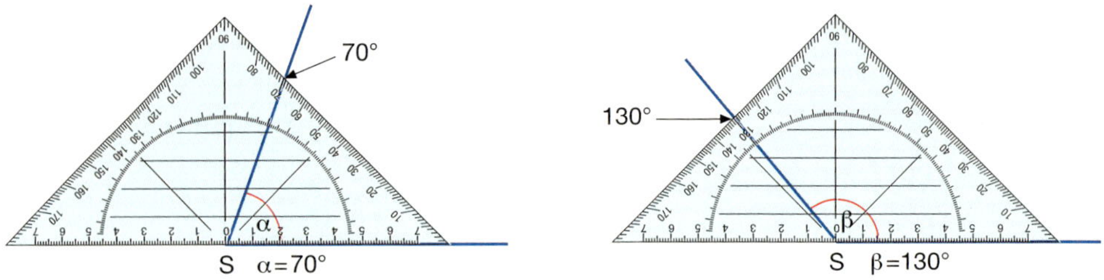

Bezeichne zunächst den markierten Winkel durch die Nennung seiner Schenkel. Miss anschließend mit dem Geodreieck seine Größe.

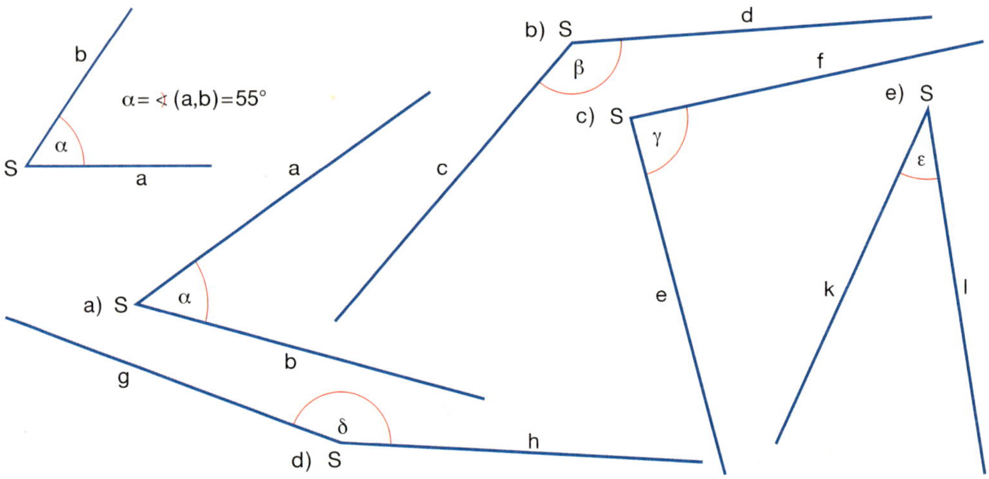

L 34°, 50°, 87°, 135°, 163°

2 Miss in der abgebildeten Figur die Größe der einzelnen Innenwinkel. Durch welche Rechnungen kannst du deine Messungen überprüfen?

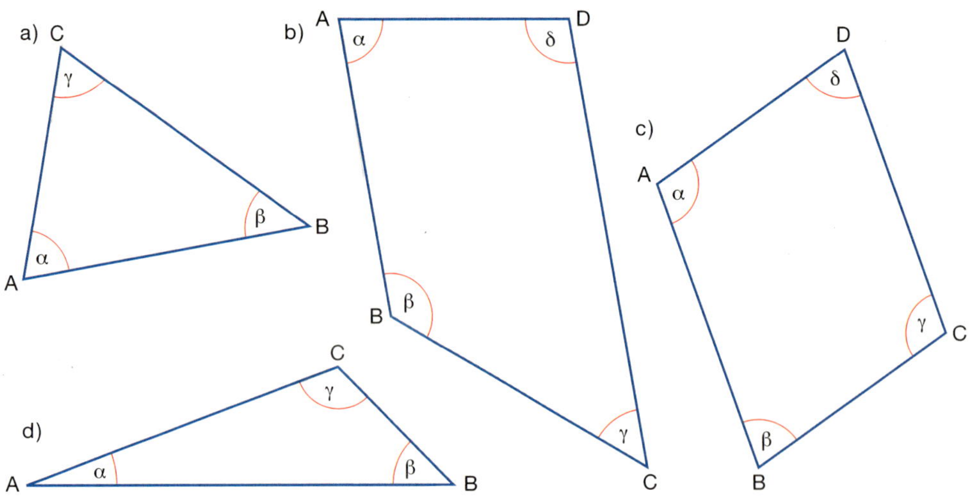

L 20°, 45°, 45°, 50°, 65°, 70°, 75°, 75°, 80°, 100°, 105°, 105°, 115°, 130°

3 So kannst du einen 70° großen Winkel zeichnen:

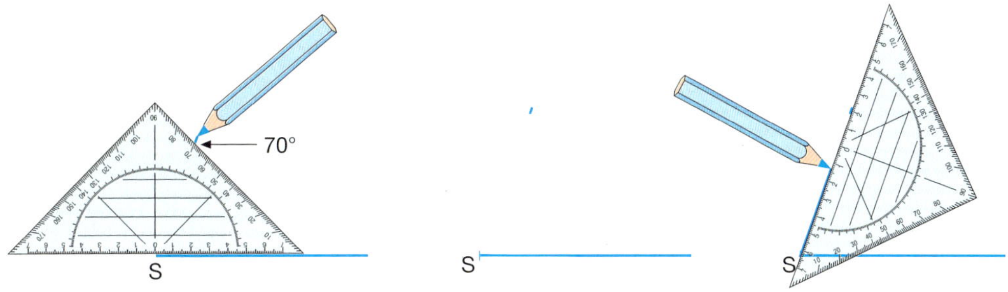

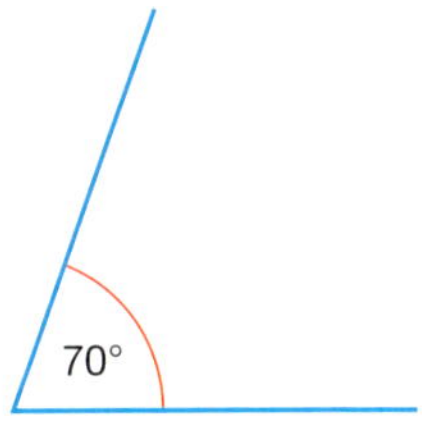

Zeichne jeweils einen Winkel der angegebenen Größe.
Markiere den Winkel mit einem Kreisbogen.
a) 35°, 65°, 27°, 53°, 78°, 15°, 86°
b) 100°, 165°, 125°, 158°, 103°

4 Trage die folgenden Punkte S, A und B in ein Koordinatensystem (Einheit 0,5 cm) ein.
Zeichne von S aus jeweils einen Strahl a durch A und einen Strahl b durch B.
Miss die Größe des Winkels ∢ (a, b).
a) S (3|12), A (2|1), B (14|11)
b) S (9|2), A (9|14), B (1|10)
c) S (10|3), A (23|5), B (1|10)
d) S (8|13), A (2|6), B (19|9)

5

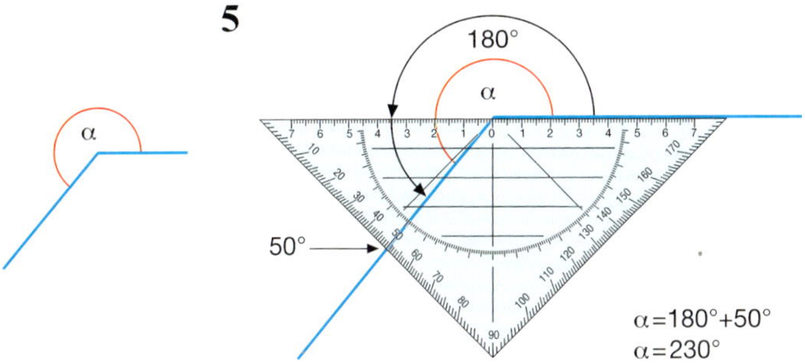

a) Gib einen zweiten Lösungsweg an, mit dem du die Größe des überstumpfen Winkels α bestimmen kannst.
b) Zeichne einen Winkel der angegebenen Größe. Markiere den Winkel mit einem Kreisbogen.
270°, 320°, 345°, 250°, 195°, 217°, 305°, 188°, 308°, 184°

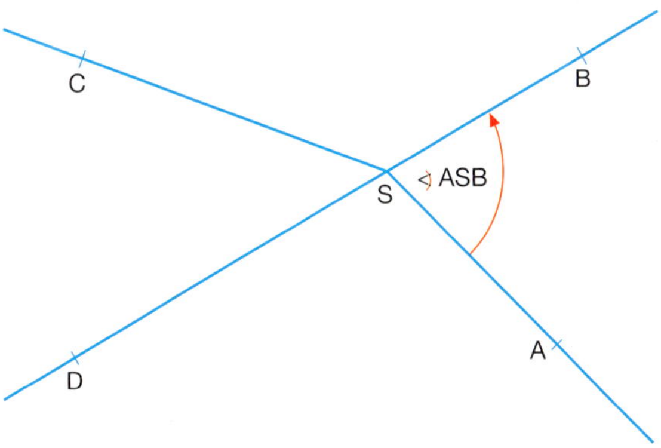

6 Miss die Größe der folgenden Winkel.
a) ∢ ASB
b) ∢ CSD
c) ∢ BSD
d) ∢ DSB
e) ∢ DSA
f) ∢ CSB

Kannst du auch ohne zu messen die Größe einzelner Winkel bestimmen?

L 50°, 75°, 80°, 155°, 205°, 205°

1 a) Durch die Balken des Andreaskreuzes entstehen vier Winkel. Vergleiche die Größe der einzelnen Winkel miteinander. Was vermutest du?

b) Zeichne zwei sich schneidende Geraden. Die Geraden sollen nicht senkrecht zueinander sein.
Bestimme die Größe der einzelnen Winkel am Schnittpunkt der Geraden. Was stellst du fest?

2 Gib jeweils die Größe der abgebildeten Winkel β, γ und δ an.
Überprüfe deine Lösungen. Fertige dafür eine Zeichnung an.

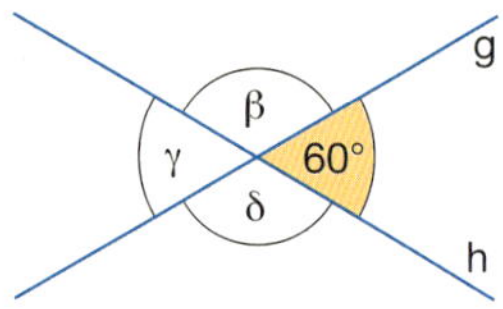

3 Bestimme die fehlenden Winkelgrößen.

Winkel	α	β	γ	δ
a)	45°	■	■	■
b)	■	115°	■	■
c)	■	■	28°	■
d)	■	■	■	163°

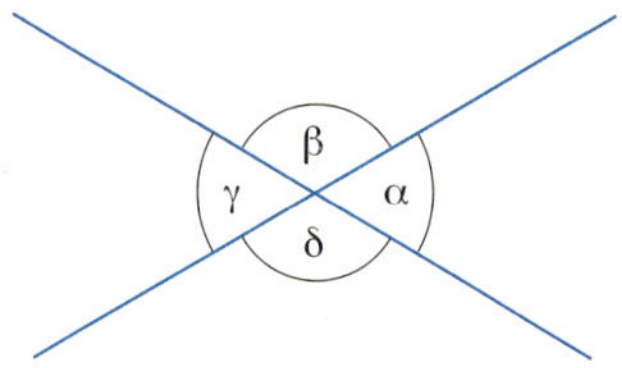

4

a) Der schräge Balken bildet mit den drei waagerechten Balken der Hauswand verschiedene Winkel.
Vergleiche die Größe der markierten Winkel miteinander. Was vermutest du?

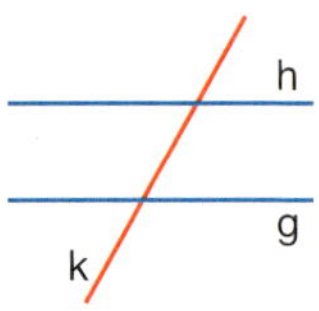

b) Zeichne zwei zueinander parallele Geraden g und h. Zeichne eine dritte Gerade k, die die beiden Geraden g und h nicht rechtwinklig schneidet.
Miss die Größe der einzelnen Winkel an den beiden Geradenschnittpunkten. Was stellst du fest?

5 Gib jeweils die Größe der abgebildeten Winkel β, γ, δ, α_1, β_1, γ_1 und δ_1 an. Überprüfe deine Lösungen, indem du die Abbildung in dein Heft überträgst und die Größe der einzelnen Winkel misst.

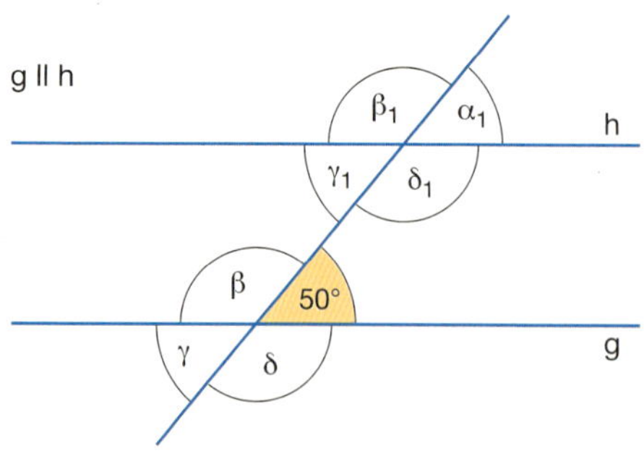

An zwei sich schneidenden Geraden gilt: Gegenüber liegende Winkel heißen **Scheitelwinkel;** sie sind gleich groß.

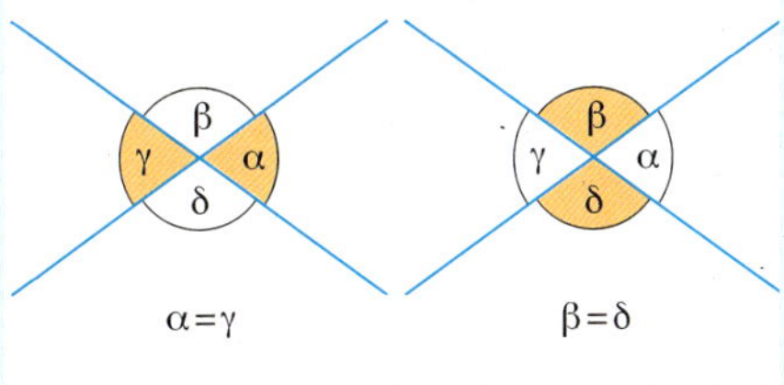

Die Winkel α und γ sowie β und δ sind Scheitelwinkel.

An zwei sich schneidenden Geraden gilt: Nebeneinander liegende Winkel heißen **Nebenwinkel;** sie haben zusammen eine Größe von 180°.

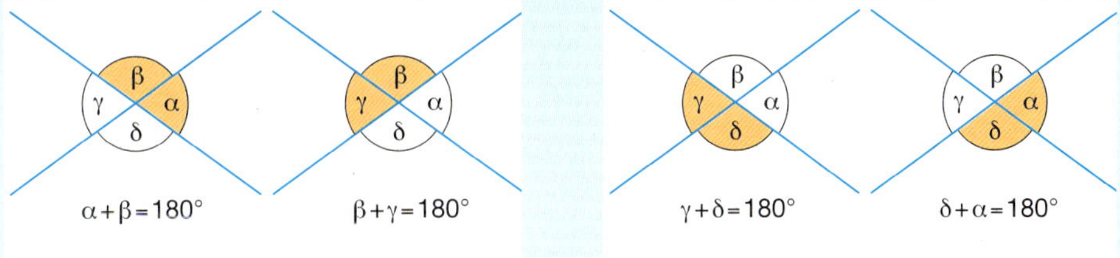

Die Winkel α und β, β und γ, γ und δ sowie δ und α sind Nebenwinkel.

Werden parallele Geraden von einer weiteren Geraden geschnitten, so entstehen **Stufenwinkel** und **Wechselwinkel.**

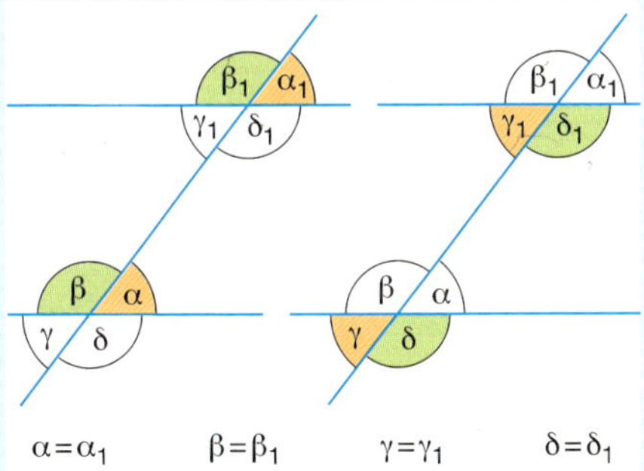

Die Winkel α und α_1, β und β_1, γ und γ_1 sowie δ und δ_1 sind Stufenwinkel.

Stufenwinkel an parallelen Geraden sind gleich groß.

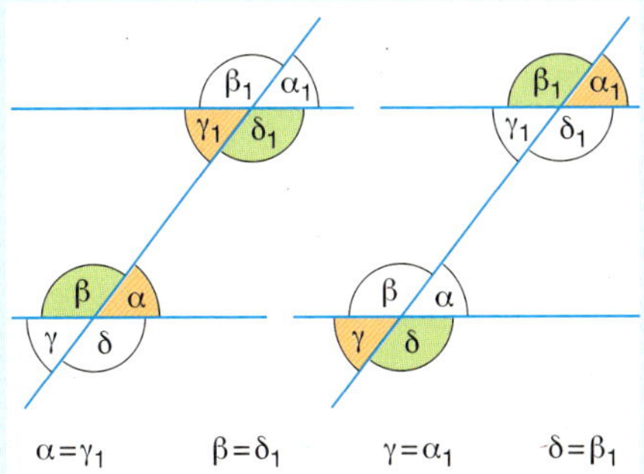

Die Winkel α und γ_1, β und δ_1, γ und α_1 sowie δ und β_1 sind Wechselwinkel.

Wechselwinkel an parallelen Geraden sind gleich groß.

1 Bestimme die fehlenden Winkel in der Geradenkreuzung. Schreibe so: $\gamma = 20°$.

a)

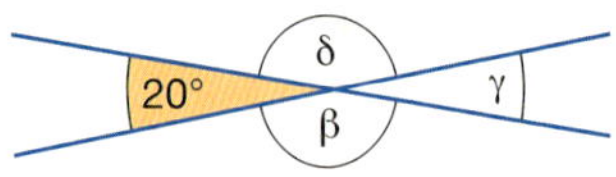

b)

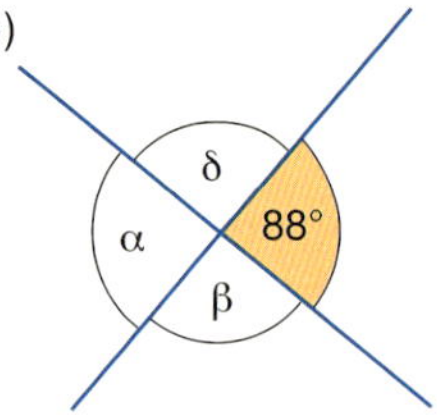

c)

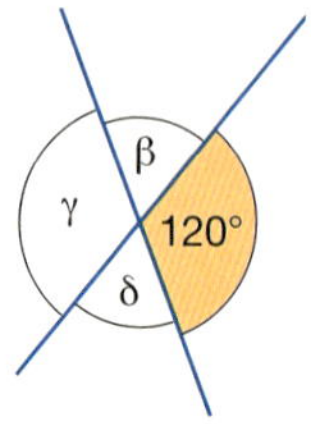

2 Von einem Nebenwinkelpaar ist ein Winkel ein spitzer (stumpfer, rechter) Winkel. Zu welcher Winkelart gehört der andere Winkel?

3 Zeichne einen 65° großen Winkel. Ergänze deine Zeichnung so, dass du ein Nebenwinkelpaar erhältst. Wie viele Möglichkeiten findest du?
Vervollständige anschließend eine Zeichnung, sodass auch ein Scheitelwinkelpaar entsteht.

4 Berechne die Größe des Winkels α.

a)

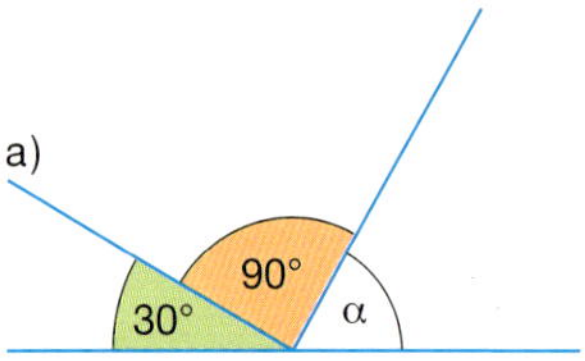

b)

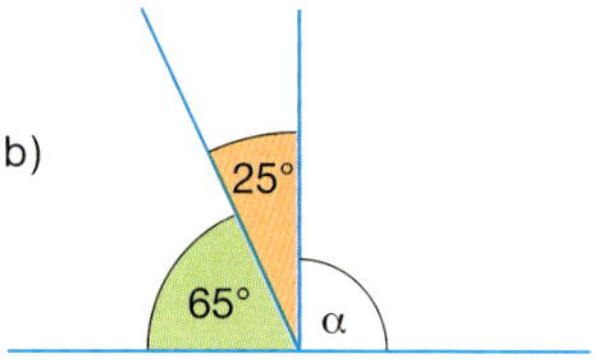

c)

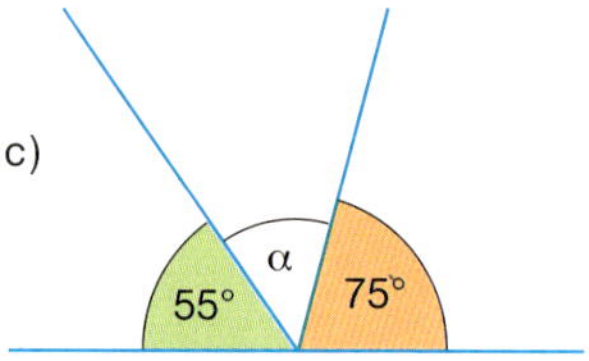

5 Bestimme die fehlenden Winkelgrößen.

a)

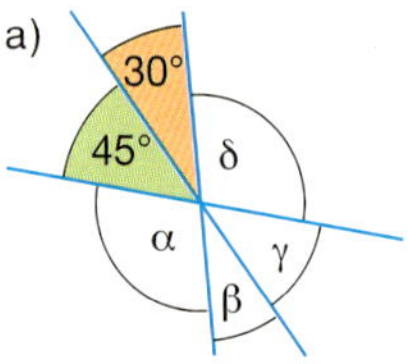

b)

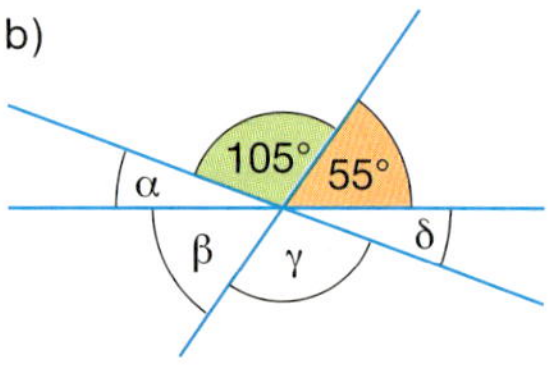

c)

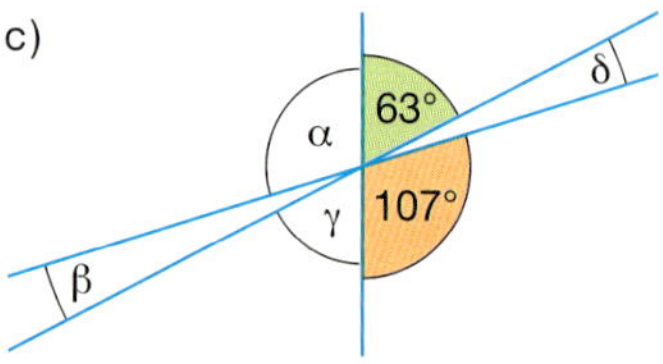

6 Übertrage die Tabelle in dein Heft und bestimme anhand der Abbildung die fehlenden Winkelgrößen.

	α_1	α_2	α_3	α_4	α_5	α_6
a)	30°		80°			
b)				45°		75°
c)		38°	87°			
d)		127°		18°		

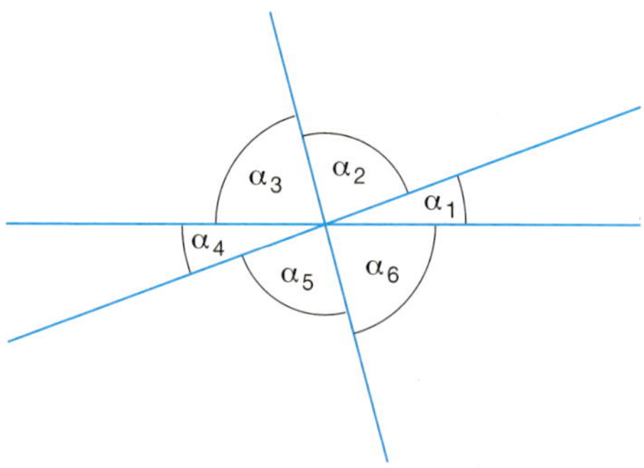

7 Bestimme die fehlenden Winkelgrößen.

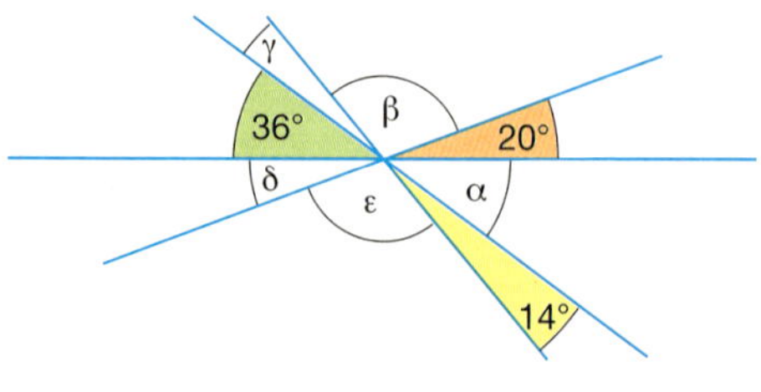

1 Trage alle Paare von gleich großen Stufenwinkeln (Wechselwinkeln) in eine Tabelle ein.

Stufenwinkel	Wechselwinkel
α_1, α_2	α_1, γ_2

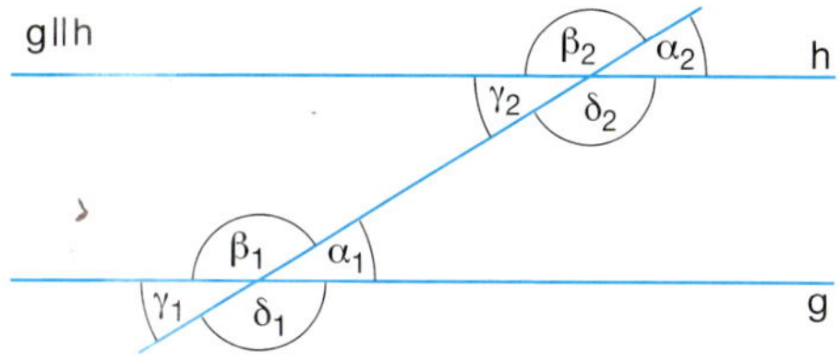

2 Bestimme die fehlenden Winkelgrößen. Die Geraden g und h sind zueinander parallel.

a)

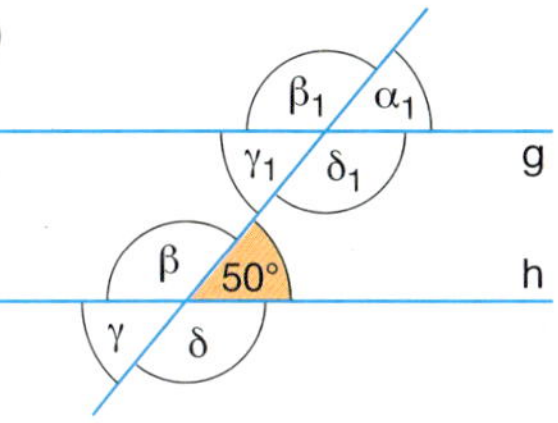

b)

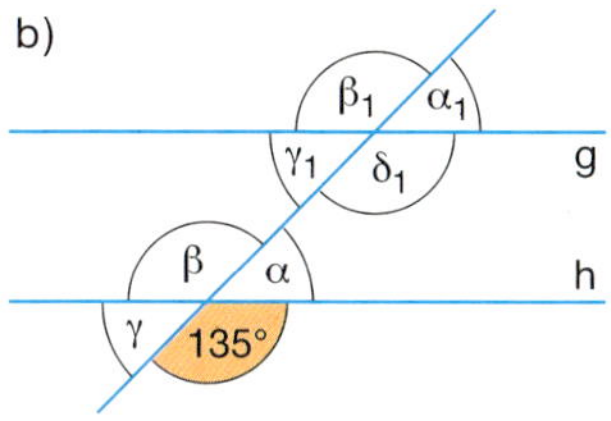

c)

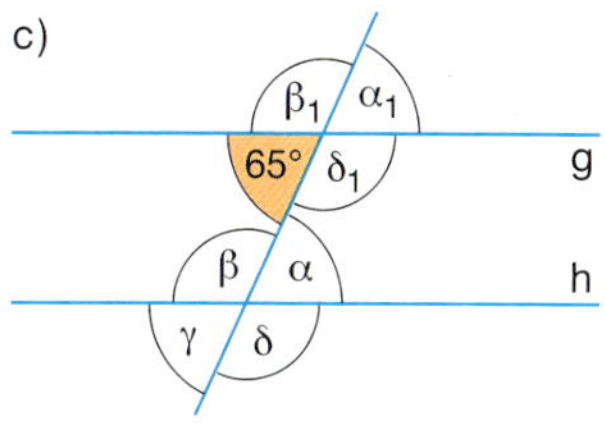

3 Gib anhand der Abbildung die fehlenden Winkelgrößen an:

a) $\beta = 140°$ b) $\beta_1 = 125°$ c) $\delta = 155°$
d) $\gamma_1 = 48°$ e) $\alpha = 63°$ f) $\delta_1 = 114°$
g) $\gamma = 67°$ h) $\alpha_1 = 22°$ i) $\beta_1 = 8°$

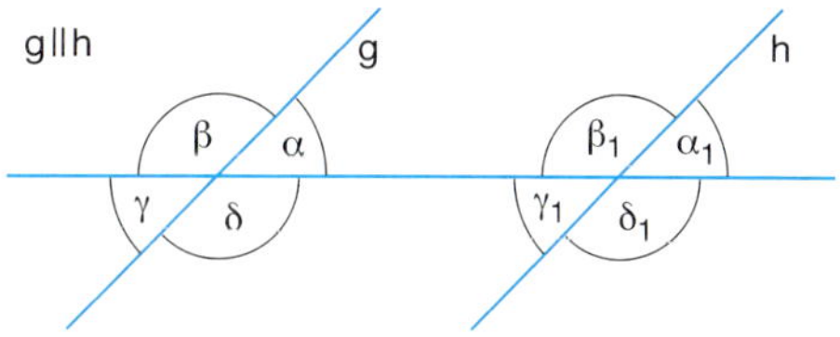

4 Bestimme die Größe der einzelnen Winkel. Die Geraden g und h sind zueinander parallel.

a)

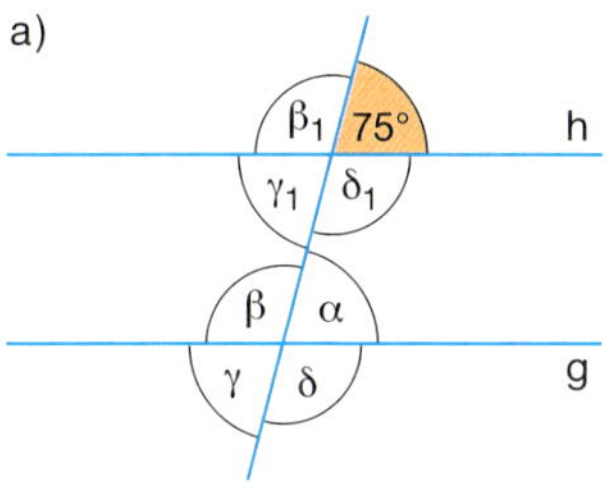

b)

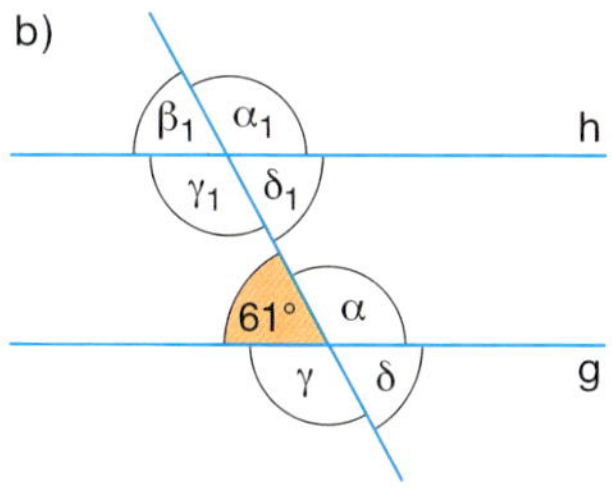

c)

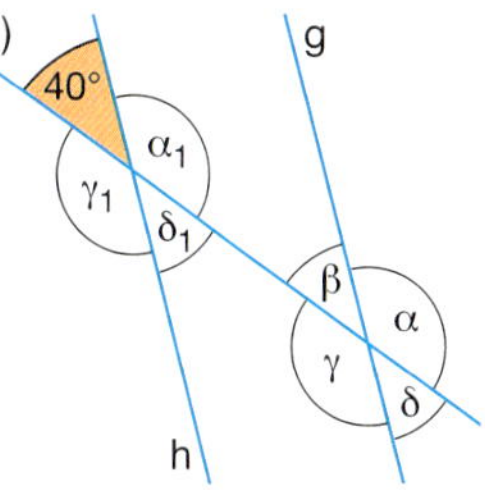

d)

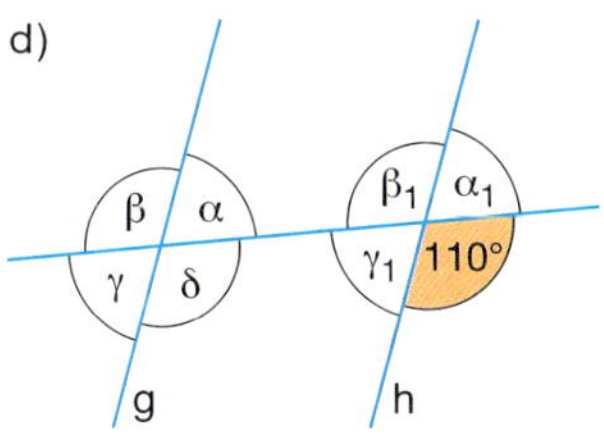

e)

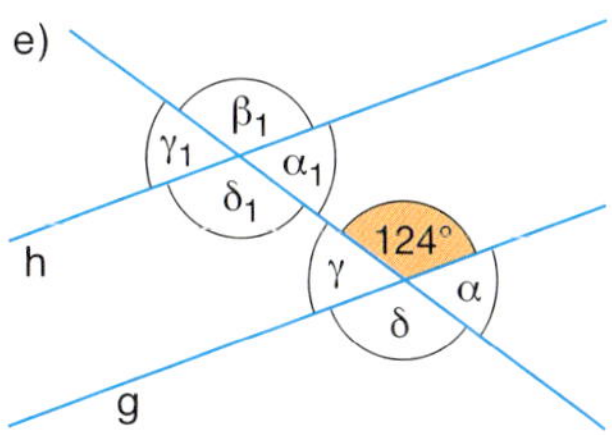

f)

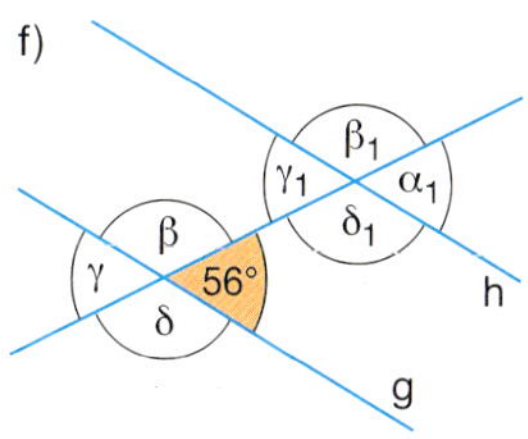

5 Bestimme anhand der Abbildung die fehlenden Winkelgrößen.

a) $\alpha_1 = 63°$ b) $\beta = 118°$ c) $\gamma_1 = 94°$
d) $\delta_2 = 113°$ e) $\alpha_3 = 88°$ f) $\gamma_2 = 66°$
g) $\gamma = 27°$ h) $\beta_3 = 172°$ i) $\delta = 111°$

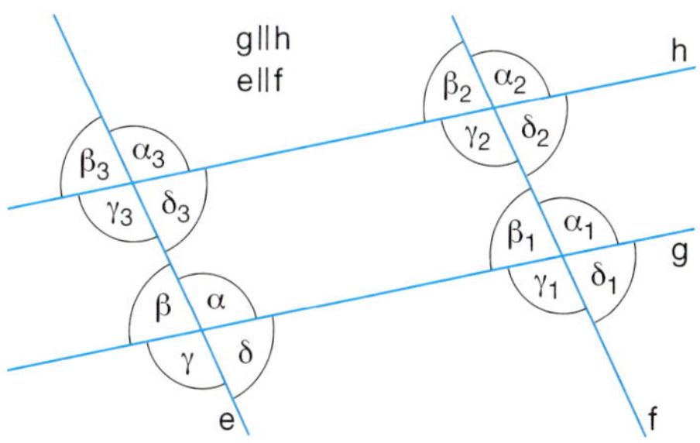

1 Begründe, warum die abgebildeten Geraden g und h zueinander parallel sind.

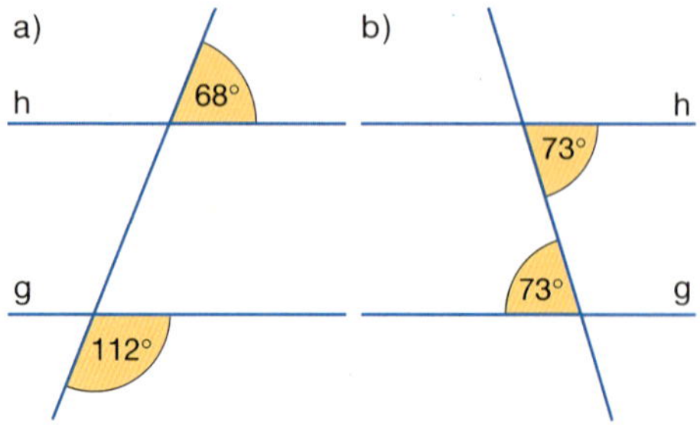

2 Entscheide, ob die folgende Aussage wahr oder falsch ist.

a) $\alpha_1 = \gamma_2$
b) $\beta_1 = \gamma_1$
c) $\delta_1 = \delta_2$
d) $\delta_1 = \beta_2$
e) $\alpha_2 + \beta_2 = 180°$
f) $\gamma_1 + \delta_2 = 180°$
g) $\alpha_2 + \delta_1 = 180°$
h) $\beta_1 + \gamma_2 = 180°$

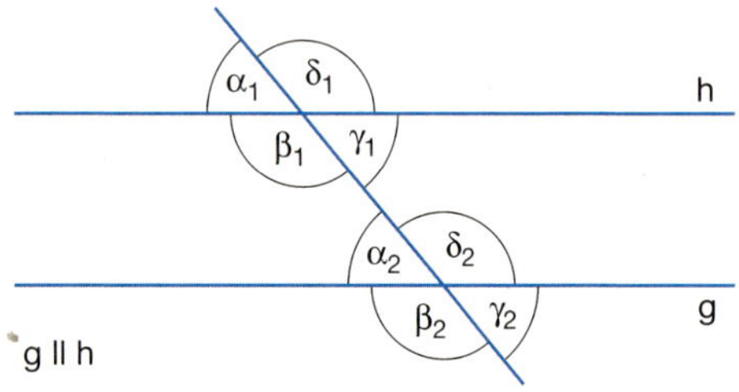

3 Bestimme in dem Parallelogramm ABCD die bezeichneten Winkelgrößen.

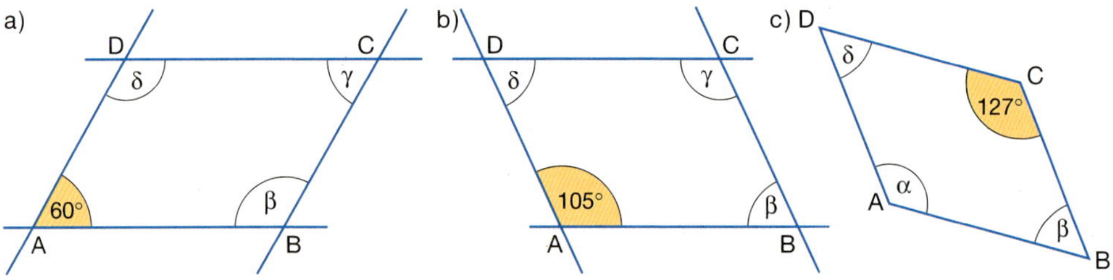

4 Gib in dem Viereck ABCD die Größe der rot markierten Winkel an. Die Strecke $\overline{AB}$ und $\overline{CD}$ sind zueinander parallel.

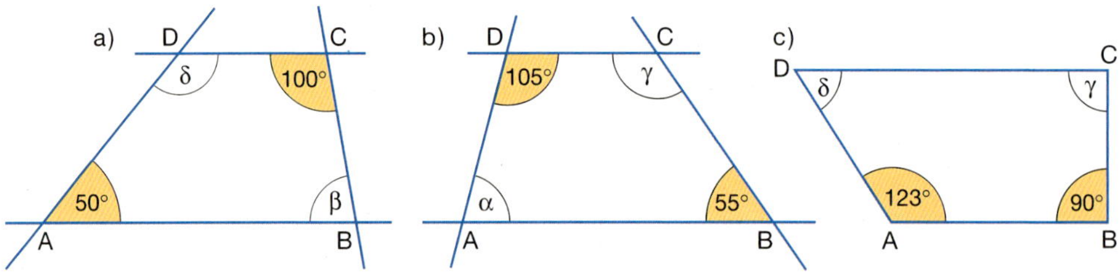

5 Bestimme die Größe der einzelnen Winkel.

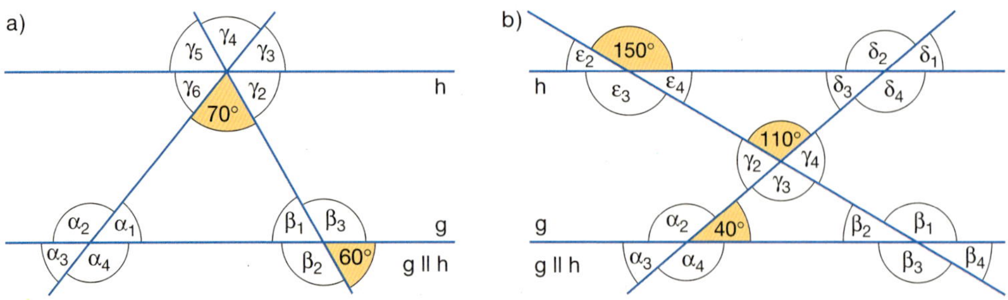

1

Welche Karte gehört auf den freien Platz?

2

Wie lassen sich ihre Schulden am einfachsten begleichen?

3

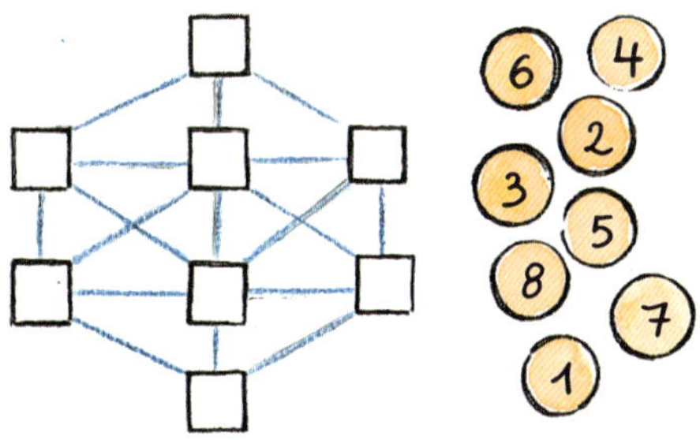

Verteile alle acht runden Kärtchen auf die quadratischen Felder der Figur.
Auf den Feldern, die miteinander durch eine Linie verbunden sind, dürfen keine zwei aufeinanderfolgenden Zahlen liegen.

4 Ordne die sieben Zahlenplättchen so an, dass die Summe in jeder der fünf Zahlenreihen 12 beträgt.

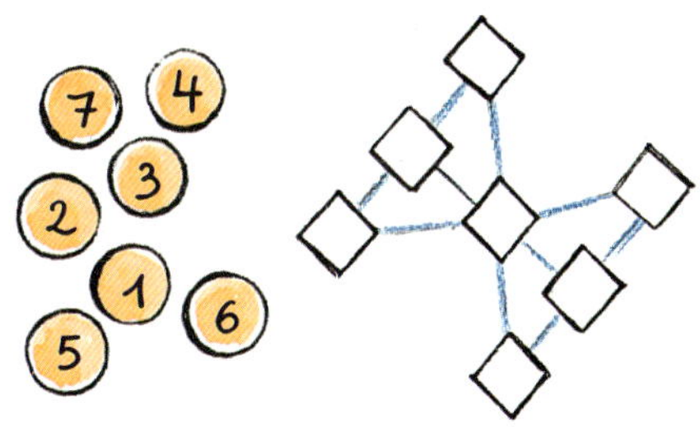

5

Jedes Buch auf dem Regal ist insgesamt 40 mm dick. Ein Deckel eines Buches ist 3 mm stark.
Die hungrige Raupe frisst einen geraden Weg von der ersten Seite des ersten Bandes bis zur letzten Seite des vierten Bandes.
Wie lang ist dieser Weg?

5 Terme und Gleichungen

1 Zum Schuljahresbeginn müssen neue Hefte, Stifte, Mappen und andere Unterrichtsmaterialien eingekauft werden.
Arne kauft fünf Hefte, zwei Mappen und zwei Bleistifte. Alexandra kauft sechs Hefte, drei Mappen, einen Füllfederhalter und fünf Tintenpatronen. Melanie kauft drei Hefte, einen Füllfederhalter und einen Kasten Wachsmalstifte. Dennis kauft vier Hefte, zwei Bleistifte, fünf Mappen und 100 Blatt liniertes Papier.
Stelle jeweils eine Rechnung auf und berechne den Gesamtpreis.

2 Vlatka hat für Mathis, Renata, Alexander und sich Unterrichtsmaterialien eingekauft. Sie hat für jedes Kind einen Rechenausdruck **(Term)** zur Berechnung des Endpreises aufgeschrieben.

Mathis:	4,60 EUR + 1,45 EUR + 3 · 0,80 EUR + 2 · 0,35 EUR
Renata:	4,60 EUR + 1,45 EUR + 4 · 0,80 EUR + 2 · 0,35 EUR
Alexander:	4,60 EUR + 1,45 EUR + 2 · 0,80 EUR + 2 · 0,35 EUR
Vlatka:	4,60 EUR + 1,45 EUR + 6 · 0,80 EUR + 2 · 0,35 EUR

a) Gib an, was Vlatka für Mathis, Renata, Alexander und sich eingekauft hat.
b) Berechne, wie viel EUR jedes Kind bezahlen muss.
c) Wie ändern sich die einzelnen Terme, wenn der Preis für einen Kasten Wachsmalstifte nur 3,90 EUR beträgt? Berechne für jedes Kind den neuen Endpreis.

3 Für den Kunstunterricht sollen ein Zeichenblock und Farbstifte gekauft werden.
a) Anna kauft einen Block und sieben Farbstifte, Daniel einen Block und fünf Farbstifte, Isabel einen Block und zehn Farbstifte, Viktor einen Block und acht Farbstifte.
Gib für jedes Kind einen Term zur Berechnung des Endpreises an. Berechne jeweils den Endpreis.
b) Beschreibe in Worten, wie du alle Endpreise berechnen kannst.
c) Berechne den Endpreis für einen Block und 9 (12, 15, 20) Farbstifte.
d) Wie ändern sich die Terme, wenn der Zeichenblock 1,90 EUR und ein Farbstift 0,60 EUR kostet?

4 Marcel, Tina und Mareike wollen für ihren Wandertag einkaufen. Jedes Kind kauft eine Flasche Multivitaminsaft und ein Päckchen Kaugummi. Marcel kauft noch vier Müsliriegel, Tina kauft einen Müsliriegel und Mareike drei. Sie bezahlen jeweils mit einem 5-EUR-Schein.

a) Berechne, wie viel Geld jedes Kind zurückbekommt. Gib zunächst für jedes Kind einen Term zur Berechnung des Rückgeldes an.

b) Mit Hilfe des Terms **5,00 EUR − 1,08 EUR − 0,30 EUR − □ · 0,40 EUR** kannst du das Rückgeld auch bei zwei (fünf, sechs, sieben) gekauften Müsliriegeln berechnen. Setze dazu anstelle des Platzhalters die Anzahl der Müsliriegel ein und berechne.

c) Wie viele Müsliriegel können bei einem solchen Einkauf höchstens gekauft werden?

d) Gib einen anderen Term an, mit dessen Hilfe du das Rückgeld berechnen kannst.

5 Die Klasse 7 a hat für ihren Wandertag einen Bus gemietet. Die Kosten dafür betragen 300 EUR. Der Eintritt in ein Museum kostet pro Schüler 1,80 EUR, die Besichtigung eines Wasserschlosses 1,10 EUR (Begleitpersonen zahlen keinen Eintritt). Die Schülerinnen und Schüler haben einen Term zur Berechnung der Gesamtkosten aufgestellt. Er enthält einen Platzhalter **(eine Variable)** für die Anzahl der Schülerinnen und Schüler.

a) Berechne mit Hilfe des Terms die Gesamtkosten für 26 (27, 28, 29) Schüler.

b) Gib einen anderen Term zur Berechnung der Gesamtkosten an.

> **Term** zur Berechnung der Gesamtkosten:
>
> **300 EUR + □ · (1,80 EUR + 1,10 EUR)**
>
> **300 EUR + x · (1,80 EUR + 1,10 EUR)**
>
> Anstelle von □ als Platzhalter **kannst** du auch die **Variablen x, y, z** benutzen.

6

Die Klassenlehrerin möchte für alle 28 Kinder der Klasse Eis kaufen.
Sie hat noch 160 EUR übrig, um den Museumsbesuch (1,80 EUR), die Schlossbesichtigung (1,10 EUR) und das Eis zu bezahlen. Der Term
28 · (1,80 EUR + 1,10 EUR + x · 0,50 EUR)
gibt die Kosten für alle Kinder an.

a) Wie viele Eiskugeln können höchstens für jedes Kind gekauft werden?

b) Gib einen anderen Term zur Berechnung der Kosten an.

7 Einige Schülerinnen und Schüler der Klasse 7 a möchten gemeinsam ins Kino gehen.

a) Wie viel EUR kostet der Kinobesuch am Montag für fünf (sechs, acht, zehn) Schülerinnen und Schüler?
b) Gib einen Term zur Berechnung der Gesamtkosten an. Benutze x als Variable für die Anzahl der Schülerinnen und Schüler.
c) Wie ändert sich der Term, wenn die Kinder an einem anderen Wochentag das Kino besuchen?

8 Im Mathematikunterricht wurde das Thema „Wasserverbrauch" behandelt. Die Schülerinnen und Schüler haben erfahren, dass der monatliche Grundpreis 5,50 EUR beträgt. Dazu kommt für jeden Kubikmeter Frischwasser einschließlich der Schmutzwasserkosten ein Preis von 3,59 EUR.

a) Berechne die Gesamtkosten bei einem Verbrauch von 3 (4, 5, 6) Kubikmeter Frischwasser im Monat.
b) Gib einen Term zur Berechnung der monatlichen Gesamtkosten an. Benutze x als Variable für die Anzahl der Kubikmeter.

9 Die Schülerinnen und Schüler der 7 a möchten ihren Klassenraum verschönern. Sie haben 78 EUR eingesammelt, um dafür Wechselrahmen für ihre im Kunstunterricht gemalten Bilder zu kaufen. Gib einen Term für das Geld an, das nach dem Kauf übrig bleibt, wenn sie

a) nur größere Wechselrahmen
b) nur kleinere Wechselrahmen kaufen. Benutze x als Variable für die Anzahl der Rahmen.
c) Wie viele größere (kleinere) Rahmen können höchstens gekauft werden?

10 Für den Mathematikunterricht wollen die 28 Schülerinnen und Schüler der 7 b ihre Zirkel und Geodreiecke gemeinsam bestellen. Drei unterschiedliche Zirkel stehen zur Auswahl.

a) Gib einen Term zur Berechnung des Gesamtpreises an. Benutze x als Variable für den Preis des Zirkels.
b) Berechne mit Hilfe des Terms die drei möglichen Gesamtpreise.
c) Gib, falls möglich, einen weiteren Term zur Berechnung des Gesamtpreises an.

1 Rechne den Term aus. Du erhältst den **Wert** des Terms.

a) $8{,}50 \cdot 3 + 9{,}50 \cdot 2$ d) $4 \cdot 2{,}50 - 6 \cdot 1{,}50$ g) $3 \cdot 2{,}60 + 4 \cdot 3{,}70 - 5 \cdot 5{,}60$
b) $6{,}50 \cdot 4 + 7{,}50 \cdot 3$ e) $19{,}30 - 7 \cdot 1{,}80$ h) $7 \cdot 1{,}80 - 6 \cdot 2 + 9 \cdot 11{,}05$
c) $11{,}40 \cdot 3 + 0{,}50 \cdot 6$ f) $2 \cdot 12{,}70 - 3 \cdot 7{,}80$ i) $12 \cdot 3{,}80 - 5 \cdot 3{,}10 - 7 \cdot 4{,}20$

2 Berechne jeweils den Wert des Terms. Vergleiche die Ergebnisse miteinander.

a) $4 + 5 \cdot 6{,}2$
$4 \cdot 6{,}2 + 5 \cdot 6{,}2$
$(4 + 5) \cdot 6{,}2$

b) $6 \cdot (4{,}9 - 0{,}7)$
$6 \cdot 4{,}9 - 0{,}7$
$6 \cdot 4{,}9 - 6 \cdot 0{,}7$

c) $12{,}8 - 9{,}6 : 4$
$(12{,}8 - 9{,}6) : 4$
$12{,}8 : 4 - 9{,}6 : 4$

d) $56{,}7 : 9 - 2$
$56{,}7 : (9 - 2)$
$56{,}7 : 7 - 56{,}7 : 9$

3 Setze für die Variable x die Zahlen 1, 2, 3, 4, …, 10 ein und berechne jeweils den Wert des Terms. Lege wie im Beispiel eine Tabelle an.

a) $3 \cdot x + 4{,}50$ b) $11 \cdot x - 9{,}60$
c) $23{,}50 - 1{,}10 \cdot x$ d) $12 \cdot (3 \cdot x + 2{,}40)$
e) $29{,}10 - (3 \cdot x - 1{,}80)$ f) $4 \cdot x - (2 \cdot x + 1{,}90)$

Variable x	Term $7 \cdot x - 6{,}90$	Termwert
1	$7 \cdot 1 - 6{,}90$	0,10
2	$7 \cdot 2 - 6{,}90$	7,10
3	$7 \cdot 3 - 6{,}90$	14,10
4	$7 \cdot 4 - 6{,}90$	21,10
⋮	⋮	⋮

4

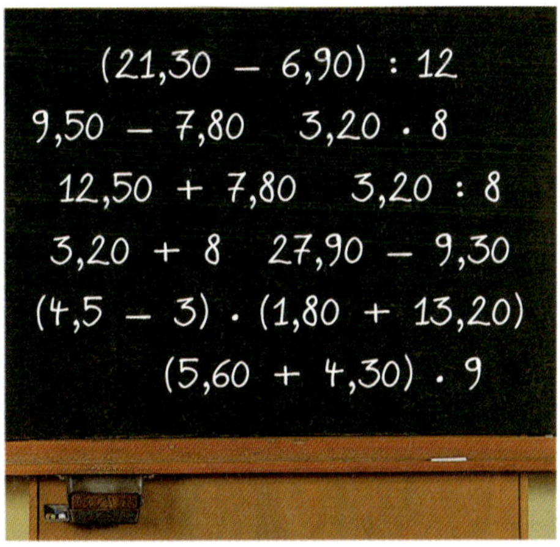

Ordne jedem Text einen Term zu. Berechne den Wert des Terms.

a) Die Summe der Zahlen 12,50 und 7,80.
b) Die Differenz der Zahlen 9,50 und 7,80.
c) Der Quotient aus 3,20 und 8.
d) Das Produkt aus 3,20 und 8.
e) Addiere zu 3,20 die Zahl 8.
f) Subtrahiere von 27,90 die Zahl 9,30.
g) Multipliziere die Summe der Zahlen 5,60 und 4,30 mit 9.
h) Dividiere die Differenz der Zahlen 21,30 und 6,90 durch 12.
i) Multipliziere die Differenz der Zahlen 4,5 und 3 mit der Summe der Zahlen 1,80 und 13,20.

5 Schreibe als Term wie im Beispiel. Die unbekannte Zahl wird in der Regel mit x bezeichnet.
Setze für x die Zahl 12,80 (13,60; 19,20) ein und berechne den Wert des Terms.

a) Das Siebenfache einer Zahl.
b) Die Differenz aus 47 und einer Zahl.
c) Die Differenz aus 100 und dem Dreifachen einer Zahl.
d) Der Quotient aus einer Zahl und 8.

Text	Term
Die Summe aus einer Zahl und 2.	$x + 2$
Das Produkt aus einer Zahl und 5.	$x \cdot 5$
Die Differenz aus einer Zahl und 3.	$x - 3$
Der Quotient aus einer Zahl und 6.	$x : 6$

6 Forme den Term in einen Text um.

a) $23{,}80 - 13{,}90$ b) $47{,}80 - x$ c) $13 \cdot x$ d) $56{,}80 : 8$
e) $26 - (11{,}60 + 3{,}50)$ f) $(x + 3{,}70) \cdot 4$ g) $x : 4 - 3{,}40$ h) $7 \cdot x + 2{,}5$

1 Auf dem Schulfest bezahlt man an den einzelnen Ständen mit Bons. Diese Wertmarken kann man an der Kasse kaufen. Die Einnahmen des Schulfestes sollen für die Gestaltung des Schulhofes verwendet werden.

Wie viele Bons muss jedes Kind kaufen? Berechne zunächst die Gesamtkosten in EUR.

a) Alexander möchte Pedalo fahren und am Torwandschießen teilnehmen.
b) Claudia möchte von sich ein Scherenschnittportrait machen lassen und die Geisterbahn besuchen.
c) Moritz möchte ein T-Shirt mit seinem Namen kaufen und den Fahrradparcours fahren.
d) Melanie möchte auf Dosen werfen und von sich ein Foto machen lassen.

2 Auf dem Schulfest gibt es auch einen Flohmarkt. Die Klasse 7b verkauft Comic-Hefte und Kassetten. Martin kauft eine Kassette und mehrere Comic-Hefte.

a) Gib einen Term zur Berechnung der Gesamtkosten an. Benutze die Variable x für die Anzahl der Comic-Hefte.
b) Was muss Martin bezahlen, wenn er 2 (3, 4) Comic-Hefte kauft? Berechne mit Hilfe des Terms.
c) Martin bezahlt insgesamt 4 EUR. Wie viele Comic-Hefte hat er gekauft?

3 Stelle wie im Beispiel eine Gleichung mit Variable auf und bestimme die gesuchte Anzahl durch Einsetzen.

a) Laura bezahlt für eine Kassette und mehrere Comic-Hefte 4,40 EUR.
b) Oliver kauft für 4,80 EUR zwei Kassetten und mehrere Comic-Hefte.
c) Renata bezahlt für drei Kassetten und mehrere Comic-Hefte 5,60 EUR.
d) Marc kauft einige Kassetten und drei Comic-Hefte für 6 EUR.

Marie bezahlt für drei Kassetten und mehrere Comic-Hefte 5,20 EUR.

3,60 + x · 0,40 = 5,20 (Angaben in EUR)

3,60 + 1 · 0,40 = 4,00 **(f)**
3,60 + 2 · 0,40 = 4,40 **(f)**
3,60 + 3 · 0,40 = 4,80 **(f)**
3,60 + **4** · 0,40 = 5,20 **(w)**

Die Zahl, die zum richtigen Ergebnis führt, ist die **Lösung** der Gleichung.

4

Stelle eine Gleichung auf und bestimme die gesuchte Anzahl durch Einsetzen.

a) Maik bezahlt für ein Glas Apfelsaft und mehrere Stückchen Kuchen 4 EUR.

b) Nicole verzehrt zwei Glas Orangensaft und mehrere Waffeln für insgesamt 3,20 EUR.

c) Herr Spruch kauft für seine Familie zwei Tassen Kaffee, drei Gläser Mineralwasser und einige Stückchen Kuchen. Er muss insgesamt 8 EUR bezahlen.

d) Frau Wolf kauft für sich eine Tasse Kaffee und für jedes ihrer Kinder ein Glas Apfelsaft und eine Waffel. Sie bezahlt 5,20 EUR.

5 a) Dennis kauft an einem Stand für insgesamt 4,40 EUR einen großen und mehrere kleine Aufkleber.

b) Paula hat noch neun Bons. Sie möchte dafür einen großen Aufkleber und mehrere kleine kaufen.

c) Herr Föste kauft für seine Kinder jeweils einen großen und einen kleinen Aufkleber. Er bezahlt 6 EUR.

6 Laura hat von ihren Eltern für das Schulfest 2 EUR mehr Taschengeld als ihr kleiner Bruder Arne bekommen. Lauras Freundin Katrin erhält von ihren Eltern doppelt so viel wie Arne. Zusammen können sie 22 EUR ausgeben.

a) Erläutere die Terme im Tabellenkopf. Gib die zugehörige Gleichung an.

b) Wie viel Taschengeld bekommt jeder? Ergänze die Tabelle in deinem Heft.

(Alle Angaben in EUR)			
Arne x	Laura x + 2	Katrin 2 · x	Summe 22
1	1 + 2	2 · 1	6
2	2 + 2	2 · 2	10
3	3 + 2	2 · 3	14
⋮	⋮	⋮	⋮

7 An der Imbissbude kostet eine Currywurst 0,40 EUR mehr als eine Bratwurst. Ein Schnitzel ist doppelt so teuer wie die Bratwurst. Ein Hamburger kostet 1 EUR weniger als ein Schnitzel. Familie Epp kauft jeweils eine Portion und bezahlt zusammen 9 EUR. Wie teuer sind die einzelnen Angebote an der Imbissbude?
Ergänze die Terme in der Tabelle (alle Angaben in EUR). Gib die zugehörige Gleichung an. Ermittle die Preise durch Probieren.

Bratwurst x	Currywurst	Schnitzel	Hamburger	Summe 9,00
0,40				
0,80				
1,20				

1 So kannst du die Lösung einer Gleichung durch Einsetzen bestimmen:

Gleichung:	$5 \cdot x + 7 = 27$
Einsetzen:	$4 \cdot 1 + 7 = 27$ (falsch)
	$4 \cdot 2 + 7 = 27$ (falsch)
	$4 \cdot 3 + 7 = 27$ (falsch)
	$4 \cdot 4 + 7 = 27$ (falsch)
	$4 \cdot 5 + 7 = 27$ (wahr)
Lösung der Gleichung:	5

Bestimme jeweils die Lösung der Gleichung. Setze dazu für x nacheinander 1, 2, 3 … ein.

a) $6 \cdot x + 9 = 21$
$9 \cdot x + 7 = 34$
$7 \cdot x - 3 = 32$
$8 \cdot x - 6 = 34$

b) $11 \cdot x - 10 = 45$
$13 \cdot x - 12 = 40$
$14 \cdot x + 15 = 43$
$18 \cdot x + 19 = 73$

2 Löse die Gleichungen durch Einsetzen.

a) $(x + 15) \cdot 2 = 38$
$(x + 22) \cdot 3 = 75$

b) $(x - 3) \cdot 4 = 20$
$(x - 4) \cdot 7 = 35$

c) $(x + 6{,}3) \cdot 7 = 72{,}1$
$(x + 7{,}8) \cdot 9 = 79{,}2$

3 Bestimme jeweils die Lösung.

a) $5 \cdot x + x = 24$
$3 \cdot x - x = 18$

b) $5 \cdot x + 9 \cdot x = 42$
$8 \cdot x + 5 \cdot x = 52$

c) $2 \cdot x + 4 \cdot x + 11 = 41$
$9 \cdot x - 5 \cdot x - 13 = 15$

4 Herr Hilgers kauft Briefmarken zu 0,60 EUR und vier Briefmarken zu 2 EUR. Er bezahlt 11,60 EUR. Wie viele Briefmarken zu 0,60 EUR hat er gekauft?
Wähle x als Variable für die Anzahl der Briefmarken zu 0,60 EUR. Stelle eine Gleichung auf. Bestimme die Lösung der Gleichung, indem du 1, 2, 3 … für x einsetzt.

5 Ein Kleintransporter darf mit 960 kg beladen werden. Zwei Kisten, die jeweils 120 kg schwer sind, stehen schon auf der Ladefläche. Wie viele Kisten mit einem Gewicht von je 80 kg können noch zusätzlich geladen werden?

6 a) Dennis ist 3 Jahre älter als seine Schwester Corinna. Zusammen sind sie 25 Jahre alt. Wie alt ist Corinna, wie alt Dennis?
b) Silke ist doppelt so alt wie ihr Bruder Patrick. Zusammen sind sie 24 Jahre alt. Wie alt ist Patrick, wie alt Silke?

Kurt und Alex unternehmen eine dreitägige Fahrradtour. Am zweiten Tag schaffen sie 18 km mehr als am ersten und am dritten noch 3 km mehr als am zweiten. Insgesamt haben sie 219 km zurückgelegt. Wie lang waren die einzelnen Etappen?

1

So kannst du das Zahlenrätsel als Gleichung schreiben:

die gesuchte Zahl:	x
mit 5 multiplizieren:	$5 \cdot x$
6 addieren:	$5 \cdot x + 6$
Ergebnis 31:	$5 \cdot x + 6 = 31$

Löse die Gleichung, indem du 1, 2, 3 … für x einsetzt.

2 Ordne jedem Zahlenrätsel die richtige Gleichung zu. Bestimme jeweils die Lösung.

a)

Ⓐ Multipliziere die gesuchte Zahl mit 6 und subtrahiere 3. Das Ergebnis ist 15.

Ⓒ Multipliziere die gesuchte Zahl mit 3 und subtrahiere 6. Das Ergebnis ist 15.

Ⓑ Multipliziere die gesuchte Zahl mit 3 und addiere 6. Das Ergebnis ist 15.

Ⓓ Multipliziere die gesuchte Zahl mit 6 und addiere 3. Das Ergebnis ist 15.

① $6 \cdot x + 3 = 15$

② $6 \cdot x - 3 = 15$

③ $3 \cdot x + 6 = 15$

④ $3 \cdot x - 6 = 15$

b)

Ⓐ Multipliziere die gesuchte Zahl mit 8 und addiere 16. Du erhältst 40.

Ⓒ Addiere zu 16 die gesuchte Zahl und multipliziere die Summe mit 2. Du erhältst 40.

Ⓑ Addiere zu 16 das Doppelte der gesuchten Zahl. Du erhältst 40.

Ⓓ Multipliziere die gesuchte Zahl mit 16 und addiere 8. Du erhältst 40.

① $16 \cdot x + 8 = 40$

② $16 + 2 \cdot x = 40$

③ $(16 + x) \cdot 2 = 40$

④ $8 \cdot x + 16 = 40$

3 Schreibe jedes Zahlenrätsel als Gleichung und löse sie.

a) Multipliziere die gesuchte Zahl mit 8 und addiere 12. Das Ergebnis ist 60.

b) Multipliziere die gesuchte Zahl mit 11 und subtrahiere 9. Du erhältst 35.

c) Addiere zu 15 das Doppelte der gesuchten Zahl. Das Ergebnis ist 29.

d) Addiere das Doppelte und das Fünffache der gesuchten Zahl. Du erhältst 63.

4 Schreibe zu jeder Gleichung ein passendes Zahlenrätsel auf und bestimme die Lösung.

a) $7 \cdot x + 9 = 30$ b) $13 \cdot x - 10 = 55$ c) $(12 + x) \cdot 6 = 90$

1

> Multipliziere die gesuchte Zahl mit 8 und subtrahiere 4. Das Ergebnis ist 20.

Lösen durch Umkehren:

$x \xrightarrow{\cdot 8} \square \xrightarrow{-4} 20$

$\boxed{3} \xleftarrow{:8} \boxed{24} \xleftarrow{+4} 20$

Die gesuchte Zahl ist 3.

Erkläre, wie du das Zahlenrätsel durch Umkehren lösen kannst. Stelle die Gleichung auf und überprüfe die Lösung durch Einsetzen.

2 Löse die Zahlenrätsel durch Umkehren. Überprüfe die Lösung durch Einsetzen in die Gleichung.

a) Multipliziere die gesuchte Zahl mit 15 und addiere 20. Das Ergebnis ist 80.
b) Multipliziere die gesuchte Zahl mit 20 und subtrahiere 50. Du erhältst 210.
c) Dividiere die gesuchte Zahl durch 12 und addiere 17. Das Ergebnis ist 22.
d) Dividiere die gesuchte Zahl durch 3, addiere 8 und subtrahiere 5. Du erhältst 6.
e) Addiere 8 zu der gesuchten Zahl und dividiere die Summe durch 7. Du erhältst 4.
f) Multipliziere die gesuchte Zahl mit 5 und addiere 3. Dividiere das Ergebnis durch 8. Du erhältst 6.

3 Löse jeweils die Gleichung. Überprüfe die Lösung durch Einsetzen.

a) $11 \cdot x + 37 = 92$	b) $14 \cdot x + 15 = 99$	c) $11 \cdot x + 54 = 120$
$12 \cdot x - 23 = 25$	$22 \cdot x - 42 = 90$	$15 \cdot x - 52 = 113$
d) $x : 12 + 17 = 22$	e) $x : 7 - 13 = 7$	f) $(x - 8) \cdot 7 = 28$
$x : 11 + 23 = 29$	$x : 5 - 15 = 3$	$(x + 6) \cdot 9 = 81$

4 Daniel spart für Inline-Skates. Jeden Monat legt er von seinem Taschengeld 8 EUR zurück. Zum Geburtstag erhält er von seinen Großeltern den Restbetrag von 77 EUR. Wie viele Monate hat er gespart?

5 Im Fotoladen kostet das Entwickeln eines Film 2 EUR, jeder Abzug 0,30 EUR. Jessica bezahlt 11 EUR. Wie viele Fotos hat sie entwickeln lassen?

6 Frau Müller geht mit den Kindern aus der Nachbarschaft ins Spaßbad. Der Eintritt kostet 3 EUR für Kinder und 5 EUR für Erwachsene. Insgesamt bezahlen sie 20 EUR. Wie viele Kinder hat Frau Müller mitgenommen?

Drei Kisten wiegen zusammen 42 kg.
Die zweite Kiste ist doppelt so schwer wie die erste.
Die dritte ist doppelt so schwer wie die zweite.
Wie schwer ist jede Kiste?

6 Prozentrechnung

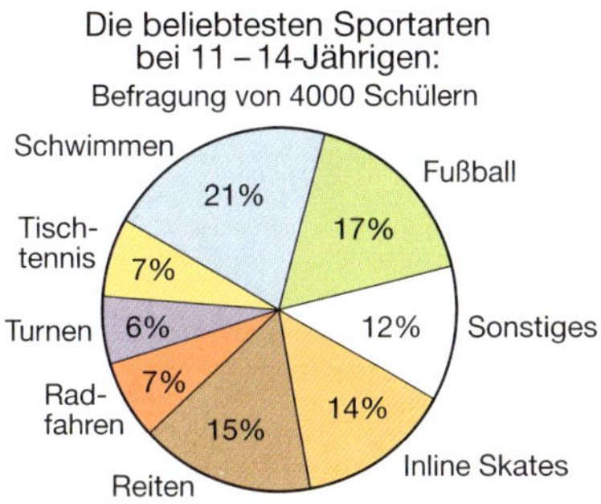

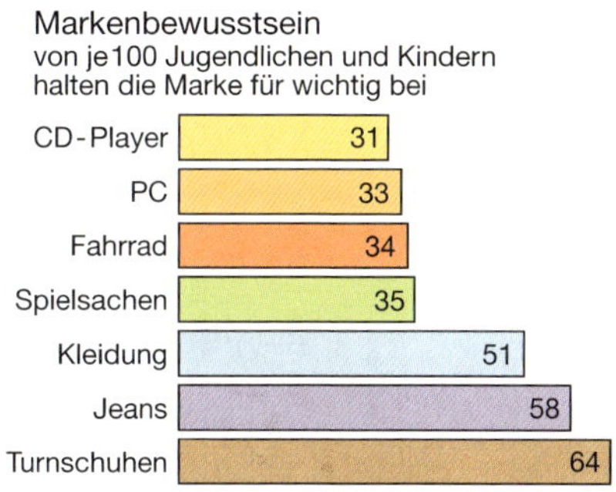

1 Nach den Klassensprecherwahlen treffen sich Tobias und Sabine.

Was sagst du zu diesem Wahlergebnis? Wer war erfolgreicher? Begründe deine Antwort.

2

Beim Basketballturnier hat Tim von 15 Freiwürfen 10 Körbe geworfen. Bernd erzielte von 12 Freiwürfen 7 Körbe.
So lässt sich entscheiden, wer der erfolgreichere Werfer war:

Tim: 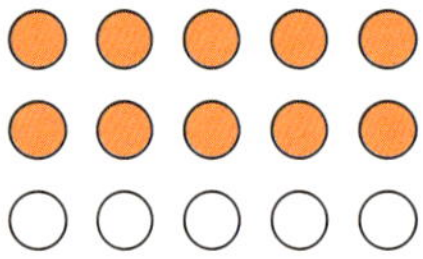

Bernd: 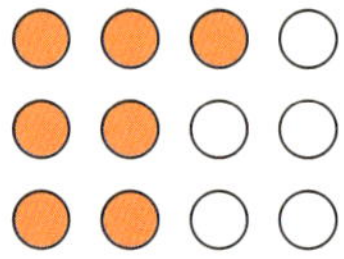

Tim verwandelte 10 von 15 Würfen.

10 von 15: $\frac{10}{15} = \frac{40}{60}$

Bernd verwandelte 7 von 12 Würfen.

7 von 12: $\frac{7}{12} = \frac{35}{60}$

$$\frac{40}{60} > \frac{35}{60}$$

Tim war erfolgreicher.

a) Beim letzten Punktspiel der Handballmannschaft hatte Jan 15 Torchancen und erzielte 8 Treffer. Stefan schoss bei 20 Torchancen 9 Tore. Vergleiche die Bruchteile.
b) In der ersten Halbzeit wehrte Daniela 9 von 16 Torwürfen ab, in der zweiten Spielhälfte hielt Anja 11 von 24 Torwürfen. War die Auswechslung der Torhüterinnen richtig?

3 In der Schulcafeteria werden Getränke verkauft. Welches Getränk war am beliebtesten?

	Einkauf	Verkauf
Milch	25	卌 卌 卌 ||||
Mineralwasser	40	卌 卌 卌 卌 卌 卌
Limo	25	卌 卌 卌 |||
Kakao	10	||||

1

	Anzahl AG-Schüler	Theater	Technik	Hockey
7a	20	6	4	5
7b	25	7	3	5

In dem Beispiel werden die Anteile der Schüler und Schülerinnen, die sich in der Theater-AG eingewählt haben, verglichen.

6 von 20 oder 30 von 100 oder 30 Prozent

$$\frac{6}{20} = \frac{30}{100} = 30\,\%$$

7 von 25 oder 28 von 100 oder 28 Prozent

$$\frac{7}{25} = \frac{28}{100} = 28\,\%$$

Theater-AG 7a:

Theater-AG 7b:

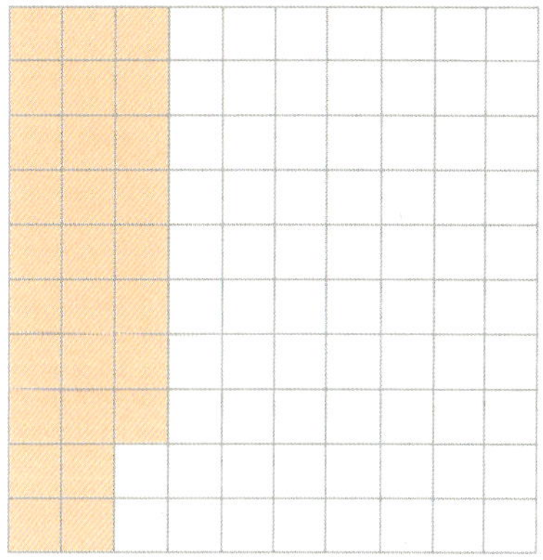

a) Vergleiche für beide Klassen jeweils die Anteile der Technik-AG und Hockey-AG. Gib diese dazu als Hundertstelbrüche und in Prozenten an. Veranschauliche die Anteile jeweils in einem Hunderterfeld.

b) Von den 20 Teilnehmerinnen und Teilnehmern, die sich in der Klasse 7a in Arbeitsgemeinschaften eingewählt haben, sind neun Mädchen. In der Klasse 7b sind es acht Jungen. Bestimme in Prozent den Anteil der Mädchen, die in den Klassen an Arbeitsgemeinschaften teilnehmen.

italienisch „per cento“

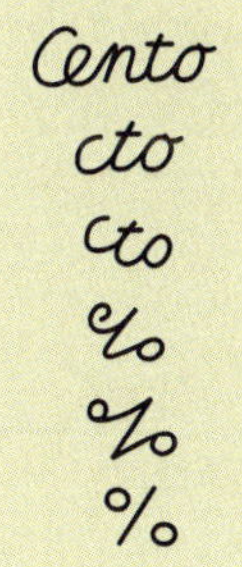

Bei Prozentangaben wird der Anteil an einer Gesamtgröße angegeben.
1 Hundertstel der Gesamtgröße nennt man 1 %.
Das Wort Prozent kommt vom italienischen „per cento“ und bedeutet „von Hundert“.

$\mathbf{\frac{1}{100} = 1\,\%}$ $\frac{25}{100} = 25\,\%$ $\frac{100}{100} = 100\,\%$ $\frac{250}{100} = 250\,\%$

2 Gib in Prozent an.

a) $\frac{19}{100}$ b) $\frac{27}{100}$ c) $\frac{69}{100}$ d) $\frac{73}{100}$ e) $\frac{95}{100}$ f) $\frac{120}{100}$ g) $\frac{240}{100}$ h) $\frac{550}{100}$

$\frac{35}{100}$ $\frac{85}{100}$ $\frac{91}{100}$ $\frac{45}{100}$ $\frac{5}{100}$ $\frac{200}{100}$ $\frac{325}{100}$ $\frac{825}{100}$

3 Gib als Hundertstelbruch an.

a) 20 % b) 5 % c) 66 % d) 17 % e) 72 % f) 3 % g) 10 % h) 200 %

50 % 28 % 75 % 44 % 16 % 12 % 80 % 120 %

4 Schreibe als Hundertstelbruch, dann als Dezimalbruch. $25\,\% = \frac{25}{100} = 0{,}25$

a) 10 % 20 % 50 % 75 % 80 % 30 % b) 35 % 43 % 65 % 83 % 93 % 27 %

5 Schreibe als Hundertstelbruch, dann als Prozent. $0{,}03 = \frac{3}{100} = 3\,\%$

a) 0,05 0,04 0,06 0,09 0,07 0,03 b) 0,12 0,24 0,45 0,71 0,35 0,46

6 Erweitere auf den Nenner 100 und schreibe als Prozent. $\frac{8}{50} = \frac{16}{100} = 16\,\%$

a) $\frac{1}{10}$ $\frac{6}{10}$ $\frac{4}{10}$ $\frac{7}{10}$ $\frac{15}{50}$ $\frac{35}{50}$ b) $\frac{40}{50}$ $\frac{22}{50}$ $\frac{3}{20}$ $\frac{17}{20}$ $\frac{12}{25}$ $\frac{24}{25}$

7 Kürze auf den Nenner 100 und schreibe als Prozent. $\frac{16}{200} = \frac{8}{100} = 8\,\%$

a) $\frac{48}{200}$ $\frac{126}{200}$ $\frac{234}{300}$ $\frac{123}{300}$ $\frac{168}{400}$ b) $\frac{375}{500}$ $\frac{425}{500}$ $\frac{450}{500}$ $\frac{560}{700}$ $\frac{640}{800}$

8 Übertrage die Tabelle in dein Heft und ergänze die fehlenden Angaben.

	a)	b)	c)	d)	e)	f)	g)	h)	i)	k)	l)
Bruch	$\frac{1}{5}$	$\frac{1}{2}$	■	■	■	$\frac{7}{10}$	$\frac{1}{4}$	■	■	■	■
Nenner 100	$\frac{20}{100}$	■	$\frac{30}{100}$	■	■	■	■	■	■	■	$\frac{10}{100}$
Dezimalbruch	0,20	■	■	■	0,45	■	■	■	1,50	■	■
Prozent	20 %	■	■	25 %	■	■	■	120 %	■	40 %	■

9 Ermittle die jeweiligen Anteile der gefärbten Fläche an der Gesamtfläche. Schreibe als Bruch und als Prozent.

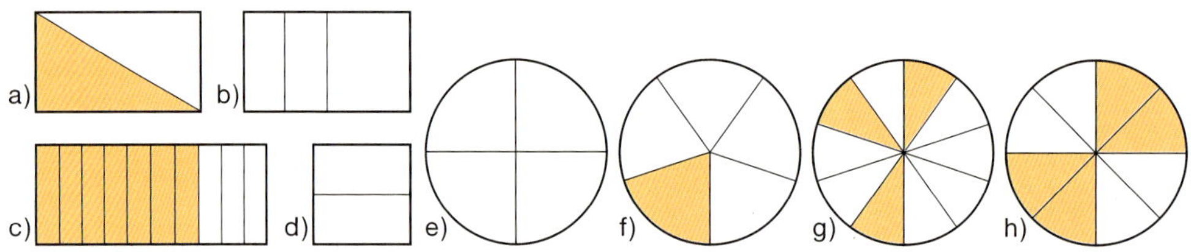

10 Übertrage die Figuren in dein Heft. Male die angegeben Anteile farbig aus.

$40\,\% = \frac{40}{100} = \frac{4}{10} = \frac{2}{5}$ 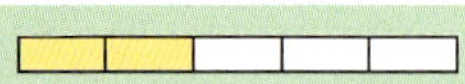

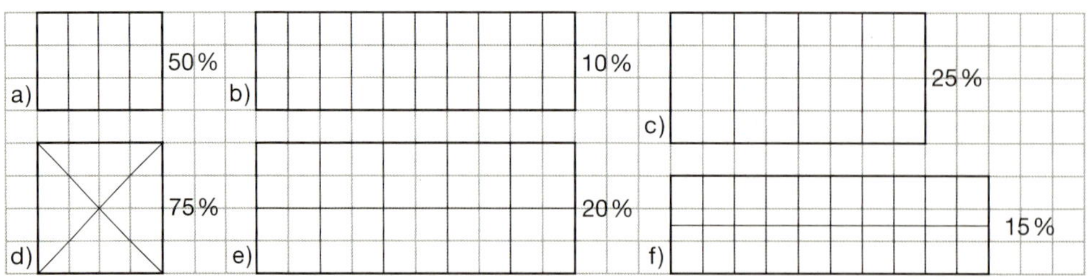

In einer Klasse sind 25 Schülerinnen und Schüler.
Von den 25 Kindern können 21 schwimmen. Das sind $\frac{21}{25} = \frac{84}{100} = 84\,\%$ der Klasse.

25 Kindern ↓	21 ↓	84 % ↓
Ganzes	Teil vom Ganzen	Bruchteil
Grundwert G	**Prozentwert P**	**Prozentsatz p %**

1 Trage die Angaben aus jeder Aufgabe in eine Tabelle ein.

Julia bekommt 20 EUR Taschengeld. Sie gibt 6 EUR für Eis aus, das sind 30 % ihres Taschengeldes.

Grundwert G	Prozentwert P	Prozentsatz p %
20 EUR	6 EUR	30 %

a) Im Schwimmverein sind 60 Mitglieder. 36 Mitglieder sind Jugendliche, das sind 60 %.
b) Jan hat im letzten Monat 6 EUR von 30 EUR, also 20 %, sparen können.
c) 200 g Schokolade enthalten 64 g Fett, das 32 %.
d) Pia gab letzten Monat 8 EUR für Comics aus, das sind 40% ihres Taschengeldes. Sie bekommt 20 EUR im Monat.
e) Ein Parkstreifen hat 40 Parkplätze. 30 Plätze, also 75 %, sind besetzt.

2 Von 70 Zitronen sind 5 % schlecht.

Gegeben: G = 70 Zitronen
p % = 5 %

Gesucht: P = ▢

a) Von 50 Äpfeln sind 4 faul.
b) Von den 30 Schülern der Klasse 7c sind 80 % geimpft.
c) Frau Schneider gibt 300 EUR für Miete aus, das sind 12 % ihres Monatseinkommens.
d) Von den 24 Schülern der Klasse 7a nehmen 18 an Arbeitsgemeinschaften teil.
e) In Nicos Klasse spielen 40 % Handball. Das sind 12 Schüler und Schülerinnen.

3 

a) Wie viele Eier befinden sich im Karton?
b) Wie viele Eier passen in den Karton?
c) Zu wie viel Prozent ist der Karton gefüllt?

4 Überlege selbst Aufgaben, bei denen der Prozentwert (der Grundwert, der Prozentsatz) gesucht wird.

1

Das gleiche Fahrradmodell wird von zwei Händlern angeboten. Für welches Angebot soll sich Lisa entscheiden? Begründe deine Antwort.

In der Olof-Palme-Schule wird eine Schulsprecherwahl durchgeführt.
Von 600 Schülern haben 32 % Susanne gewählt. Wie viele Schülerinnen und Schüler sind das?

Grundwert (G)	Prozentsatz (p %)	Prozentwert (P)
G = 600 Schüler	p % = 32 %	P = ■

%	Anzahl der Schüler
100	600
1 (: 100)	$\frac{600}{100}$ (: 100)
32 (· 32)	$\frac{600 \cdot 32}{100}$ (· 32)
32	192

32% von 600 Schülern ⟶ ■ Schüler

100 % ⟶ 600 Schüler

1 % ⟶ $\frac{600}{100}$ Schüler

32 % ⟶ $\frac{600 \cdot 32}{100}$ Schüler

32 % ⟶ 192 Schüler

= 192 Schüler haben Susanne gewählt.

Formel zum Berechnen des Prozentwertes: $P = \frac{G \cdot p}{100}$

2 Berechne 1% von 400 m (3200 kg; 80 a; 520 EUR; 930 km; 1200 m^2; 2550 EUR).

3 Berechne den Prozentwert.

a)

3 % von
100 kg
400 kg
900 kg

b)

5 % von
700 g
2000 g
1300 g

c)

10 % von
720 EUR
650 EUR
110 EUR

d)

30 % von
600 km
220 km
1400 km

e)

50 % von
800 m^2
1320 m^2
180 m^2

4 Berechne den Prozentwert.

60% von 400 kg

$P = \frac{\overset{4}{\cancel{400}} \cdot 60}{\cancel{100}_1}$ kg

P = 240 kg

a) 65 % von 700 EUR
b) 75 % von 800 kg
c) 35 % von 60 m
d) 21 % von 1200 EUR
e) 15 % von 660 g
f) 4 % von 240 m^2
g) 95 % von 550 km
h) 31 % von 700 g
i) 55 % von 32 EUR
k) 18 % von 650 kg

Rechne vorteilhaft!

$50\,\% = \frac{1}{2}$

$25\,\% = \frac{1}{4}$

$20\,\% = \frac{1}{5}$

$33\frac{1}{3}\% = \frac{1}{3}$

$10\,\% = \frac{1}{10}$

$5\,\% = \frac{1}{20}$

5 Berechne den Prozentwert im Kopf.

a) 50 % von 220 EUR; 5 % von 120 EUR
b) 20 % von 350 m; 1 % von 700 m
c) 25 % von 360 kg; 4 % von 350 kg
d) 10 % von 470 *l*; 40 % von 200 *l*

6 Johannes hat den Prozentwert mit Hilfe des Taschenrechners berechnet. Lisa überprüft sein Ergebnis mit Hilfe eines „einfachen Prozentsatzes" und stellt fest, dass sein Ergebnis falsch sein muss. Welche der angegebenen Ergebnisse sind mit Sicherheit falsch? Begründe deine Antwort.

a) 48 % von 197 EUR sind 114,26 EUR.
b) 27 % von 280 kg sind 75,6 kg.
c) 9 % von 1400 m sind 147,20 m.
d) 1,2 % von 1640 EUR sind 15,80 EUR.

7 Berechne den Prozentwert. Runde sinnvoll.

a) 11,5 % von 560 EUR; 4,5 % von 980 EUR
b) 2,5% von 630 cm; 3,5% von 125 *l*
c) 2,4% von 50,75 m; 6,2% von 39,50 m
d) 4,1% von 350 g; 0,5% von 13,5 *l*

8

Von 640 untersuchten Fahrrädern zeigten 40% technische Mängel. Wie viele Fahrräder sind das?

Gegeben: G = 640 Fahrräder
p% = 40 %
Gesucht: P =

$P = \frac{G \cdot p}{100}$

$P = \frac{640 \cdot 40}{100}$

P = 256

256 Fahrräder waren nicht verkehrstüchtig.

30 % der 120 Schülerinnen und Schüler des 7. Jahrgangs kaufen regelmäßig ihr Pausenfrühstück in der Schulcafeteria. Wie viele Kinder sind das?

9 Der Reinerlös eines Schulfestes betrug 886,50 EUR. Davon sollen 20 % für den Kindergarten gespendet werden. Wie viel EUR erhält der Kindergarten?

10 Für einen Orangensaft wird ein Fruchtgehalt von 60 % angegeben. Wie viel Kubikzentimeter reiner Fruchtsaft sind das bei folgenden Abfüllmengen? (1 Liter ≙ 1000 cm³)

a) 1-Liter-Flasche
b) 0,7-Liter-Flasche
c) 0,25-Liter-Flasche

11 In einer Gesamtschule werden die Schulwegzeiten ermittelt. Bei einer Schülerzahl von insgesamt 800 Schülern verteilen sich die Schüler wie folgt:

Zeit für Schulweg	bis 20 Minuten	über 20 bis 40 Minuten	mehr als 40 Minuten
Prozentsatz p %	35 %	42 %	23 %

Berechne die Anzahl der Schüler in den jeweiligen Gruppen.

L zu Nr. 9 bis Nr. 11: 150, 177,30; 184, 280, 336, 420, 600

1 Die Jugendherberge am Edersee ist voll belegt. 20 % der Gäste kommen aus nordhessischen Schulen. Das sind 50 Schülerinnen und Schüler.
Wie viele Gäste befinden sich insgesamt in der Jugendherberge?

Alle Betten in der Jugendherberge am Mosenberg sind belegt.
Aus Südhessen stammen 60 % der Gäste. Das sind 120 Schüler. Wie viele Gäste fasst die Herberge?

Prozentsatz (p%)	Prozentwert (P)	Grundwert (G)
p% = 60%	P = 120 Gäste	G = ■

%	Anzahl der Gäste
60	120
1	$\frac{120}{60}$
100	$\frac{120 \cdot 100}{60}$
	= 200

(:60) von 60 zu 1 und von 120 zu $\frac{120}{60}$; (·100) von 1 zu 100 und von $\frac{120}{60}$ zu $\frac{120 \cdot 100}{60}$

60 % entsprechen 120 Gäste
100 % entsprechen ■ Gäste

60 % → 120 Gäste

1 % → $\frac{120}{60}$ Gäste

100 % → $\frac{120 \cdot 100}{60}$ Gäste

100 % → 200 Gäste

In der Herberge befindet sich insgesamt 200 Gäste.

Formel zum Berechnen des Grundwertes: $G = \frac{P \cdot 100}{p}$

2 Berechne den Grundwert.

a)

p%	P
1 %	4 km
2 %	50 g
5 %	31 EUR

b)

p%	P
10 %	25 EUR
90 %	180 kg
4 %	12 m

c)

p%	P
20 %	60 EUR
40 %	360 g
30 %	240 m²

d)

p%	P
50 %	1,4 m
10 %	4,5 kg
8 %	96 EUR

3 Berechne den Grundwert. Kürze, wenn möglich.

30 % ≙ 120 km
$G = \frac{\overset{4}{\cancel{120}} \cdot 100}{\cancel{30}}$ km
G = 400 km

a)	b)	c)
60 % ≙ 12 EUR	15 % ≙ 45 m	30 % ≙ 150 kg
15 % ≙ 30 EUR	45 % ≙ 18 m	40 % ≙ 168 kg
40 % ≙ 100 EUR	70 % ≙ 28 m	35 % ≙ 105 kg
30 % ≙ 480 EUR	55 % ≙ 660 m	22 % ≙ 660 kg
90 % ≙ 63 EUR	80 % ≙ 120 m	15 % ≙ 75 kg

4 Berechne den Grundwert. Überprüfe dein Ergebnis, indem du mit Hilfe eines „einfachen Prozentsatzes“ eine Abschätzung machst.

a) 34 % ≙ 224 kg
24 % ≙ 122,8 kg
48,5 % ≙ 754 kg

b) 10,5 % ≙ 8,35 m
0,9 % ≙ 22,8 m
4,1 % ≙ 168,6 m

32 % ≙ 182,40 EUR G = 570

$33\frac{1}{3}$ % ≙ $\frac{1}{3}$

$\frac{1}{3}$ von 570 EUR sind 190 EUR

Der Grundwert ist immer 100 %!

5 Berechne den Grundwert. Runde auf eine Stelle nach dem Komma.

a) 36 % ≙ 270 EUR
43% ≙ 320 a

b) 18 % ≙ 374 *l*
67 % ≙ 757 EUR

c) 17 % ≙ 5755 km
28 % ≙ 7140 km

d) 92 % ≙ 147 EUR
78 % ≙ 746 kg

6

In einem Sportverein sind 42 Jugendliche. Das sind 35 % aller Mitglieder. Wie viele Mitglieder hat der Verein insgesamt?

Gegeben: P = 42 Jugendliche
p% = 35%
Gesucht: G = ▢

$G = \frac{P \cdot 100}{p\%}$

$G = \frac{\overset{6}{\cancel{42}} \cdot \overset{20}{\cancel{100}}}{\underset{\cancel{7}_1}{\cancel{35}}}$

G = 120

Der Verein hat insgesamt 120 Mitglieder.

In der Jahrgangsstufe 7 einer Realschule nehmen 45 Schülerinnen und Schüler am Technik-Unterricht teil. Das sind 30 % aller Schülerinnen und Schüler des Jahrgangs. Wie viele Schülerinnen und Schüler sind insgesamt in den Klassen 7?

7 Die Plätze in einer Jugendherberge sind zu 80 % ausgebucht. Das sind 96 Betten. Wie viele Gäste können insgesamt aufgenommen werden?

8 Beim letzten Heimspiel eines Fußball-Bundesligisten wurden 41 000 Zuschauer gezählt. Damit waren 80 % aller verfügbaren Plätze belegt. Wie viele Zuschauer fasst das Stadion?

9 Die Krankenkasse von Frau Müller erstattet 80 % der entstandenen Arzt- und Materialkosten. Sie reicht eine Rechnung ihres Hausarztes ein und erhält daraufhin einen Betrag von 760 EUR von ihrer Krankenkasse überwiesen. Wie hoch war die Arztrechnung?

10 Von einem Eisberg ist die Höhe ab der Wasseroberfläche vermessen worden. Die so gemessene Höhe entspricht aber nur etwa 12 % der gesamten Höhe des Eisberges. Wie hoch ist der Eisberg insgesamt?

11 Herr Groß macht seiner Tochter folgendes Angebot: „Für die Anschaffung eines Computers sparst du dein monatliches Taschengeld von 25 EUR. Nach einem halben Jahr hast du 20 % des Kaufpreises angespart. Den restlichen Betrag gebe ich dir dazu.“

a) Berechne den Kaufpreis des Computers.

b) Wie hoch ist die Summe, die Herr Groß seiner Tochter dazugibt?

L zu Nr. 9 bis Nr. 12: 550, 600, 750, 950, 51 250

1 Nach den Jahrgangsmeisterschaften im Fußball soll entschieden werden, wer der sicherste Torhüter ist.

Von 20 Siebenmetern hat Sebastian 13 verwandelt. Wie hoch ist der Prozentsatz p%?

Grundwert (G)	Prozentwert (P)	Prozentsatz (p%)
G = 20 Siebenmeter	P = 13 Tore	p% = %

Anzahl der Siebenmeter	%
20	100
(:20) 1	$\frac{100}{20}$ (:20)
(·13) 13	$\frac{100 \cdot 13}{20}$ (·13)
	= 65

13 von 20 Chancen ⟶ %

20 Siebenmeter ⟶ 100 %

1 Siebenmeter ⟶ $\frac{100}{20}$ %

13 Siebenmeter ⟶ $\frac{100 \cdot 13}{20}$ %

13 Siebenmeter ⟶ 65 %

Sebastian hat 65 % der Siebenmeter verwandelt.

Formel zum Berechnen des Prozentsatzes: $p\% = \frac{P \cdot 100}{G} \%$

2 Berechne den Prozentsatz.

a) 50 km von 100 km; 50 kg von 400 kg; 150 a von 50 a; 200 a von 100 a

b) 10 EUR von 20 EUR; 10 EUR von 40 EUR; 15 EUR von 20 EUR; 30 EUR von 30 EUR

c) 10 g von 100 g; 25 g von 100 g; 70 g von 140 g; 30 g von 600 g

d) 100 m von 10 m; 10 m von 5 m; 120 m von 60 m; 200 m von 100 m

51 m von 300 m

$p\% = \frac{\overset{17}{\cancel{51}} \cdot \overset{1}{\cancel{100}}}{\underset{1}{\cancel{300}}\,\underset{}{\cancel{3}}} \%$

$p\% = 17\%$

3 Berechne den Prozentsatz.

a) 128 g von 800 g; 154 g von 700 g; 36 ha von 900 ha; 162 ha von 2700 ha

b) 70 EUR von 280 EUR; 50 EUR von 450 EUR; 12 m von 60 m; 30 m von 150 m

c) 33 km von 220 km; 63 km von 350 km; 324 EUR von 450 EUR; 63 EUR von 180 EUR

4 Berechne den Prozentsatz. Überprüfe dein Ergebnis, indem du mit Hilfe eines „einfachen Prozentsatzes“ eine Abschätzung machst.

a) 141 EUR von 600 EUR
44 EUR von 800 EUR
192 EUR von 600 EUR

b) 76 g von 400 g
182 g von 350 g
31,50 g von 750 g

208 EUR von 800 EUR sind 26%.

$\frac{1}{4} = 25\,\%$

$\frac{1}{4}$ von 800 EUR sind 200 EUR.

5 Berechne den Prozentsatz. Runde auf eine Stelle nach dem Komma.

a) 27 kg von 160 kg
200 m von 260 m

b) 86 m von 250 m
35 *l* von 64 *l*

c) 35,5 *l* von 74 *l*
0,66 m von 6,1 m

d) 12,5 a von 75 a
22,5 g von 45,5 g

6 Von den 30 Schülerinnen und Schülern der Klasse 7a haben 12 Mädchen und Jungen das Silberne Schwimmabzeichen erworben. Wie viel Prozent sind das?

Gegeben: P = 12 Mädchen und Jungen
G = 30 Schüler
Gesucht: p% =

$p\% = \frac{P \cdot 100}{G}\,\%$

$p\% = \frac{12 \cdot 100}{30}\,\%$

$p\% = 40\%$

40% der Schülerinnen und Schüler haben das Silberne Schwimmabzeichen.

Eine Fußballmannschaft verlor von 35 Spielen in der vergangenen Saison 14 Spiele. Wie viel Prozent sind das?

7 Wegen Geschäftsaufgabe werden alle Artikel im Preis herabgesetzt. Berechne den jeweiligen Prozentsatz der Preisreduzierung.

Artikel	alter Preis
Monitor	150 EUR
Drucker	80 EUR
Rechner	500 EUR

8 Die Klassen 7a, 7b, 7c und 7d schreiben den gleichen Deutschtest. In der 7a haben 10 von 28 Schülern weniger als 5 Fehler, in der 7b 8 von 28 Schülern, in der 7c 12 von 30 Schülern und in der 7d 10 von 27 Schülern.
Berechne jeweils die Prozentsätze. Runde auf eine Stelle nach dem Komma.

9

a) Familie Sammer kauft für ihren Sohn Miguel neue Möbel.
Wie viel EUR kostet die Einrichtung?

b) Wegen Geschäftsaufgabe gewährt der Händler einen Rabatt von 20 %.
Welchen Betrag spart die Familie?

L von Nr. 7 bis 9: 10; 13; 28,6; 30; 35,7; 37; 40; 391, 1955

Der Anteil an einer Gesamtgröße wird häufig in **Prozent** (%) angegeben.

$\mathbf{\frac{1}{100} = 0{,}01 = 1\,\%}$ $\quad \frac{15}{100} = 0{,}15 = 15\,\%$ $\quad \frac{100}{100} = 1{,}00 = 100\,\%$ $\quad \frac{250}{100} = 2{,}50 = 250\,\%$

Brüche und Prozentaufgaben, die häufig vorkommen:

$\frac{1}{2} = 50\,\%$ $\quad \frac{1}{3} = 33\frac{1}{3}\,\%$ $\quad \frac{1}{4} = 25\,\%$ $\quad \frac{1}{5} = 20\,\%$ $\quad \frac{1}{10} = 10\,\%$ $\quad \frac{1}{20} = 5\,\%$ $\quad \frac{1}{25} = 4\,\%$

Prozentwert gesucht

Von 900 Schülern **(Grundwert G)** kommen 40 % **(Prozentsatz p %)** mit dem Bus zur Schule. Wie viele Schüler fahren mit dem Bus zur Schule?

	%	Anzahl	
	100	900	
(:100) ↓	1	$\frac{900}{100}$	↓ (:100)
(·40) ↓	40	$\frac{900 \cdot 40}{100} = 360$	↓ (·40)

100 % ⟶ 900 Schüler

1 % ⟶ $\frac{900}{100}$ Schüler

40 % ⟶ $\frac{900 \cdot 40}{100}$ Schüler

360 Schüler kommen mit dem Bus zur Schule. 40 % ⟶ 360 Schüler

Formel zum Berechnen des Prozentwertes: $\mathbf{P = \frac{G \cdot p}{100}}$

Prozentsatz gesucht

Von insgesamt 250 Früchten **(Grundwert G)** sind 30 Früchte **(Prozentwert P)** verdorben. Wie hoch ist der **Prozentsatz p %**?

	Anzahl	%	
	250	100	
(:250) ↓	1	$\frac{100}{250}$	↓ (:250)
(·30) ↓	30	$\frac{100 \cdot 30}{250} = 12$	↓ (·30)

250 Früchte ⟶ 100 %

1 Frucht ⟶ $\frac{100}{250}$ %

30 Früchte ⟶ $\frac{100 \cdot 30}{250}$ %

Der Prozentsatz beträgt 12 %. 30 Früchte ⟶ 12 %

Formel zum Berechnen des Prozentsatzes: $\mathbf{p\,\% = \frac{P \cdot 100}{G}}\,\%$

Grundwert gesucht

360 Schüler **(Prozentwert P)** einer Gesamtschule kommen mit dem Fahrrad zur Schule. Das sind 40 % **(Prozentsatz p %)** aller Schüler. Wie viele Schüler besuchen insgesamt die Schule?

	%	Anzahl	
	40	360	
(:40) ↓	1	$\frac{360}{40}$	↓ (:40)
(·100) ↓	100	$\frac{360 \cdot 100}{40} = 900$	↓ (·100)

40 % ⟶ 360 Schüler

1 % ⟶ $\frac{360}{40}$ Schüler

100 % ⟶ $\frac{360 \cdot 100}{40}$ Schüler

Die Gesamtschule hat 900 Schüler. 100 % ⟶ 900 Schüler

Formel zum Berechnen des Grundwertes: $\mathbf{G = \frac{P \cdot 100}{p}}$

1 Aus Rechtecken werden Werkstücke gestanzt. Berechne den Verschnitt (gefärbt) in %.

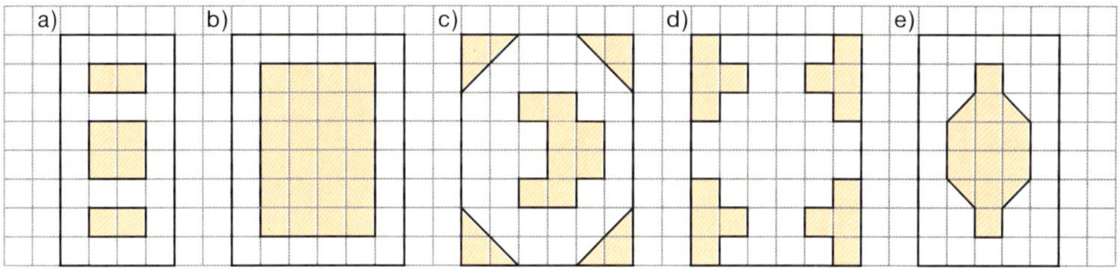

2 Übertrage die Tabelle in dein Heft und berechne die fehlenden Werte.

	a)	b)	c)	d)	e)	f)	g)	h)	i)
G	75 m	570 kg	84,50 EUR	■	■	■	1440 ha	10 000 EUR	88 EUR
p%	12 %	8 %	18 %	15 %	38 %	95 %	■	■	■
P	■	■	■	96 km	570 m²	380 *l*	216 ha	725 EUR	11,44 EUR

3 a) Von 200 Apfelsinen waren 8 faul.
b) Björn bekommt 25 EUR Taschengeld. Davon spart er 5 EUR.
c) Von 24 Schülern können 18 schwimmen.
d) In einer Gesamtschule benutzen 20 % der 980 Schüler das Fahrrad.
e) Sascha erhält von seinem Onkel 50 EUR. Davon bringt er 30 EUR zur Sparkasse.
f) Ein CD-Player wird 6 % billiger angeboten. Das entspricht 21 EUR.
g) Getränkepulver enthalten 20 % Zucker. Das sind bei einer Packung 160 g.

4 Die Klasse 7b hat eine Verkehrszählung durchgeführt und dabei die prozentualen Anteile der einzelnen Fahrzeugarten bestimmt.

Fahrzeugart	Anteil in %
PKW	62
LKW	27
Busse	4
Motorräder	5
Sonstige	2

Unter Sonstige wurden fünf Traktoren und drei Baumaschinen eingeordnet. Berechne die Anzahlen der anderen Fahrzeugarten.

5 Die Luft setzt sich aus etwa 21 % Sauerstoff, 78 % Stickstoff und 1 % Edelgasen zusammen. Wie viel Kubikmeter der einzelnen Gase sind in einem Klassenraum von 192 m³ Rauminhalt enthalten?

6 In einem Forstrevier sind Bäume neu angepflanzt worden. Nach einem Jahr kontrolliert der Förster den Anwuchs. Von den 550 Fichten sind 22 nicht angewachsen. Von den 300 Buchen sind 24 ausgetrocknet. Von den 200 Eichen sind 6 abgefressen worden. Von den 150 Lärchen sind 18 erfroren. Bei welcher Baumart ist der Ausfall prozentual am größten?

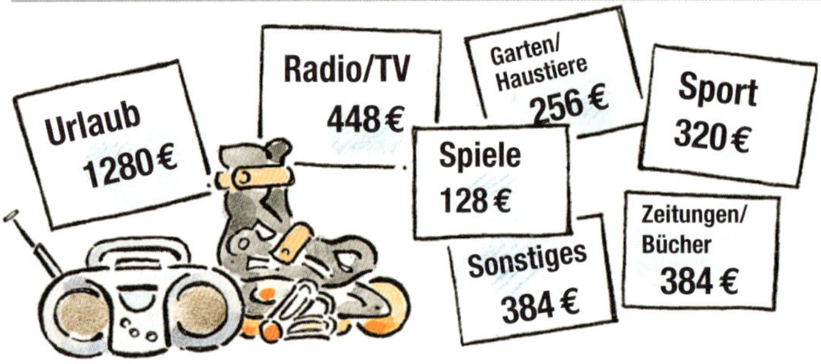

7 Eine Familie mit zwei Kindern gibt in einem Jahr etwa 3 200 EUR für Freizeitbeschäftigung aus. Wie viel Prozent des Geldes wird für die einzelnen Bereiche ausgegeben?

8 Nach dem Besuch des Schulzahnarztes müssen aus der Klasse 7a von 26 Schülerinnen und Schülern 13 zur Behandlung, aus der Klasse 7b sind es von 25 Schülern insgesamt 12. Bestimme für jede Klasse den Anteil der zu behandelnden Schüler.

9 Pia spart beim Kauf ihrer Sportschuhe 22,40 EUR, weil sie im Schlussverkauf 20 % Nachlass bekommt. Wie hoch war der ursprüngliche Preis? Wie viel EUR muss Pia bezahlen?

10 Familie Berger hat 40 % ihrer Grundstücksfläche bebaut, das sind 120 m^2. Wie groß ist das Grundstück?

11 In Joshuas Klasse sind 20 Schülerinnen und Schüler. Befragungen ergaben:
- 14 Schüler haben Geschwister,
- 15 Schüler treiben regelmäßig Sport,
- 10 Schüler sind 13 Jahre alt,
- 12 Schüler wohnen auswärts,
- 5 Schüler spielen ein Musikinstrument,
- 20 Schüler bekommen Taschengeld,
- 18 Schüler haben ein Fahrrad.

Wie viel Prozent der Schüler haben Geschwister? Berechne auch die anderen Prozentsätze.

12 Frau Wolf kauft sich ein Auto. Sie zahlt 7200 EUR an, das sind 60 % des Kaufpreises.

13 Aus 40 Tonnen Zuckerrüben werden ungefähr 6 Tonnen Zucker gewonnen.
a) Wie viel Prozent Zucker ist in den Zuckerrüben enthalten?
b) In einer Zuckerfabrik werden täglich 400 Tonnen Zuckerrüben angeliefert. Wie viel Tonnen Zucker können daraus hergestellt werden?
c) Wie viel Kilogramm Zuckerrüben müssen verarbeitet werden um 90 Kilogramm Zucker herzustellen?

14 Die Waldschäden sind bei den einzelnen Baumarten unterschiedlich.
a) Wie viel Prozent des gesamten Fichtenbestandes sind geschädigt?
b) Berechne entsprechend die anderen Baumarten.

	Gesamtbestand	geschädigt
Fichte	32 000 km^2	100 km^2
Tanne	1800 km^2	1260 km^2
Kiefer	15 000 km^2	7 200 km^2
Eiche	8 000 km^2	3 600 km^2
Buche	14 000 km^2	3 640 km^2

15 In einer Großstadt mit 125 000 Arbeitsplätzen arbeiten 45 000 Pendler. Diese Beschäftigten wohnen außerhalb des Stadtgebietes und fahren täglich zur Arbeit in die Stadt.
Berechne jeweils den Prozentsatz der Pendler und der Beschäftigten, die in der Stadt wohnen.

L von Nr. 11 bis 15: 15, 25, 26, 36, 45, 45, 48, 50, 60, 60, 64, 70, 70, 75, 90, 100, 600, 12 000

16

Typ	verkaufte Mofas	Reparaturen
Adler	44	||||
Brummi	32	𝍸 ||
Chryder	24	𝍸
Dixi	44	𝍸 |||

Ein Händler bietet Mofas verschiedener Typen an. Er notiert die Reperaturen der einzelnen Modelle während der Garantie zeit. Welches Modell war am wenigsten störanfällig (am störanfälligsten)? Runde auf eine Stelle nach dem Komma.

17

Gewählte Sportart				
Anteil in Prozent	25 %	15 %	10 %	50 %

Von 80 Schülern einer Gesamtschule sollen Schulmannschaften gebildet werden. Berechne die Anzahl der Schüler in jeder Sportgruppe.

18 Nur 10% der vorhandenen Süßwasservorräte sind als Trinkwasser zu nutzen. Das sind insgesamt 3,6 Mio km^3 Wasser.

a) Wie groß ist der Süßwasservorrat der Erde (in km^3)?

b) Wie groß ist die Wassermenge der Erde insgesamt, wenn die Süßwasservorräte 28% der gesamten Wassermenge entsprechen? Runde auf zwei Stellen nach dem Komma.

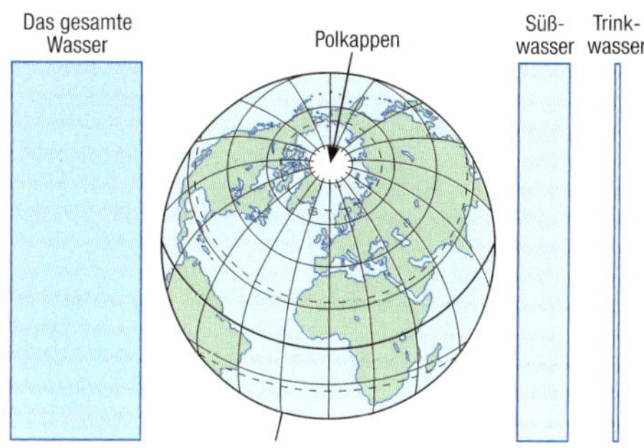

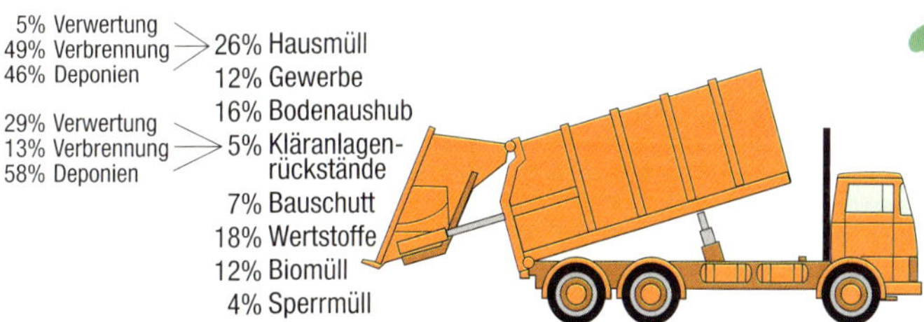

Die jährliche Abfallmenge in Hessen: 5 Mio. t (Stand 8/99)

19 a) Berechne den jeweiligen Anteil für Hausmüll (Gewerbe, Bodenaushub ...) in Tonnen.

b) Wie viel Tonnen Hausmüll (Kläranlagenrückstände) werden jeweils verwertet, verbrannt oder auf Deponien gelagert?

20

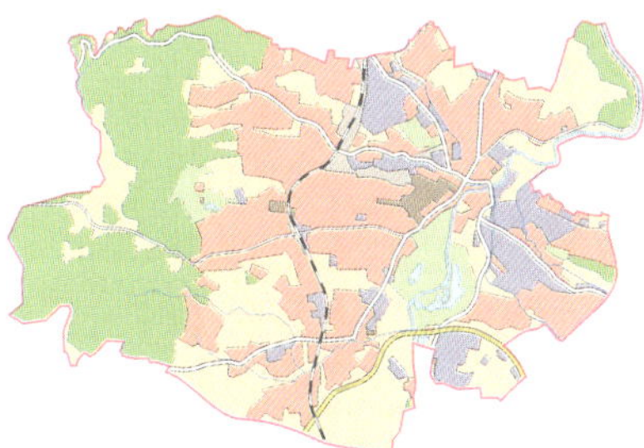

Die Wasserfläche rund um die Fulda beträgt 2,9 km^2

a) Berechne die Gesamtfläche des Kreises, runde dabei auf eine Nachkommastelle.

b) Berechne die Größen der anderen Nutzflächen.

Flächennutzung Kreis Kassel	Anteil in %	in km^2
Wohnfläche	18,5	
Gewerbefläche	6,1	
Grünfläche	7,3	
Landwirtschaft	40,5	
Forst	21,2	
Wasser	0,9	
Sonstige	5,5	
Gesamt	**100**	

L von Nr. 18 bis 20: 17,7; 19,7; 23,5; 59,6; 68,3; 130,5; 322,2; 36 Mio; 145 000; 598 000; 72 500; 637 000; 65 000; 128,57 Mio; 32 500

1

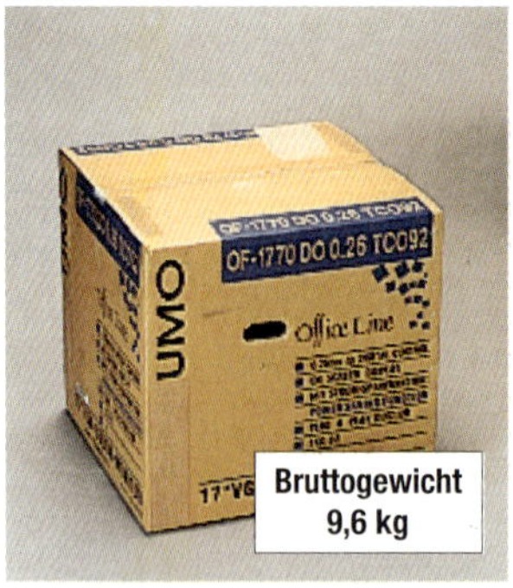

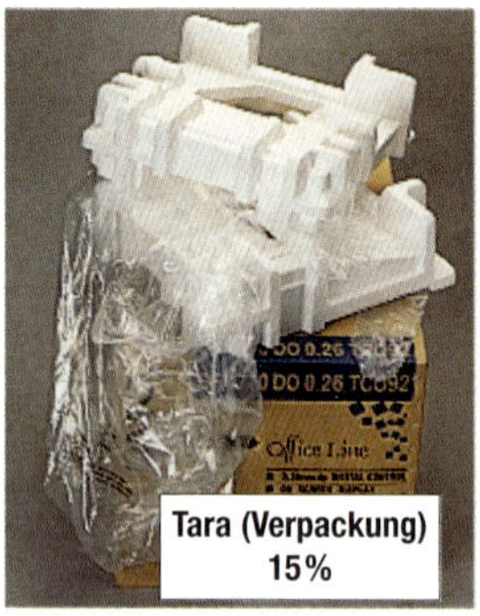

Dirk holt seinen neuen Monitor vom Händler ab. Wie schwer ist das Gerät? Wie viel Kilogramm wiegt die Verpackung (Tara)?

2 Äpfel sollen zu je 5 kg in Kisten verpackt werden. Jede Kiste wiegt 1,2 kg.

a) Wie viel Prozent vom Bruttogewicht macht die Verpackung aus?
b) Wie viele Kisten dürfen in einem Lieferwagen transportiert werden, wenn höchstens noch 120 kg zugeladen werden dürfen?
c) Welches Nettogewicht hat die Ladung Äpfel?

3 Ein Handwerker stellt folgende Rechnung auf:

Skonto ist ein Preisnachlass bei sofortiger Bezahlung.

Rechnung

Menge	Bezeichnung	Einzelpreis	Gesamtpreis
5	Rolladen	126,00 EUR	
5	Rolladen einbauen	42,50 EUR	
5	Einbausatz	13,50 EUR	
Rechnungsbetrag netto			
+ 16% MwSt			
Gesamtsumme			

a) Berechne die fehlenden Beträge.
b) Bei Bezahlung innerhalb von 10 Tagen darf 2 % Skonto vom Bruttobetrag abgezogen werden. Wie viel EUR kann der Kunde sparen?

Mehrwertsteuer (MwSt) ist ein Preisaufschlag, der an den Staat abgeführt wird.

4 Ein Lebensmittelhändler kauft in einem Großhandel Lebensmittel im Wert von 14 200 EUR ein. Die Mehrwertsteuer auf Lebensmittel beträgt 7 %. Welchen Rechnungsbetrag muss er insgesamt bezahlen?

5 Herr Morio holt den Wagen von der Jahresinspektion ab. Zu dem Rechnungsbetrag von 285 EUR kommen 16 % Mehrwertsteuer hinzu.

a) Wie viel EUR Mehrwertsteuer muss Herr Morio zahlen?
b) Wie viel EUR muss er insgesamt zahlen?

Franz überlegt: Wenn ich vom Warenpreis erst 14 % abziehe, dann 16 % Mehrwertsteuer dazuzähle und schließlich 2 % Skonto wegnehme, dann hat sich am Preis der Ware doch nichts verändert! Hat Franz Recht?

1 Familie Schmiedel kann eine Stereoanlage im Großhandel einkaufen.
Zu dem ausgewiesenen Verkaufspreis kommen aber noch 16 % Mehrwertsteuer hinzu. Berechne den Verkaufspreis einschließlich der Mehrwertsteuer. Es gibt mehrere Lösungswege.

Ein Autohaus erhöht die Preise für alle Modelle um 6% (Prozentsatz p%). Das Grundmodell kostete bisher 12 300 EUR (Grundwert G). Wie teuer ist der Wagen nach der Preiserhöhung?

%	Preis (EUR)
100	12 300
$\cdot \frac{6}{100}$ ↓ 6	$\cdot \frac{6}{100}$ ↓ 738
⊕ → 106	⊕ → 13 038

Grundwert G 100 % ⟶ 12 300 EUR
Preiserhöhung 6 %
vermehrter Grundwert 100% + 6% = 106%
106 % von 12 300 EUR
vermehrter Grundwert 106 % ⟶ $\frac{12\,300 \cdot 106}{100}$ EUR
106 % ⟶ 13 038 EUR

Der Wagen kostet jetzt 13 038 EUR.

Die Summe aus Grundwert und Prozentwert heißt **vermehrter Grundwert**.

2

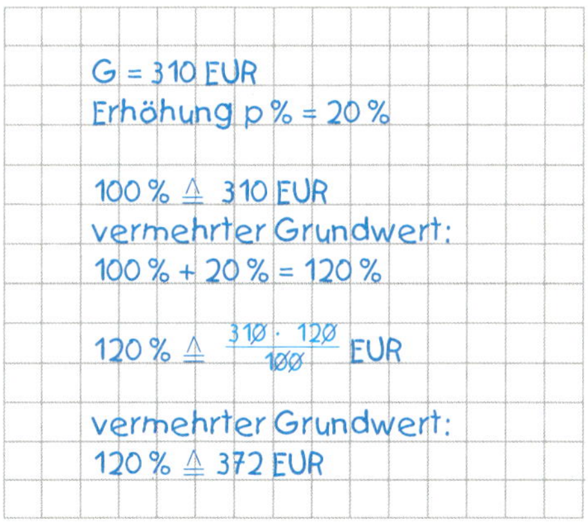

Berechne den vermehrten Grundwert

	Preis (EUR)	Erhöhung in %	neuer Preis (EUR)
a)	720 EUR	15%	
b)	96 EUR	40%	
c)	185 EUR	10%	
d)	520 EUR	25%	
e)	340 EUR	30%	
f)	75 EUR	12%	

3 Nach einer Gehaltserhöhung verdient Frau Schulz 4 % mehr als vorher. Sie verdiente monatlich 2010 EUR.
Das Taschengeld für ihre Tochter Tina in Höhe von 25 EUR erhöht Frau Schulz ebenfalls um 4 %.
a) Berechne das Gehalt von Frau Schulz nach der Erhöhung.
b) Wie viel EUR Taschengeld bekommt Tina nach der Erhöhung?

4 a) Ein Verein hat die Eintrittspreise für sein Stadion erhöht. Die Karte für einen Stehplatz kostet jetzt 8,40 EUR statt 8 EUR, für einen Tribünenplatz 15,90 EUR statt 15 EUR bzw. 18,90 statt 18 EUR. Um wie viel Prozent ist der Kartenpreis jeweils erhöht worden?
b) Trotz der Preiserhöhungen sind in der letzten Saison die Besucherzahlen um 2 % auf durchschnittlich 14 800 Besucher gestiegen. Wie viel Personen besuchten vorher die Spiele?

5 Der Sportverein stellt auf seiner Jahreshauptversammlung die Entwicklung der Mitgliederzahlen vor. Viola und Peter berechnen, wie viele Mitglieder die Jugendabteilung 1998 hatte:

Mitgliederzahl 1999: 55

125 % → 55

1 % → $\frac{55}{125}$

100 % → $\frac{55 \cdot 100}{125}$

Mitgliederzahl 1998: 44

Jahreshauptversammlung 1999 – Mitgliederzahlen –

	Anzahl	Veränderung gegenüber 1998
Jugend	55	+ 25 %
Aktive	135	+ 8 %
Nichtaktive	84	+ 5 %

Berechne auch für die anderen Abteilungen die Mitgliederzahlen von 1998.

6 Nach einer Preiserhöhung um 5% kauft Marcus für 65,10 EUR einen neuen Kopfhörer. Berechne den ursprünglichen Preis.

7 Übertrage die Tabelle in dein Heft und berechne den alten Preis.

	a)	b)	c)	d)	e)	f)
Alter Preis	■	■	■	■	■	■
Erhöhung	5 %	14 %	3 %	12 %	25 %	7 %
Neuer Preis	554,40 EUR	1425 EUR	715,85 EUR	1769,60 EUR	6312,50 EUR	272,85 EUR

8 Constance ist im vergangenen Jahr um 3% gewachsen. Ihre jetzige Körpergröße beträgt 165 cm. Wie groß war sie vor einem Jahr? Runde sinnvoll.

9 David hat für seinen Fußballverein dieses Jahr 28 Tore geschossen. 12 % mehr als letztes Jahr. Wie viele Tore schoss David im letzten Jahr?

10 Familie Brenner zahlte letztes Jahr monatlich 80 EUR Stromgebühren. Die Abschlagszahlung wurde auf 86 EUR erhöht. Wie viel Prozent beträgt die Erhöhung?

G = 80 EUR
vermehrter Grundwert:
G = 86 EUR

11 Übertrage die Tabelle in dein Heft und berechne die fehlenden Werte.

	a)	b)	c)	d)	e)	f)	g)
Alter Preis	■	■	78 EUR	125,80 EUR	15,50 EUR	■	85 EUR
Erhöhung	7 %	25 %	■	30 %	14 %	10 %	■
Neuer Preis	428 EUR	119,40 EUR	80,34 EUR	■	■	126,50 EUR	97,75 EUR

12 Bei Abschluss des Mietvertrages vereinbaren Herr Blume und der Vermieter, dass die Miete von 550 EUR innerhalb von 5 Jahren zweimal um jeweils 4 % erhöht werden soll.
a) Wie hoch ist die Miete nach Ablauf der 5 Jahre?
b) Wie viel Prozent betragen beide Erhöhungen insgesamt?

L von Nr. 8 bis Nr. 12 (ungeordnet): 115; 15; 160; 7,5; 594,88; 163,54; 3; 17,67; 95,52; 400; 25; 8,16

10 % Rabatt heißt: 10 % billiger

1 Kerstin hat für ein neues Fahrrad gespart. Wegen kleinerer Lackschäden gewährt ihr der Händler einen **Rabatt** von 15 %.
a) Berechne zunächst die Preisermäßigung in EUR und dann den neuer Verkaufspreis.
b) Wie viel Prozent des ehemaligen Verkaufspreises beträgt der tatsächliche Verkaufspreis?

Im Schlussverkauf wird ein Teppich um 30 % (**Prozentsatz p%**) im Preis herabgesetzt. Er kostete ursprünglich 675 EUR (**Grundwert G**).

%	Preis (EUR)
100	675
30	202,50
70	472,50

($\cdot \frac{30}{100}$; ⊖)

Der Teppich kostet jetzt 472,50 EUR.

G: 100 % ⟶ 675 EUR
verminderter Grundwert:
100 % – 30 % = 70 %
70 % von 675 EUR

70 % ⟶ $\frac{675 \cdot 70}{100}$ EUR

70 % ⟶ 472,50 EUR

Die Differenz aus Grundwert und Prozentwert heißt **verminderter Grundwert.**

2

G = 280 EUR
Preisnachlass p % = 15 %

100 % ≙ 280 EUR
verminderter Grundwert:
100 % – 15 % = 85 %

85 % ≙ $\frac{280 \cdot 85}{100}$ EUR

verminderter Grundwert:
85 % ≙ 238 EUR

Berechne den verminderten Grundwert.

	Preis (EUR)	Preisnachlass in %	neuer Preis (EUR)
a)	1250 EUR	6 %	
b)	450 EUR	12 %	
c)	435 EUR	3 %	
d)	478 EUR	15 %	
e)	350 EUR	18 %	
f)	3580 EUR	35 %	

3 In einem 7. Jahrgang sind 25 % der Schülerinnen und Schüler an Grippe erkrankt und fehlen.
Der Jahrgang umfasst 112 Schüler. Wie viele Schülerinnen und Schüler besuchen während dieser Zeit die Schule?

4 Ein Computerhändler bietet einen Computer zum Preis von 1 250 EUR an. Bei Barzahlung gewährt er 3 % **Skonto**.
Wie viel EUR kostet das Gerät bei Barzahlung?

5 Das Mediencenter bietet alle Artikel zu herabgesetzten Preisen an.
Julia und Kevin berechnen den alten Preis für den CD-Player:

Verkaufspreis:		191,25 EUR
85 %	⟶	191,25 EUR
100 %	⟶	$\frac{191{,}25 \cdot 100}{85}$ EUR
alter Preis:		225 EUR

Berechne die alten Preise für alle Geräte.

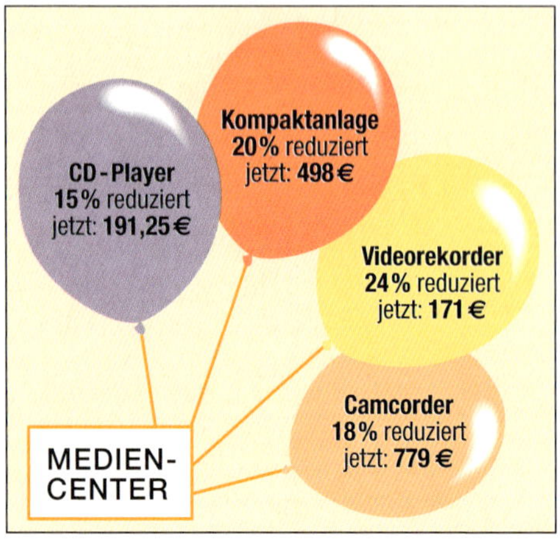

6 Berechne den alten Preis.

	a)	b)	c)	d)	e)	f)	g)
Ermäßigung	5 %	10 %	12,5 %	25 %	7,5 %	20 %	15 %
Neuer Preis	457,90 EUR	770,40 EUR	336 EUR	1200 EUR	125,80 EUR	12 EUR	3006,62 EUR

7 Eine Gesamtschule führt eine Sammelbestellung von Taschenrechnern durch. Der Händler gewährt bei der großen Anzahl von 120 Rechnern einen Preisnachlass von 8 %. Die Schule überweist an den Händler einen Betrag von 2 484 EUR. Berechne den regulären Verkaufspreis für einen Rechner.

8 Im Sommerschlussverkauf werden in der Boutique „Peppino" alle Preise um 20% herabgesetzt. Nina kauft ein T-Shirt für 15,80 EUR. Berechne den alten Preis.

9 In der Zeitung wird für eine Diät geworben.
Christians Vater hat diese Diät mitgemacht. Sein Körpergewicht betrug am ersten Tag der Diät 96 kg, am letzten Tag der Diät 92 kg.
Trifft die Behauptung in der Zeitung auch für Christians Vater zu? Begründe. Es gibt zwei Lösungswege.

Schlank in 14 Tagen

Mit dieser Diät verlieren
Sie in 14 Tagen ungefähr
6 % Ihres Körpergewichts!
1. Tag: …
2. Tag: …

10 Übertrage die Tabelle in dein Heft und berechne die fehlenden Werte.

	a)	b)	c)	d)	e)	f)
Alter Preis	800 EUR		2800 EUR	224,20 EUR	3580 EUR	
Ermäßigung	16 %	3 %		20 %	35 %	14 %
Neuer Preis		1178,55 EUR	1736 EUR			1252,16 EUR

L von Nr. 7, Nr. 8 und Nr. 10 (ungeordnet): 1456; 672; 1215; 38; 179,36; 19,75; 2327; 22,50

1

Kalium		Kalzium	
Erdnüsse	7,4 ‰	Hartkäse	10,0 ‰
Spinat	6,6 ‰	Sesamkörner	7,8 ‰
Walnüsse	4,5 ‰	Ölsardinen	3,3 ‰
Bananen	4,2 ‰	Vollmilch	1,2 ‰
Vollkornbrot	4,0 ‰	Vollkornbrot	0,7 ‰
Erbsen	3,7 ‰		
Rosinen	8,0 ‰		

In der Tabelle sind für die einzelnen Lebensmittel die Anteile an Kalium und Kalzium in Promille ($1‰ = \frac{1}{1000}$) angegeben. Im Biologieunterricht hat Andrea erfahren, dass der durchschnittliche Tagesbedarf an Kalium pro Person etwa 3 g beträgt, an Kalzium etwa 800 mg. Überprüfe mit Hilfe der Tabelle, ob Andrea schon mit ihrem Frühstück ihren Tagesbedarf decken kann.

Bei **Promilleangaben** wird der Anteil an einer Gesamtgröße angegeben.
Ein **Tausendstel** der Gesamtgröße nennt man **1 ‰.** Das Wort Promille bedeutet **„von Tausend".**

$\frac{1}{1000} = 1‰ = 0{,}1\%$ $\qquad \frac{5}{1000} = 5‰ = 0{,}5\%$ $\qquad \frac{10}{1000} = 10‰ = 1\%$

2 Gib in Promille an:

a) $\frac{2}{1000}$ b) $\frac{15}{1000}$ c) $\frac{3{,}4}{1000}$ d) $\frac{0{,}6}{1000}$ e) $\frac{5}{100}$ f) 2 % g) 1,2 % h) 0,4 %

3 Gib als Bruch an:
a) 2 ‰ b) 4 ‰ c) 11 ‰ d) 25 ‰ e) 2,6 ‰ f) 4,8 ‰ g) 0,8 ‰ h) 0,5 ‰

4 a) Kiwis enthalten ungefähr 2,5 ‰ Vitamin C. Wie viel mg Vitamin C sind in 500 g (400 g, 1200 g) enthalten?
b) Orangen enthalten ungefähr 0,5 ‰ Vitamin C. Wie viel mg Vitamin C sind in 800 g (300 g, 1,5 kg) enthalten?

5 a) In 600 g Sonnenblumenkernen sind 2,52 g Magnesium enthalten. Gib den Anteil von Magnesium in Promille an.
b) In 1500 g Spinat sind 0,9 g Magnesium enthalten. Gib den Anteil in Promille an.

6 a) Schwarze Johannisbeeren enthalten ungefähr 1,4 ‰ Vitamin C. Wie viel g Johannisbeeren muss man essen, bis man 1 g Vitamin C aufgenommen hat? Runde sinnvoll.
b) Sonnenblumenöl enthält ungefähr 0,56 ‰ Vitamin E. Wie viel g Sonnenblumenöl muss man zu sich nehmen, bis man den Tagesbedarf von 15 mg Vitamin E aufgenommen hat? Runde auf eine Stelle nach dem Komma.

7 Bei einem Blutalkoholgehalt von 0,5 ‰ gilt ein Fahrer als fahruntauglich. Ein Mensch hat etwa fünf Liter Blut. Ab wie viel Milliliter Alkohol im Blut gilt er als fahruntauglich?

1 Die Schüler der 7b haben 25 Mädchen im Alter von dreizehn Jahren nach ihrer Schuhgröße gefragt und anschließend für jede Schuhgröße den prozentualen Anteil bestimmt.

Schuhgröße	36	37	38	39	40	41
Anzahl	2	4	8	6	3	2
Anteil in Prozent	8%	16%	32%	24%	12%	8%

So kannst du das Ergebnis in einem Stabdiagramm oder einem Säulendiagramm graphisch darstellen:

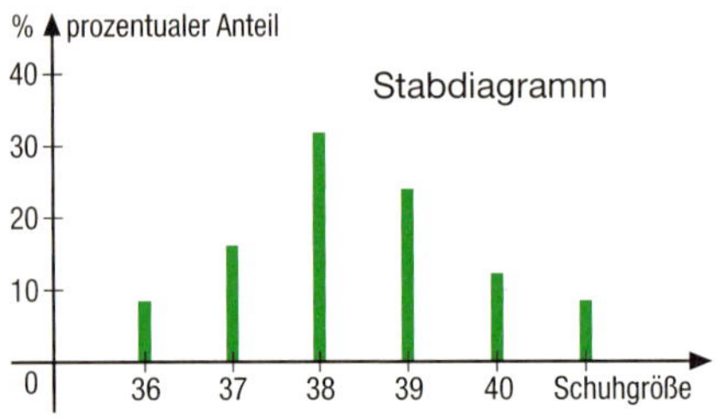

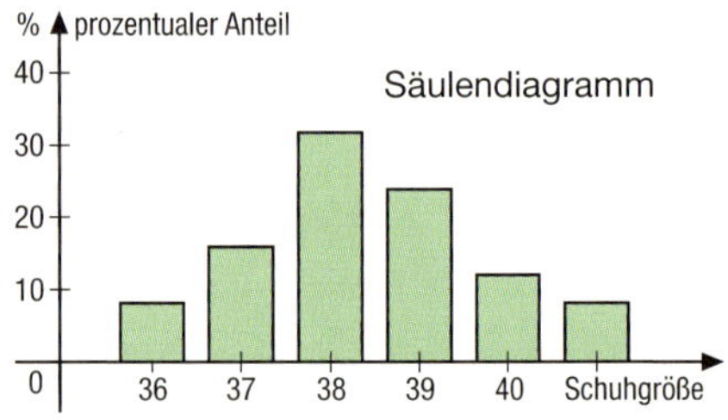

Die Höhe des Stabes oder der Säule wird durch den prozentualen Anteil bestimmt.
Die Säulenbreite ist frei wählbar.

Die Befragung von 25 Jungen ergab folgende Anzahlen.
Stelle als Stabdiagramm dar.

Schuhgröße	38	39	40	41	42	43
Anzahl	1	4	2	8	6	4
Anteil in Prozent	4%	16%	8%	32%	24%	16%

2 In der Tabelle siehst du das Ergebnis einer Befragung zum Familienstand. Befragt wurden 500 volljährige Personen. Stelle die prozuentualen Anteile in einem Säulendiagramm graphisch dar.

Familienstand	Anzahl	Anteil in Prozent
verheiratet	300	■
ledig	95	■
verwitwet	45	■
geschieden	60	■

3 Bei ärztlichen Untersuchungen wurden auch die Blutgruppen der untersuchten Personen festgestellt.
Das Säulendiagramm stellt die prozentualen Anteile der vier Blutgruppen dar. 456 untersuchte Personen hatten die Blutgruppe 0.
Bestimme die Zahl aller untersuchten Personen und die Anzahlen für die anderen Blutgruppen.

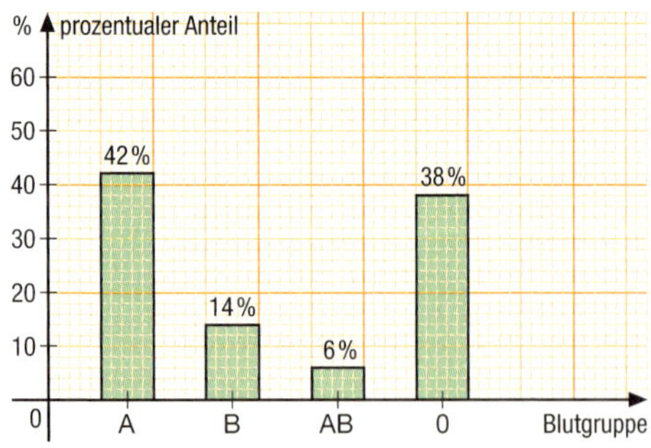

4 Führt selbst verschiedene Befragungen in eurer Schule durch und wertet sie aus.
Zeichnet das zugehörige Säulendiagramm (Stabdiagramm).
Themen: Lieblingsessen, Hobbys, Sportarten, Musikrichtungen, Schulwege, Markenbewusstsein usw.

1 Schülerinnen und Schüler der 7. Klassen wurden nach ihrer Lieblingssportart gefragt. Die Anzahlen und die prozentualen Anteile wurden in der Tabelle zusammengefasst.

Sportart	Mannschafts-ballspiele	Schwimmen	Turnen, Tanz Gymnastik	Leichtathletik	Tennis
Anzahl	21	8	11	6	4
Anteil in Prozent	42%	16%	22%	12%	8%

So kannst du das Ergebnis der Umfrage in einem Streifendiagramm (Blockdiagramm) graphisch darstellen:

1. Wähle für den Streifen eine geeignete Gesamtlänge.
2. Berechne wie im Beispiel zu jedem Prozentsatz die Länge des zugehörigen Abschnitts.
3. Unterteile den gesamten Streifen in einzelne Abschnitte und beschrifte diese.

Gesamtlänge: 15 cm

Mannschaftsballspiele: 42 %
Länge des Abschnitts:
$15\text{ cm} \cdot \frac{42}{100} = 6{,}3\text{ cm}$

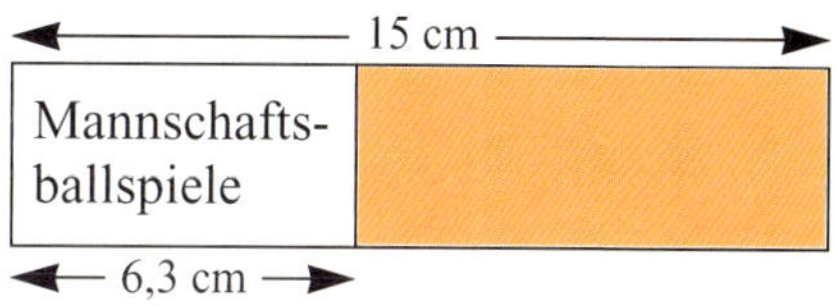

Zeichne das vollständige Streifendiagramm in dein Heft.

2 Eine Gruppe von Schülerinnen der 7a fragt Schülerinnen und Schüler der 7. Klassen nach ihrem Lieblingshaustier.
a) Übertrage die Tabelle in dein Heft und vervollständige sie.
b) Stelle das Ergebnis in einem Streifendiagramm dar (Gesamtlänge 15 cm).

Tierart	Anzahl	Anteil in Prozent
Nagetiere	22	
Zierfische	11	
Hunde	23	
Katzen	11	
Ziervögel	13	

3 Umweltschäden einer Stadt mit 100 000 Einwohnern: 90 Mio EUR jährlich.

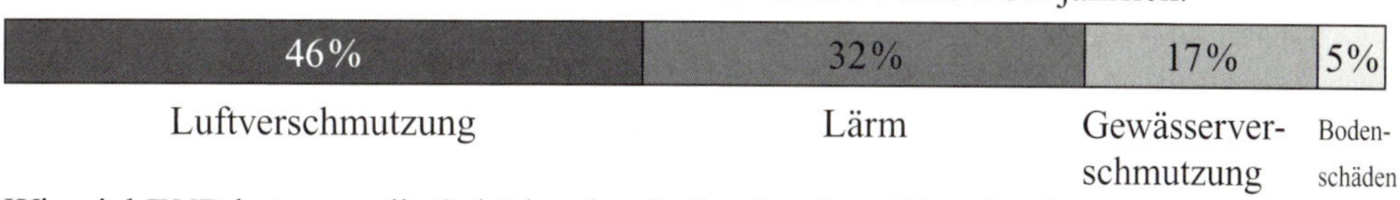

Wie viel EUR betragen die Schäden durch die einzelnen Ursachen?

4 Das Streifendiagramm zeigt das Ergebnis einer Klassenarbeit in einem 7. Jahrgang.
a) Berechne die Anzahl der Klassenarbeiten in den einzelnen Notenstufen bei einer Gesamtzahl von 90 Arbeiten im Schuljahr 1998/99.
b) Der gleiche Test hatte im Schuljahr 1999/2000 das nebenstehende Ergebnis. Zeichne ein Streifendiagramm und vergleiche.

Mathematikarbeit Nr. 3 7. Jahrgang 1998/99

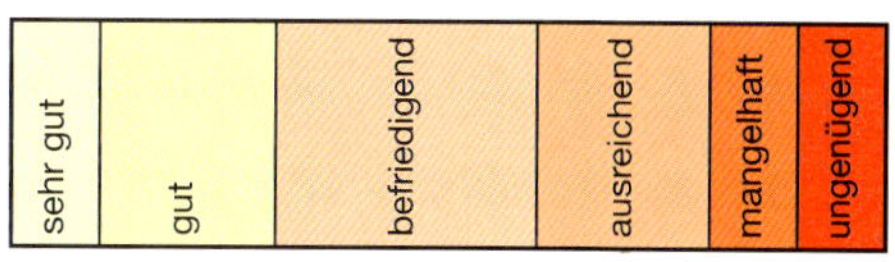

Mathematikarbeit Nr. 3 7. Jahrgang 1999/2000

sehr gut	gut	befr.	ausr.	mang.	ung.
10	20	16	24	8	2

1 Die Schüler der Klasse 7b untersuchen, wie häufig die unterschiedlichen Fahrzeugarten im Straßenverkehr vorkommen. Eine Schülergruppe beobachtet dazu an einer stark befahrenen Kreuzung 500 Fahrzeuge.

Fahrzeugart	PKW	LKW	Motorräder/Mofas	Omnibusse/andere Kfz
Anzahl	302	118	59	21
Anteil in Prozent	60 %	24 %	12 %	4 %

So kannst du die in der Tabelle aufbereiteten Daten in einem Kreisdiagramm graphisch darstellen:

1. Wähle einen geeigneten Radius und zeichne einen Kreis.
2. Berechne wie im Beispiel zu jedem Prozentsatz den zugehörigen Winkel.
3. Zeichne die Winkel im Kreis ein und beschrifte sie.

Radius: 5 cm
PKW: 60% $100\,\% \triangleq 360°$
$1\,\% \triangleq 3{,}6°$
$60\,\% \triangleq 60 \cdot 3{,}6° = 216°$

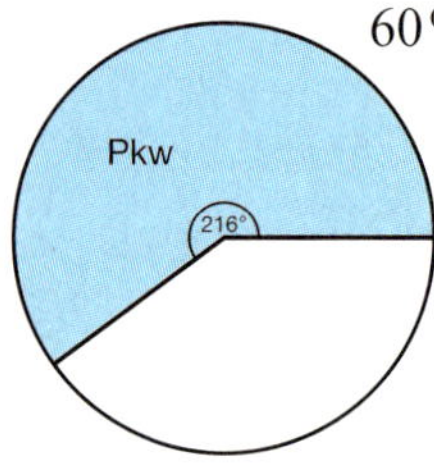

Zeichne das vollständige Kreisdiagramm in dein Heft.

2 Rechne um in Grad.
a) 10 % 20 % 25 % 50 % 14 % b) 80 % 64 % 98 % 46 % 27 %

3 Bestimme die Winkel der Kreisausschnitte. Welcher Prozentsatz ist gefärbt?

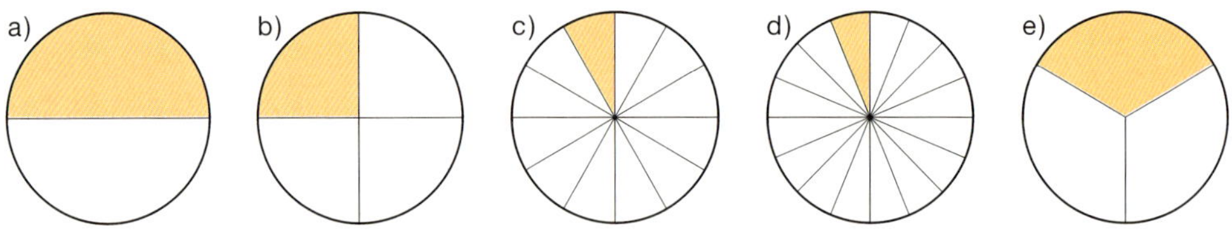

4 Der Fahrradhändler Stemmer verkaufte 420 Fahrräder in verschiedenen Farben.
a) Übertrage das Kreisdiagramm in dein Heft.
b) Bestimme die Anteile der Farben in Prozent.
c) Wie viele rote (grüne, gelbe, blaue) Fahrräder wurden verkauft?

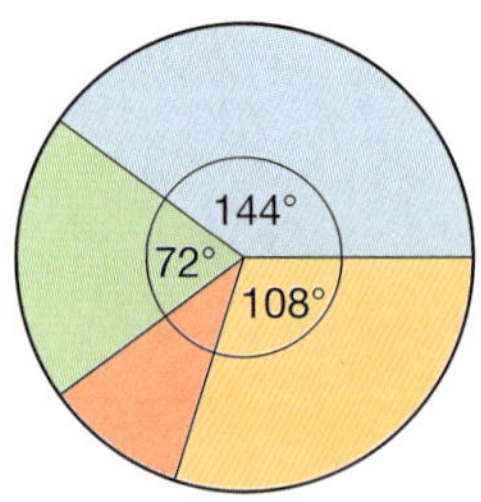

5

Fahrzeugart	PKW	LKW	Motorräder/Mofas	Omnibusse/andere Kfz
Anzahl	128	42	26	14
Anteil in %	■	■	■	■

a) Übertrage die Tabelle in dein Heft und vervollständige sie.
b) Stelle das Ergebnis in einem Kreisdiagramm graphisch dar (Radius 5 cm).

7 Dreiecke

1 In den Abbildungen erkennst du viele Dreiecke. Versuche dafür eine Erklärung zu finden.

2

Die Querverbindungen des Baugerüstes bilden zusammen mit anderen Teilen Dreiecke.

Warum haben die Bauarbeiter derartige Querverbindungen angebracht?

Überprüft eure Vermutungen, indem ihr aus Trinkhalmen ein Rechteck, ein Quadrat und ein Dreieck baut.
Wie stabil sind die einzelnen Figuren?
Könnt ihr die Stabilität einzelner Figuren verbessern?

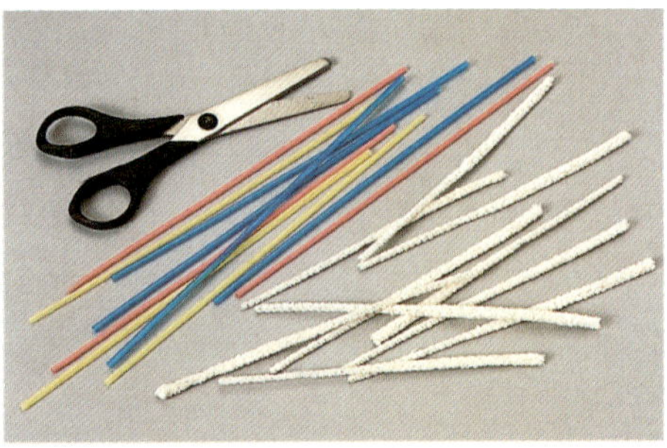

3

Aus den abgebildeten Trinkhalmen will Gülsen ein Dreieck bauen. Einen 18 cm langen Halm hat sie bereits in der Hand. Zwei weitere Halme muss sie noch auswählen. Welche Möglichkeiten hat sie? Begründe deine Antwort.

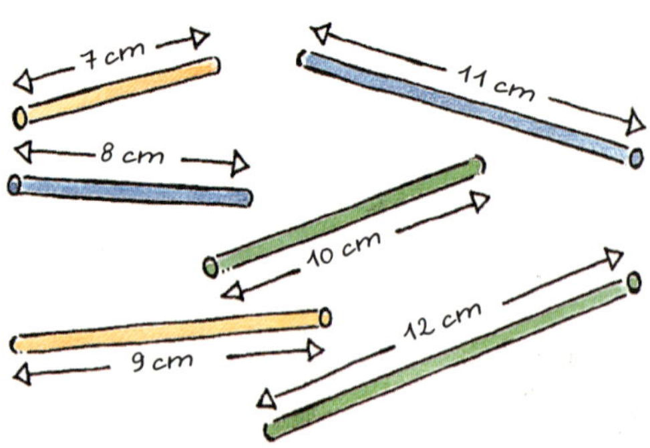

4

David möchte aus Trinkhalmen besondere Dreiecke bauen.
Diese Dreiecke sollen entweder zwei gleich große Winkel oder drei gleich große Winkel haben.
Verteilt in eurer Tischgruppe genügend viele Trinkhalme und versucht ebenfalls, derartige Dreiecke anzufertigen. Denkt vorher über die Länge der einzelnen Dreiecksseiten nach.

5

Einteilung nach den Winkeln

a) Gülsen möchte alle bisher gebastelten Dreiecke ordnen und an die Pinnwand heften. In welches Feld wird sie die restlichen vier Dreiecke einordnen? Begründe deine Antwort.
b) Versuche Davids Frage zu beantworten.

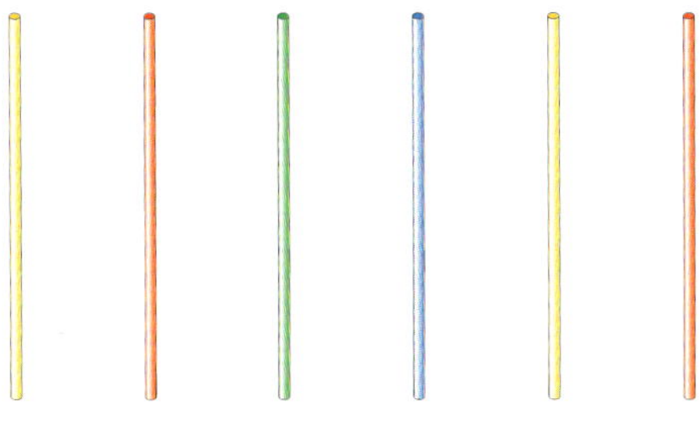

Ordne sechs gleich lange Trinkhalme so an, dass sie insgesamt vier Dreiecke mit jeweils gleich langen Seiten bilden.

6

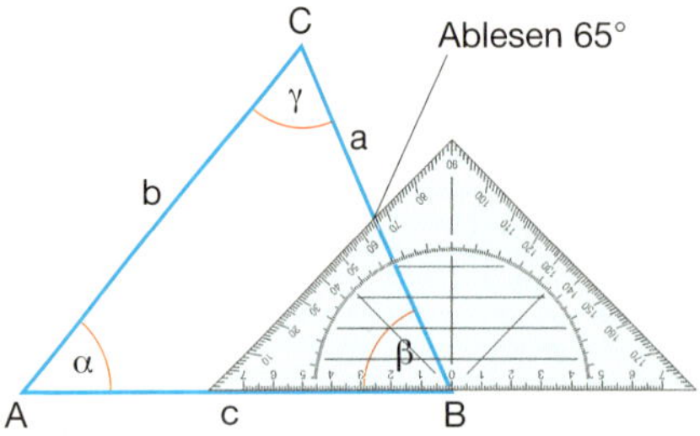

Eckpunkte: A, B, C
Seiten: $\overline{AB} = c$; $\overline{BC} = a$;
$\overline{AC} = b$;
Innenwinkel: α; β; γ

a) Miss in den unten abgebildeten Dreiecken jeweils die Seitenlängen und die Winkelgrößen.
Trage deine Ergebnisse im Heft in eine Tabelle ein

Dreieck	Seitenlängen			Winkelgrößen		
	a	b	c	α	β	γ
I						
II						

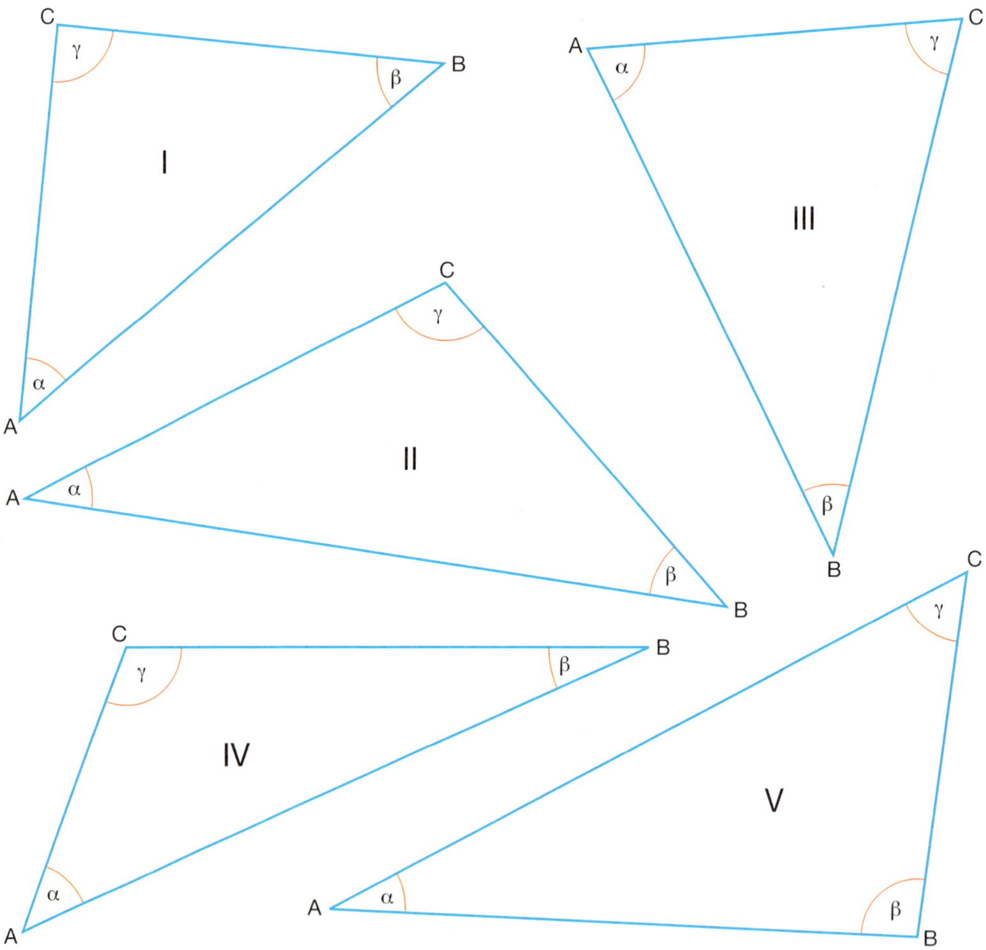

Seiten-Winkel-Beziehung
Innenwinkelsatz

b) Versuche die folgenden Sätze zu vervollständigen:
Zwei Dreiecksseiten sind zusammen stets ▒ als die dritte Dreiecksseite.
In einem Dreieck liegt der längeren von zwei Seiten der ▒ Winkel gegenüber.
Die Summe der Innenwinkel eines Dreiecks beträgt ▒.

7 a) Übertrage die abgebildeten Dreiecke jeweils auf Transparentpapier. Stelle durch Falten fest, wie viele Symmetrieachsen jeweils ein Dreieck hat.
Miss auch die einzelnen Seitenlängen und Winkelgrößen. Was fällt dir auf?

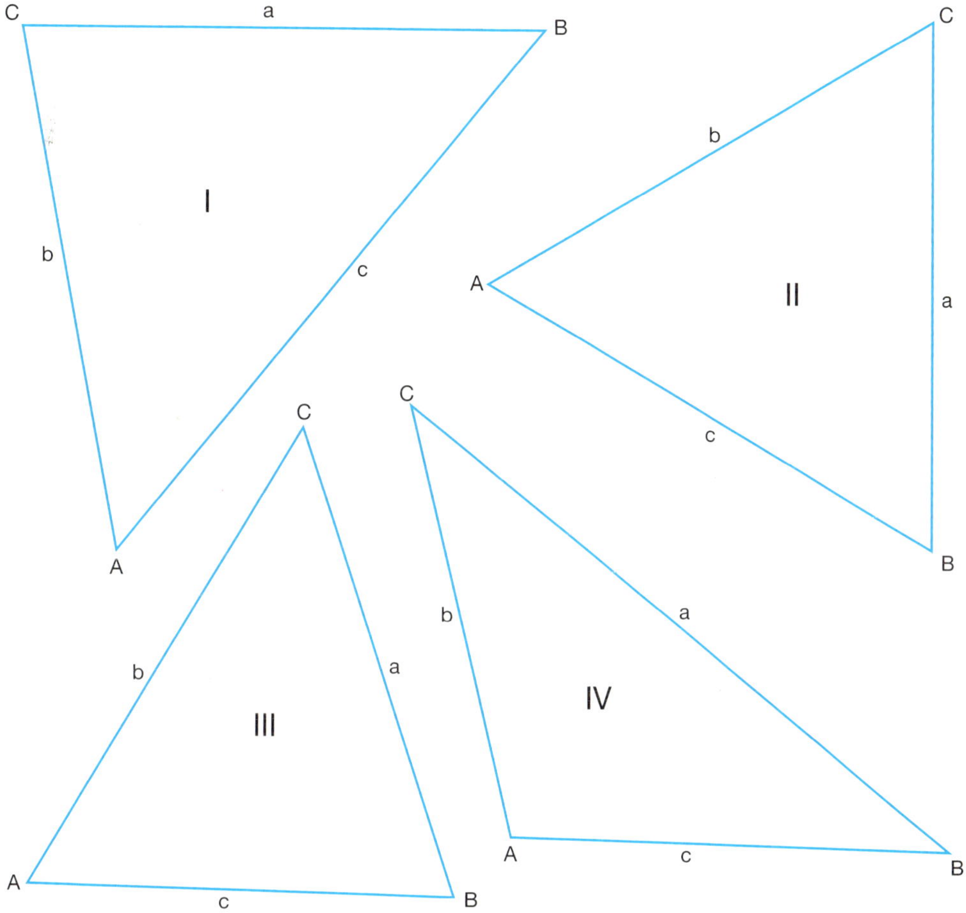

b) Entscheide anhand der Dreiecke, ob die Aussagen von Susanne, Murat, Kristin und Sascha wahr oder falsch sind.

gleich-schenkliges Dreieck

gleichseitiges Dreieck

Dreiecke lassen sich nach der Größe ihrer Innenwinkel einteilen:

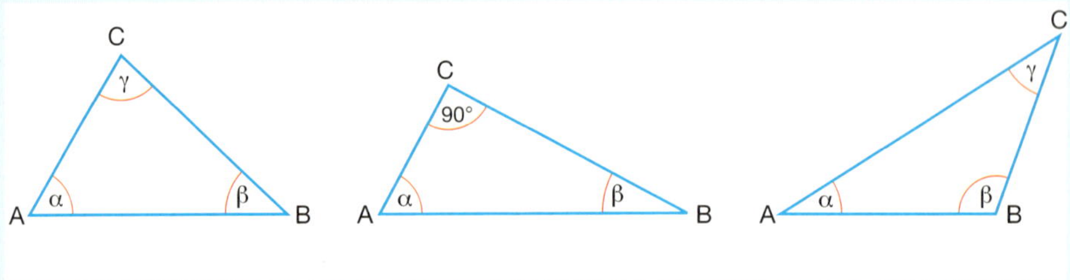

Spitzwinklige Dreiecke: Alle drei Innenwinkel sind spitze Winkel.

Rechtwinklige Dreiecke: Ein Innenwinkel ist ein rechter Winkel.

Stumpfwinklige Dreiecke: Ein Innenwinkel ist ein stumpfer Winkel.

Innenwinkelsatz

Die **Summe** der **Innenwinkel** eines Dreiecks beträgt **180°.**

Dreiecke lassen sich nach den Längen ihrer Seiten einteilen:

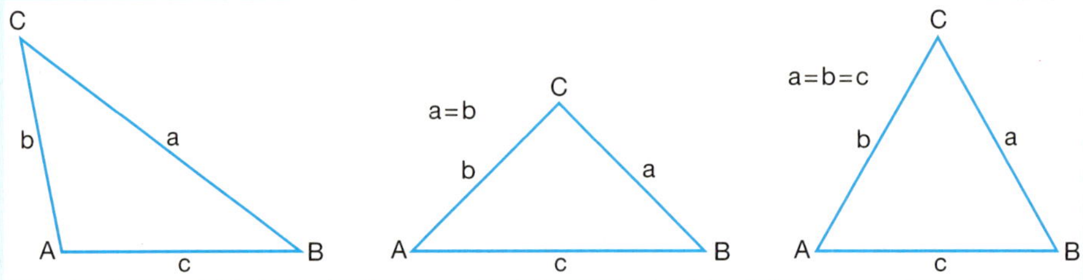

Unregelmäßige Dreiecke: Alle drei Seiten sind verschieden lang.

Gleichschenklige Dreiecke: Zwei Seiten sind gleich lang.

Gleichseitige Dreiecke: Alle drei Seiten sind gleich lang.

Dreiecksungleichung

Zwei Dreiecksseiten sind zusammen stets länger als die dritte Dreiecksseite.

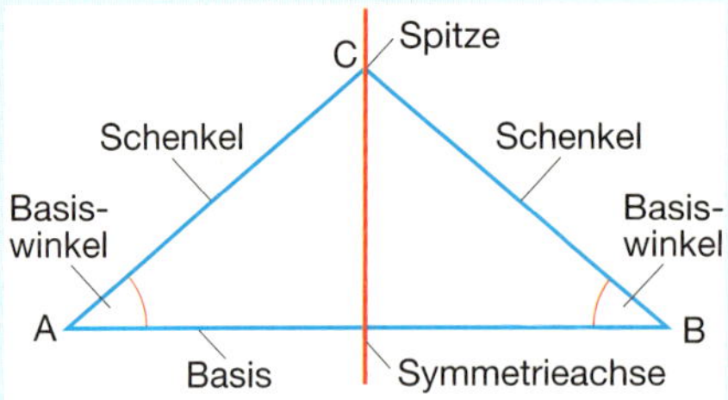

Ein Dreieck mit zwei gleich langen Seiten heißt **gleichschenkliges Dreieck.**
Die gleich langen Seiten werden als Schenkel, die dritte Seite als Basis bezeichnet.
Die Basiswinkel sind gleich groß.

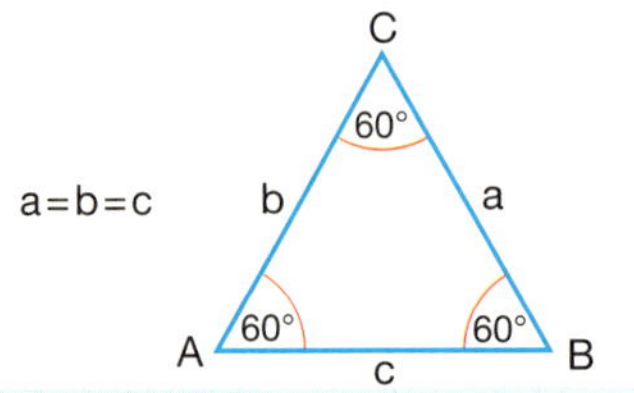

Ein Dreieck mit drei gleich langen Seiten heißt **gleichseitiges Dreieck.**

Jeder Winkel im gleichseitigen Dreieck hat eine Größe von 60°.

1 Miss die Größe der einzelnen Innenwinkel. Überprüfe deine Messergebnisse durch eine Rechnung.

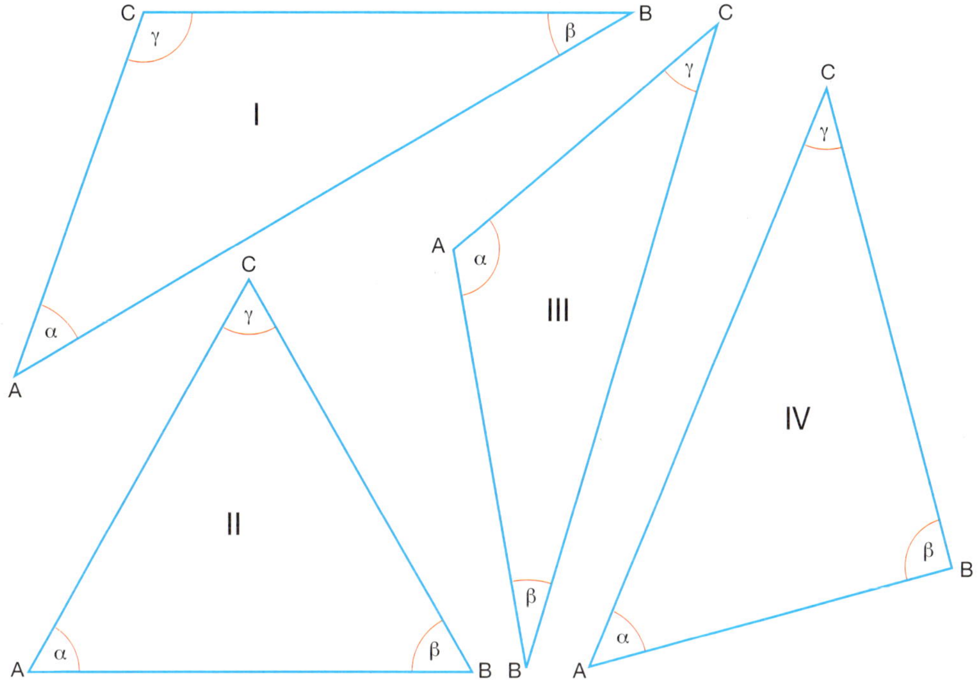

2

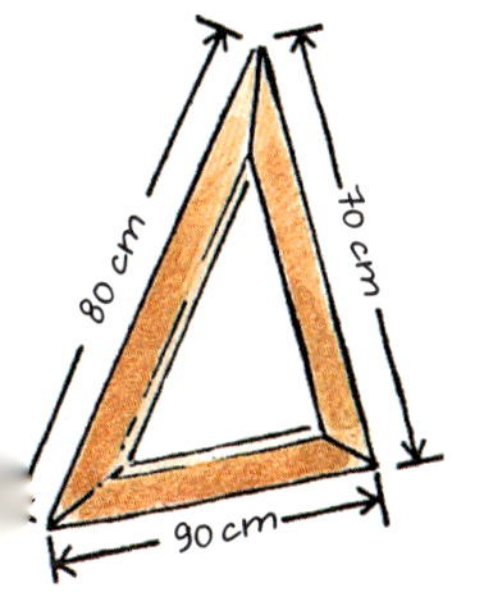

Im Technikunterricht soll aus dem 70 cm langen Holzstück und zwei weiteren Holzleisten ein Dreieck angefertigt werden.

Welche der abgebildeten Holzstücke können dafür ausgewählt werden?

Lässt sich aus den Holzleisten mit den folgenden Längen ein Dreieck bauen?

a) a = 70 cm; b = 30 cm; c = 90 cm
b) a = 60 cm; b = 20 cm; c = 80 cm
c) a = 82 dm; b = 27 dm; c = 56 dm
d) a = 1,2 dm; b = 4,6 dm; c = 3,8 dm

3 Daniel hat von verschiedenen Dreiecken die Seitenlängen und die Winkelgrößen gemessen. Hat er seine Messergebnisse an der richtigen Stelle in die Tabelle eingetragen? Begründe deine Antwort.

	Seitenlängen			Winkelgrößen		
	a	b	c	α	β	γ
a)	2,0 cm	4,9 cm	4,8 cm	24°	80°	76°
b)	7,3 cm	9,8 cm	7,3 cm	48°	84°	48°
c)	0,5 dm	0,69 dm	1,0 dm	27°	114°	39°

	Seitenlängen			Winkelgrößen		
	a	b	c	α	β	γ
d)	9,1 cm	2,7 cm	8,7 cm	73°	17°	90°
e)	5,8 cm	3,2 cm	3,4 cm	122°	28°	30°
f)	26,0 cm	11,5 cm	23,4 cm	26°	90°	64°

Winkelsumme im Viereck

4 Berechne die Größe der fehlenden Winkel und bestimme in dem Viereck ABCD die Summe der vier Innenwinkel.
Begründe, warum in einem **Viereck** die **Winkelsumme 360°** beträgt.

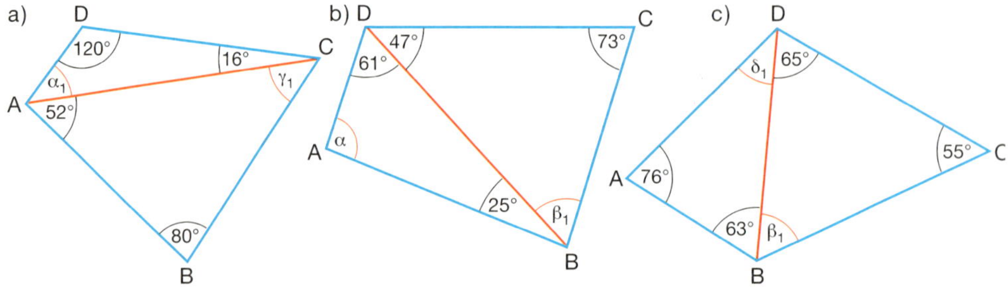

5 Bestimme in dem Viereck ABCD jeweils die Größe der rot markierten Winkel.

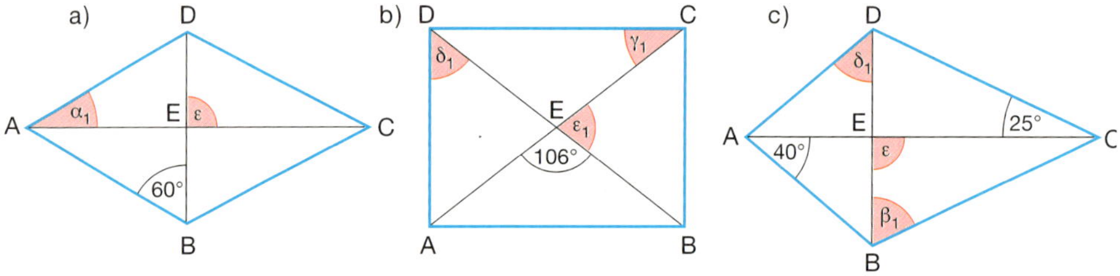

6 Zeichne ein regelmäßiges Sechseck in einen Kreis (r = 3 cm). Verbinde jeden Eckpunkt des Sechsecks mit dem Mittelpunkt des Kreises, so dass du sechs Dreiecke erhältst.
Wie groß sind die einzelnen Innenwinkel eines Dreiecks? Begründe deine Antwort.

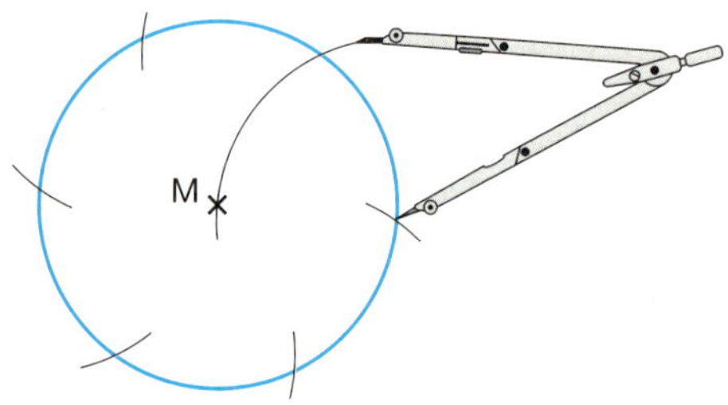

7 In einer Lehrwerkstatt werden zum Schweißen und Schneiden von Eisen und Stahl die Gase Acetylen und Sauerstoff benutzt.
Die beiden Gase werden in einem Schweiß- oder Schneidbrenner verbrannt. Es entsteht eine sehr heiße Flamme. Die Temperatur dieser Flamme beträgt etwa 3000 °C.

a) Ein 5 m und ein 7 m langes Rohr werden mit einem dritten Rohr zu einem Dreieck verschweißt. Gib von allen möglichen Längen für das dritte Rohr nur den kleinsten und den größten ganzzahligen Wert in Metern an.

b) Ein 20 m langer Eisenträger soll in drei Stücke zerschnitten werden. Nenne drei mögliche Längen (ganzzahlige Werte in Metern), aus denen sich ein unregelmäßiges Dreieck zusammenfügen lässt.
Gib ebenfalls alle möglichen Längen für ein gleichschenkliges Dreieck an.

8

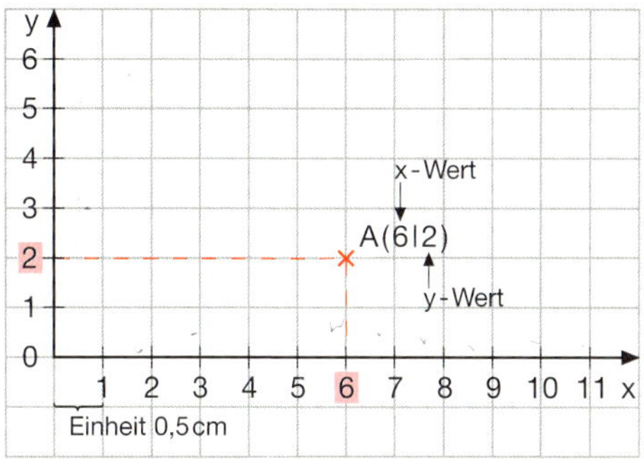

a) Zeichne die Dreiecke mit den angegebenen Eckpunkten in ein Koordinatensystem (Einheit 0,5 cm).

Dreieck	Koordinaten der Eckpunkte
I	A (6|2), B (8|7), C (1|12)
II	A (13|10), B (22|19), C (13|19)
III	A (3|12), B (11|13), C (7|20)
IV	A (12|3), B (22|3), C (23|11)

b) Miss außerdem die einzelnen Seitenlängen und gib jeweils an, ob es sich um ein unregelmäßiges oder um ein gleichschenkliges Dreieck handelt.

9 Die abgebildeten Vierecke werden durch ihre Diagonalen jeweils in Dreiecke zerlegt.
Gib den Namen des Vierecks an und ergänze die Tabelle im Heft.

	unregelmäßige Dreiecke	gleichschenklige Dreiecke
a)	△ ABC; …	
b)		△ ABC; …
c)		

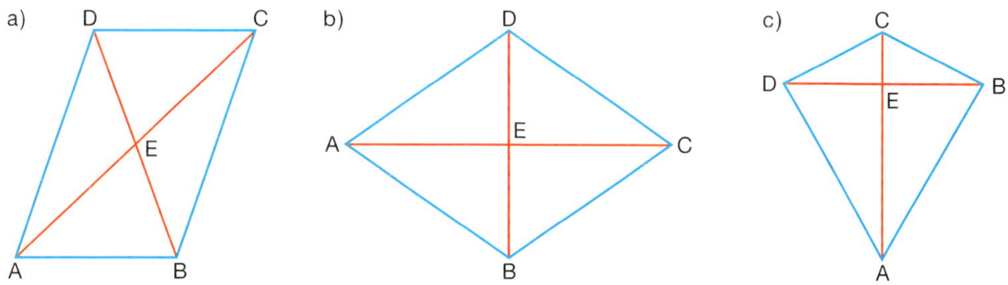

10 Zeichne ein Dreieck ABC mit den angegebenen Eckpunkten in ein Koordinatensystem (Einheit 0,5 cm). Miss die Winkelgrößen und gib an, ob es sich um ein spitzwinkliges, rechtwinkliges oder stumpfwinkliges Dreieck handelt.

a) A (2|6), B (10|1), C (13|12)
b) A (15|1), B (23|18), C (15|12)
c) A (4|10), B (16|14), C (1|19)
d) A (4|22), B (17|15), C (19|22)

11 Die abgebildeten Vierecke werden durch ihre Diagonalen jeweils in Dreiecke zerlegt.
Ergänze die Tabelle im Heft.

	Rechteck	Raute	Drachen
spitzwinklige Dreiecke			
rechtwinklige Dreiecke			
stumpfwinklige Dreiecke			△ DBC; …

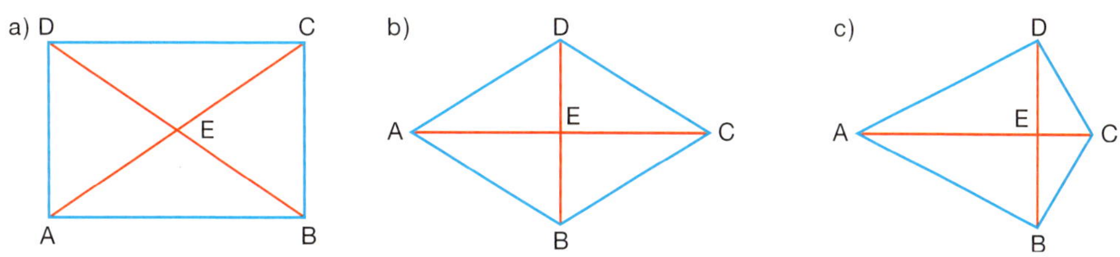

1

a) Auf dem Zeichenblatt soll ein Dreieck erstellt werden.
Welche Felder der Menüleisten haben die Schülerinnen und Schüler dazu mit der Maustaste angeklickt? In welcher Reihenfolge haben sie die Felder angewählt?

b) 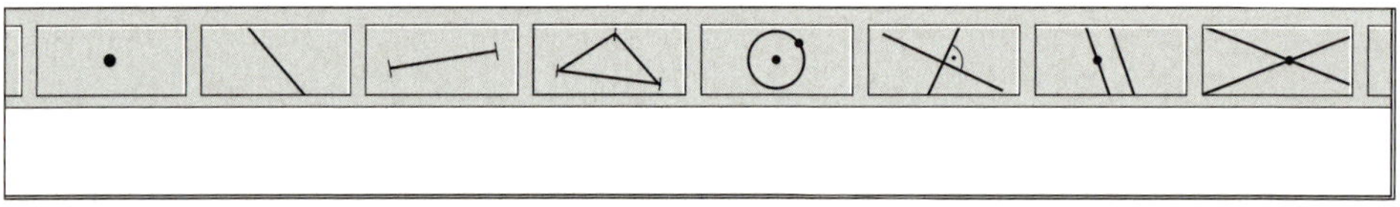

Welche geometrischen Figuren kannst du mit Hilfe der abgebildeten Symbole auf dem Zeichenblatt erstellen?

c) Erzeuge auf dem Zeichenblatt ein Dreieck.
Versuche anschließend die Lage eines Eckpunktes zu verändern. Wähle dazu mit dem Cursor einen Eckpunkt aus, halte die linke Maustaste gedrückt und ziehe den Punkt in eine andere Position.

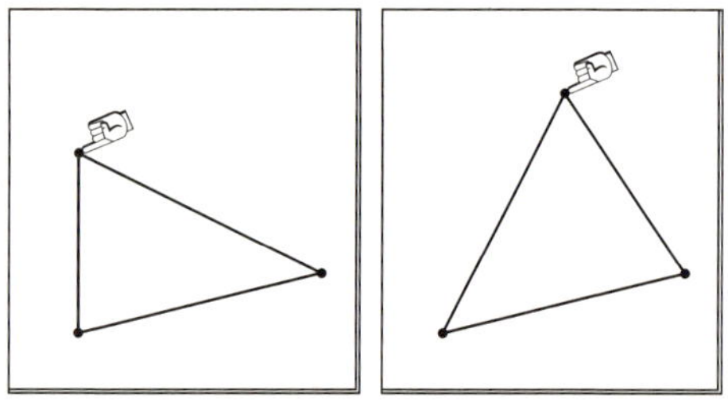

d)

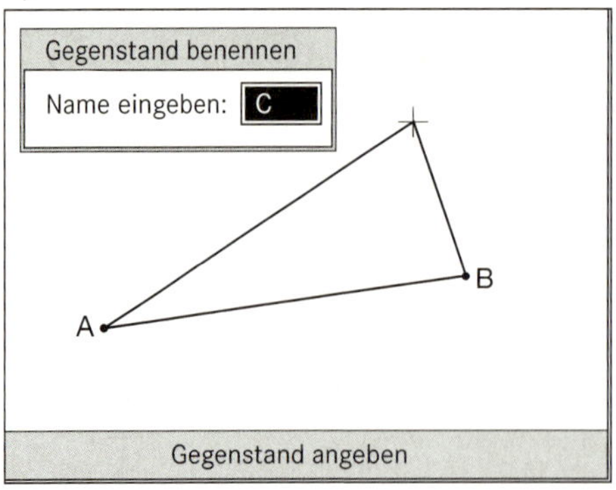

Erstelle auf dem Zeichenblatt ein Dreieck.
Benenne jeweils die Eckpunkte und die Seiten eines Dreiecks, indem du den entsprechenden Menüpunkt auswählst.

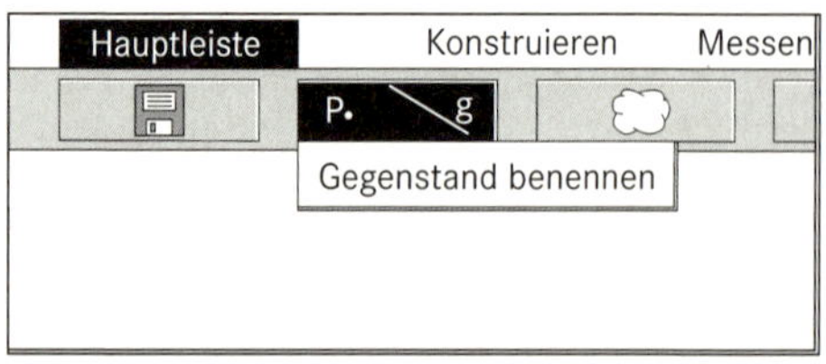

Verändere anschließend die Lage eines Eckpunktes. Was stellst du fest?

2

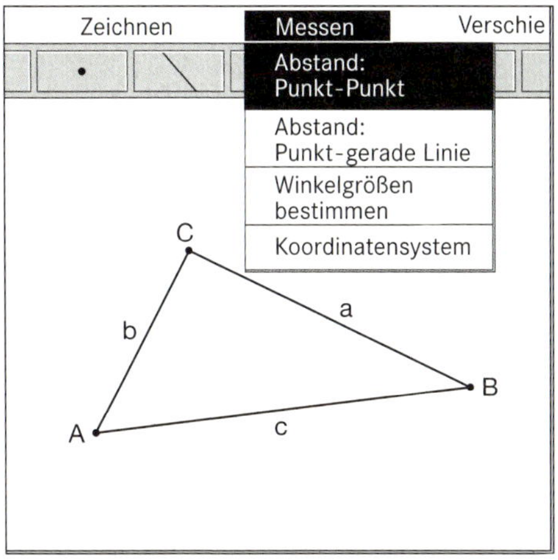

a) Klicke den Menüpunkt **„Messen"** an und bestimme die einzelnen Seitenlängen deines Dreiecks.

b) Verändere die Lage eines Eckpunktes. Beschreibe deine Beobachtungen. Überprüfe dabei auch den folgenden Satz: Zwei Dreiecksseiten sind zusammen stets länger als die dritte Seite.

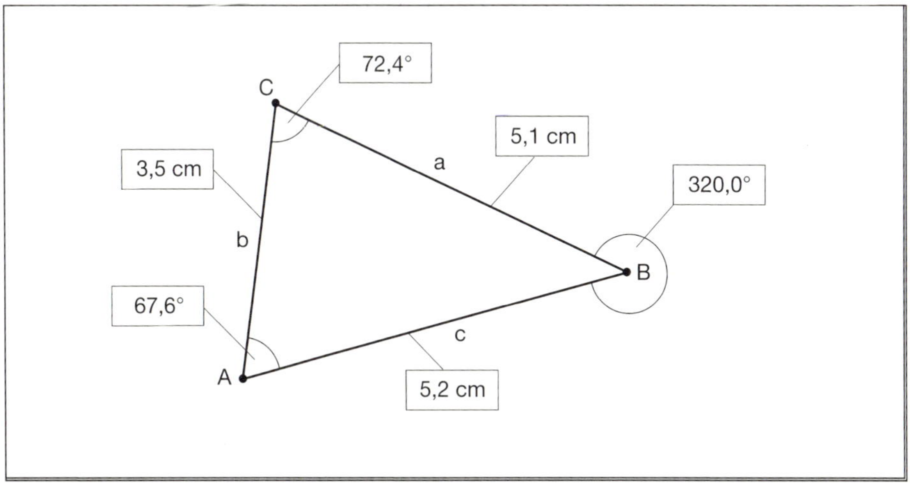

Konstruktionsschritte:

- Winkel BAC messen
- Größe des Winkels BAC anzeigen
- Winkel ABC messen
- Größe des Winkels ABC anzeigen
- Winkel ACB messen

c) Auf dem abgebildeten Zeichenblatt wird die Größe eines Innenwinkels nicht angezeigt. Stelle fest, welcher Eingabefehler gemacht wurde. Betrachte dazu das geöffnete Fenster.

d) Verändere auf dem Zeichenblatt die Lage einzelner Eckpunkte. Erzeuge dadurch verschiedene spitzwinklige und stumpfwinklige Dreiecke.
Halte die Größe der einzelnen Innenwinkel in einer Tabelle fest. Beträgt die Summe der Innenwinkel deiner Dreiecke jeweils 180°?

∢ BAC	∢ CBA	∢ ACB	Summe
67,6°	40,0°	72,4°	
27,4°	47,3°	105,3°	

Aus einem Physikbuch:

Wird ein Körper unter seinem Schwerpunkt gestützt, kippt er nicht.

1 

Die Artistin in der Abbildung balanciert mit einem Stab einen Teller. Sie weiß, dass sie den Teller an einer bestimmten Stelle unterstützen muss.
Lies in einem Physikbuch oder in einem Lexikon nach, wenn du mehr über den Schwerpunkt eines Körpers erfahren willst.

Schwerpunkt

2 Auf dem Foto siehst du, wie in einer Physikstunde der Schwerpunkt einer dreieckigen Blechplatte ermittelt wird.
Beschreibe das Experiment. Betrachte auch die bereits eingezeichneten „Lotlinien“. Was fällt dir auf?

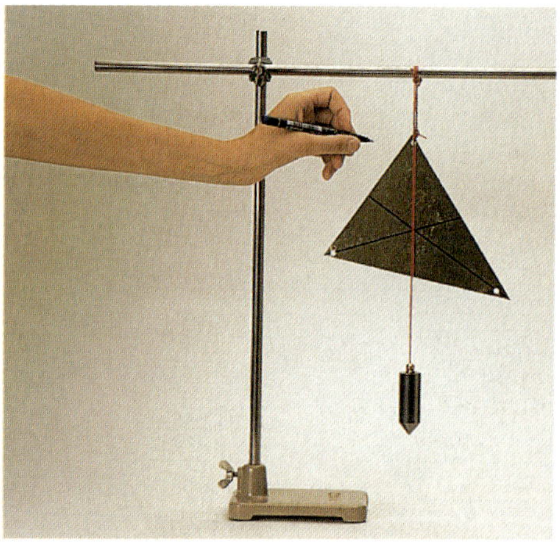

3 

a) Agnes und Ferrit bestimmen den Schwerpunkt des abgebildeten Dreiecks. Warum zeichnen sie auf dem Dreieck die Linie ein, die genau über der Linealkante liegt?
b) Versucht in eurer Tischgruppe den Schwerpunkt eines Dreiecks zu ermitteln. Müsst ihr dazu das Dreieck auf eine Linealkante legen? Begründet eure Antwort.

4 a) Zeichne auf Karton ein Dreieck. Halbiere die Seite a und verbinde diesen Mittelpunkt mit dem gegenüberliegenden Eckpunkt A. Du erhältst die **Seitenhalbierende s_a**. Zeichne ebenso die Seitenhalbierenden s_b und s_c.
b) Schneide anschließend das Dreieck aus und versuche es auf einer Bleistiftspitze zu balancieren. Welchen Punkt musst du auf die Bleistiftspitze legen, damit das Dreieck im Gleichgewicht bleibt?

1

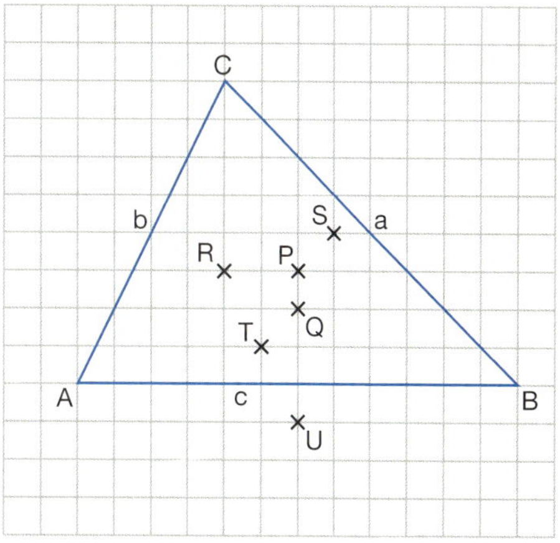

a) Übertrage das Dreieck und die markierten Punkte in dein Heft. Zähle dazu die Kästchen aus.
b) Versuche einen Kreis durch die Eckpunkte A und B zu zeichnen. Welchen der markierten Punkte kannst du dafür als Mittelpunkt auswählen? Begründe deine Antwort.
c) Zeichne weitere Mittelpunkte. Verbinde die Punkte. Was fällt dir auf?

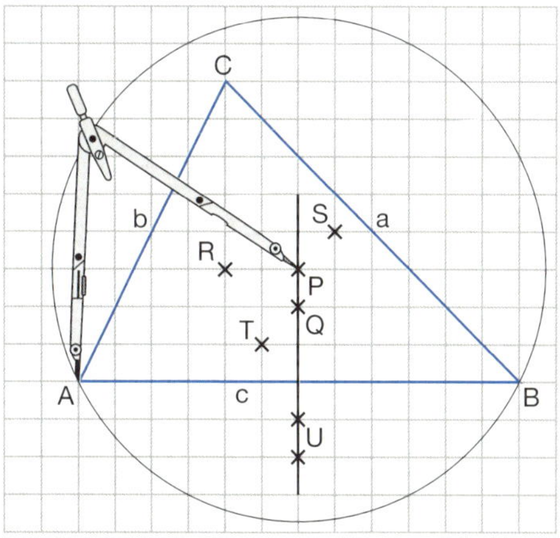

d) Welcher der Punkte Q, R, S oder T ist der Mittelpunkt eines Kreises, auf dem die Eckpunkte B und C liegen?
Zeichne weitere Mittelpunkte. Erläutere, wie du dabei vorgehst.
e) Kannst du den Mittelpunkt des Kreises angeben, der durch alle Eckpunkte des abgebildeten Dreiecks geht?
Begründe deine Antwort.

2 Zeichne in ein spitzwinkliges (rechtwinkliges, stumpfwinkliges) Dreieck die Geraden, die jeweils durch den Mittelpunkt einer Seite gehen und senkrecht zu ihr stehen.

Umkreis

Der Schnittpunkt dieser drei **Mittelsenkrechten** ist der Mittelpunkt des **Umkreises,** auf dem die drei Eckpunkte des Dreiecks liegen.
Zeichne den Umkreis.

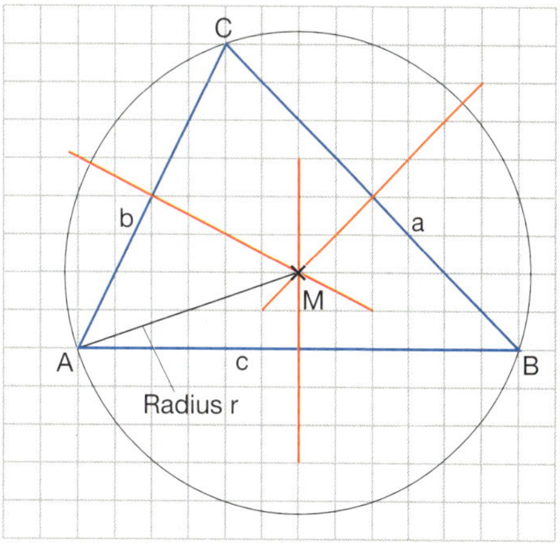

1 a) In einem gleichseitigen Dreieck ist S der Schnittpunkt der Seitenhalbierenden und der Mittelpunkt des Inkreises. Der Inkreis berührt alle Dreiecksseiten.
Bestimme anhand der Zeichnung jeweils den Abstand, den der Kreismittelpunkt von den einzelnen Dreiecksseiten hat.

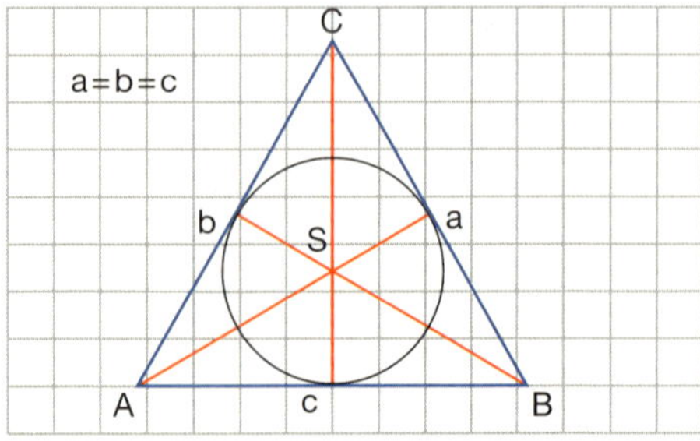

b) Zeichne verschieden große unregelmäßige Dreiecke. Untersuche, ob der Schnittpunkt der Seitenhalbierenden (Mittelsenkrechten) jeweils auch der Mittelpunkt des Inkreises ist.

2

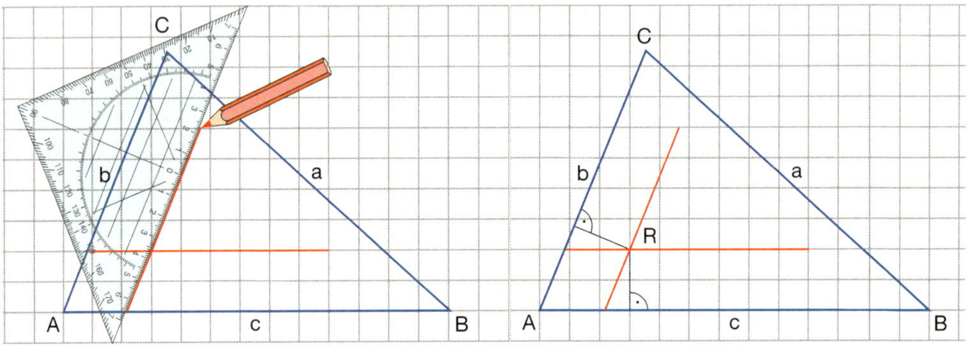

Der markierte Punkt R hat von den Seiten b und c jeweils denselben Abstand. Erkläre anhand der Abbildungen, wie dieser Punkt bestimmt wird.

3

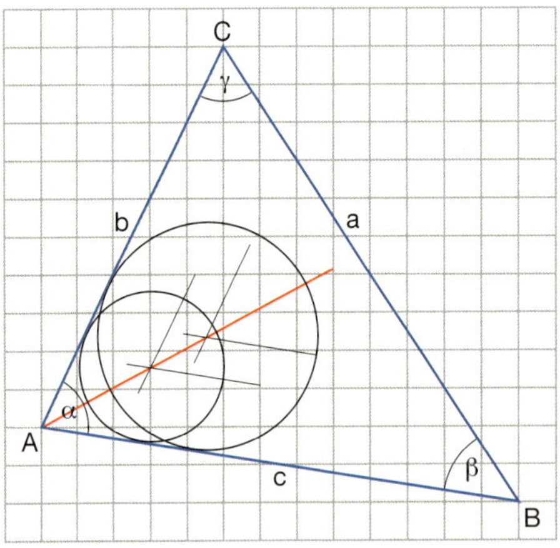

a) Zeichne in ein unregelmäßiges Dreieck einen Kreis, dessen Mittelpunkt von den Seiten b und c jeweils 1,0 cm (1,5 cm) Abstand hat.
b) Versuche vom Eckpunkt A aus einen Strahl durch die Kreismittelpunkte zu zeichnen.
Welche Eigenschaften hat dieser Strahl?

c) Zeichne in dein Dreieck einen weiteren Kreis, der von den Seiten a und c jeweils denselben Abstand hat. Erläutere, wie du dabei vorgehst.
d) Wo liegt der Mittelpunkt des Kreises, der alle Dreiecksseiten berührt? Begründe deine Antwort.

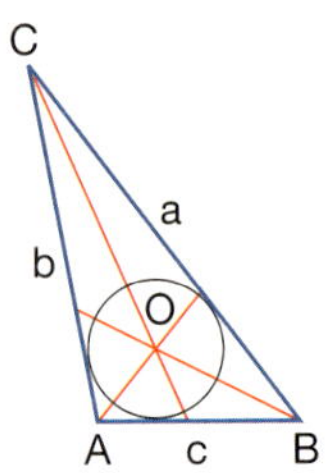

4 Zeichne ein beliebiges nicht zu kleines Dreieck. Halbiere die einzelnen Innenwinkel. Der Schnittpunkt dieser **Winkelhalbierenden** ist der Mittelpunkt des **Inkreises.** Zeichne den Inkreis.

1

Julia, Robert und ihr Vater haben für den Dachausbau eine dreieckige Holzplatte ausgesägt. Anschließend überprüfen sie, ob sich die Holzplatte durch die Haustür tragen lässt. Welche Messungen müssen sie dafür durchführen?

2 a) Zeichne ein beliebiges spitzwinkliges Dreieck ABC. Fälle das Lot von Punkt C auf die gegenüberliegende Seite c. Bezeichne den Fußpunkt des Lotes mit D.

Höhen

Die Strecke $\overline{CD}$ heißt **Höhe h_c** des Dreiecks ABC.

b) Trage entsprechend die Höhen $\mathbf{h_a}$ und $\mathbf{h_b}$ ein. Was stellst du fest?

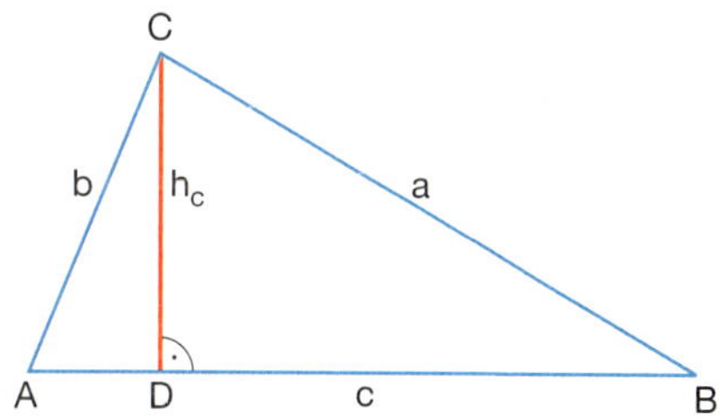

3

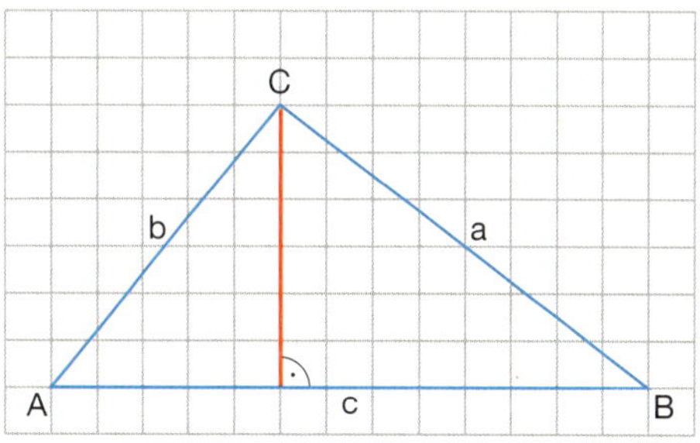

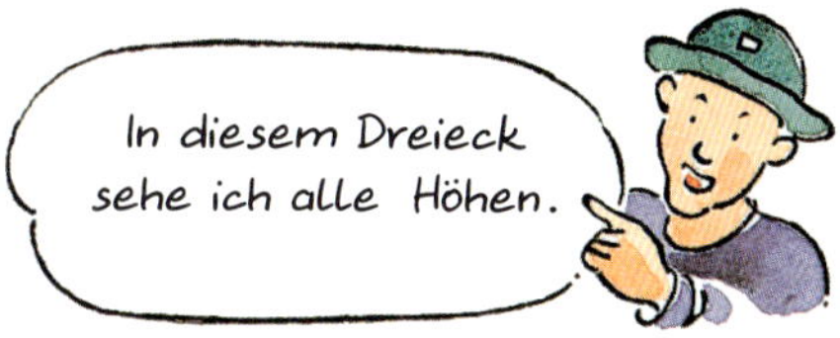

Was meinst du? Begründe deine Antwort.

4 a) Übertrage das abgebildete stumpfwinklige Dreieck, die Höhen h_a und h_b in dein Heft.
Zeichne anschließend die Höhe h_c ein.

b) Versuche, den Schnittpunkt der Höhen zu bestimmen. Beschreibe, wie du dabei vorgehst.

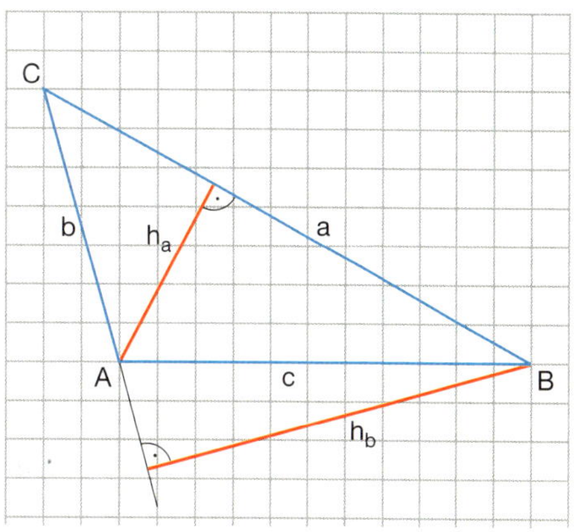

1 a) Zeichne um die Endpunkte einer Strecke $\overline{AB}$ je einen Kreis mit demselben Radius. Wähle seine Größe so, dass sich die Kreise schneiden. Markiere die beiden Schnittpunkte.

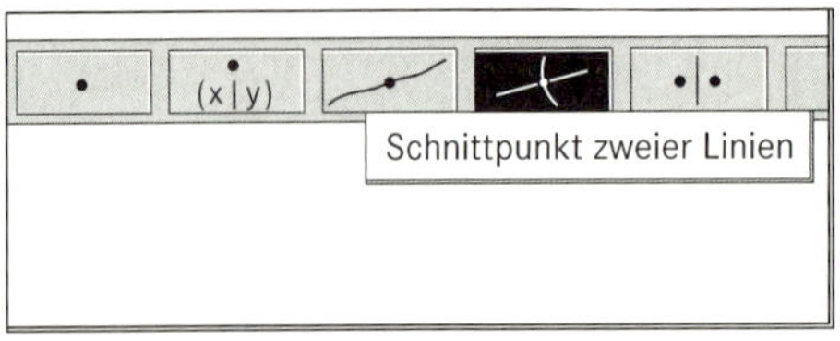

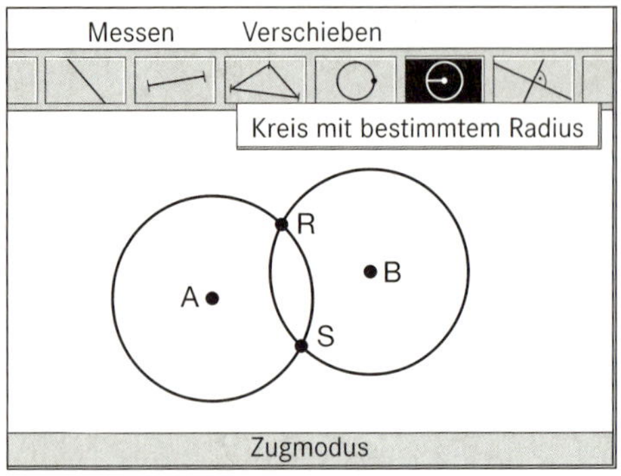

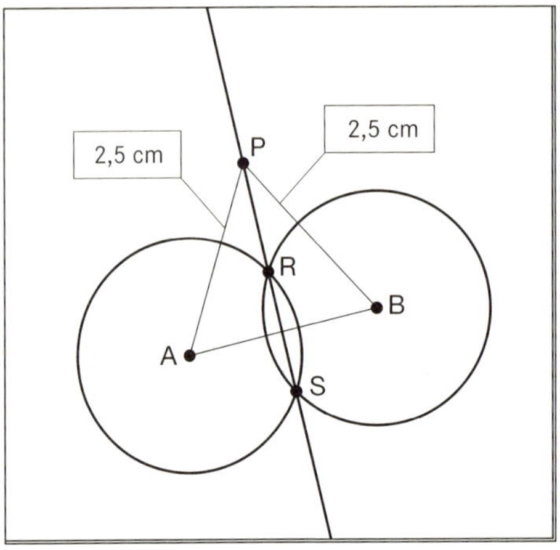

b) Zeichne durch die Schnittpunkte R und S eine Gerade.
Markiere einen beliebigen Punkt P auf der Geraden RS.

Bestimme jeweils den Abstand des Punktes P von den Endpunkten der Strecke $\overline{AB}$. Verändere anschließend die Lage von P. Was stellst du fest?

c) Untersuche weitere Eigenschaften der Geraden RS. Öffne die Textbox deines Geometrieprogramms und notiere die Eigenschaften.

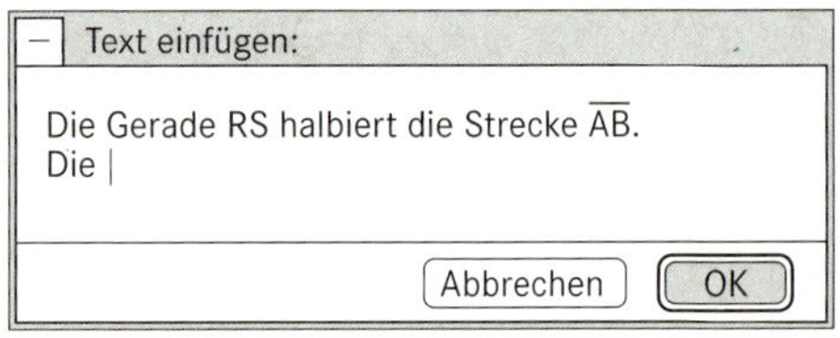

d) Konstruiere jeweils die Symmetrieachsen verschieden langer Strecken. Benutze dazu nicht den Menübefehl **„Mittelsenkrechte".**
Mit dem Menüpunkt **„Rückblende"** kannst du die einzelnen Konstruktionsschritte nochmals ablaufen lassen. Dazu musst du jeden Schritt mit einem Mausklick aufrufen.

2 Zeichne jeweils die folgenden Original- und Bildpunkte einer Achsenspiegelung in das Koordinatensystem deines Geometrieprogramms.
a) A (2|3); A′ (12|3)
b) A (4|2); A′ (8|6)
c) A (10|3); A′ (13|10)
d) A (4|4); A′ (6|6)
Konstruiere anschließend die zugehörige Spiegelachse. Markiere danach zwei beliebige Punkte auf der Spiegelachse und gib ihre Koordinaten an.

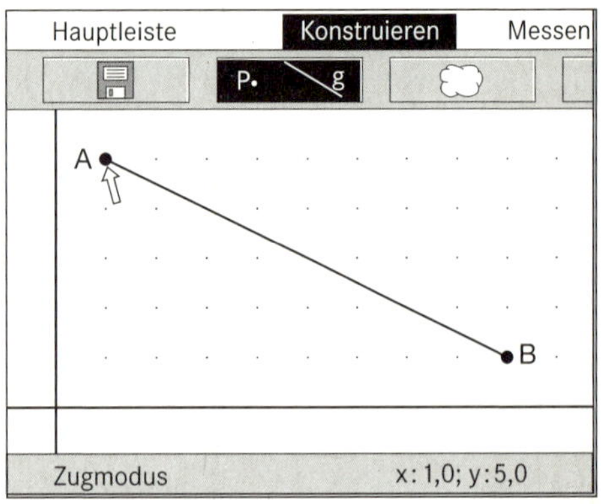

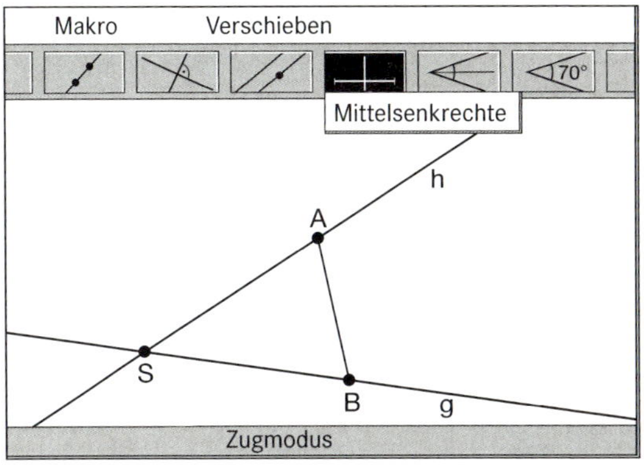

1 a) Zeichne zwei Geraden g und h, die sich in Punkt S schneiden.
Markiere wie abgebildet auf den Geraden zwei Punkte A und B, die von S jeweils gleich weit entfernt sind.
Konstruiere anschließend die Mittelsenkrechte der Strecke $\overline{AB}$.
Beschreibe die Lage der Mittelsenkrechten.

b) Bezeichne die Mittelsenkrechte der Strecke $\overline{AB}$ mit w.
Markiere auf der Geraden w einen beliebigen Punkt P.
Klicke nacheinander die Menüpunkte „Messen“ und „Abstand messen“ an und bestimme jeweils den Abstand des Punktes P von den Geraden g und h.
Verändere die Lage von P. Was stellst du fest?

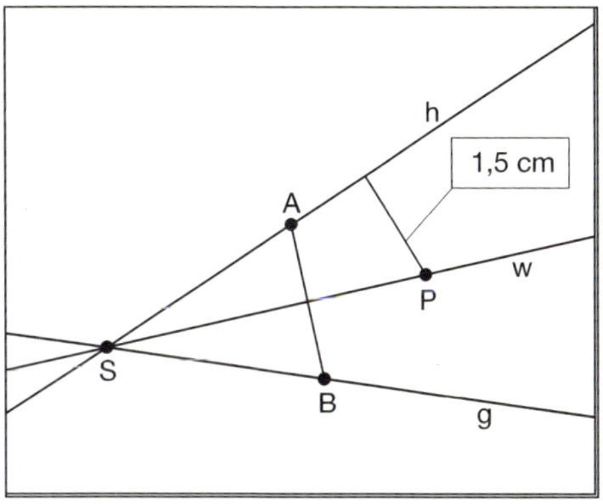

c) Stelle alle Eigenschaften der Geraden w in einer Textbox zusammen. Drucke deine Zeichnung und den Inhalt der Textbox aus. Klebe das ausgedruckte Zeichenblatt in dein Heft.

2

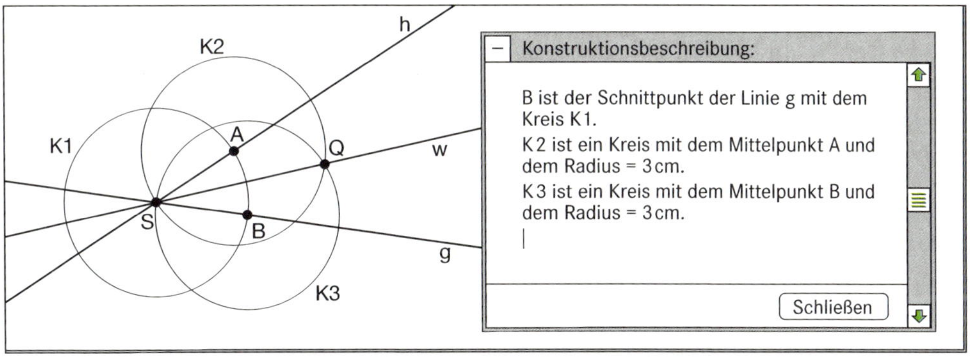

Auf dem abgebildeten Zeichenblatt ist die Winkelhalbierende w des Winkels ∢ (g, h) mit „Zirkel und Lineal“ des Geometrieprogramms konstruiert worden.
Das geöffnete Fenster zeigt dir einen Ausschnitt der zugehörigen Konstruktionsbeschreibung.
Fertige in deinem Heft eine eigene Beschreibung an.

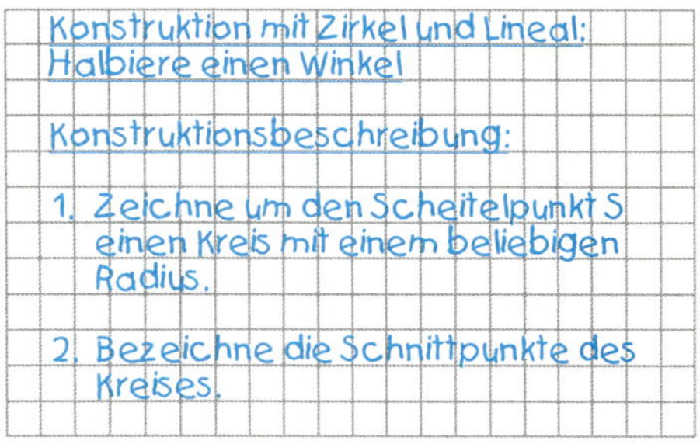

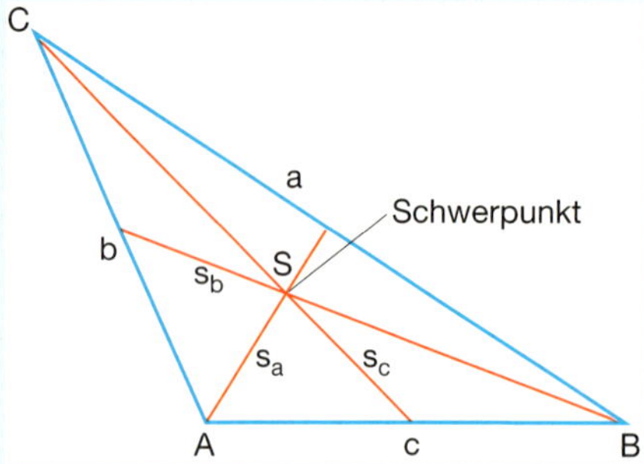

Die drei Seitenhalbierenden eines Dreiecks schneiden sich in einem Punkt, dem **Schwerpunkt** des Dreiecks.

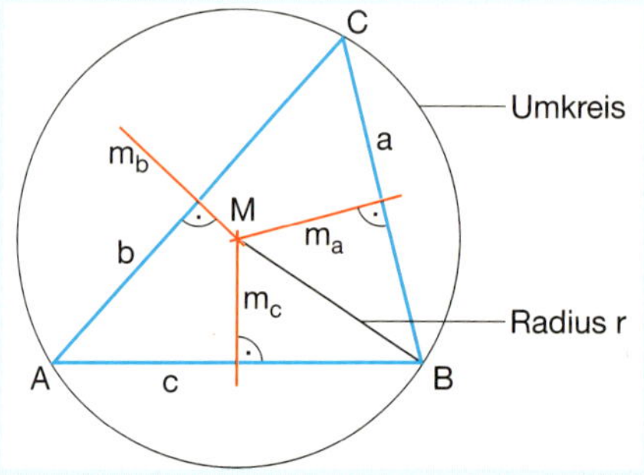

Die drei Mittelsenkrechten eines Dreiecks schneiden sich in einem Punkt. Dieser Schnittpunkt ist der Mittelpunkt des **Umkreises.**

Griechischer Buchstabe: rho (ϱ)

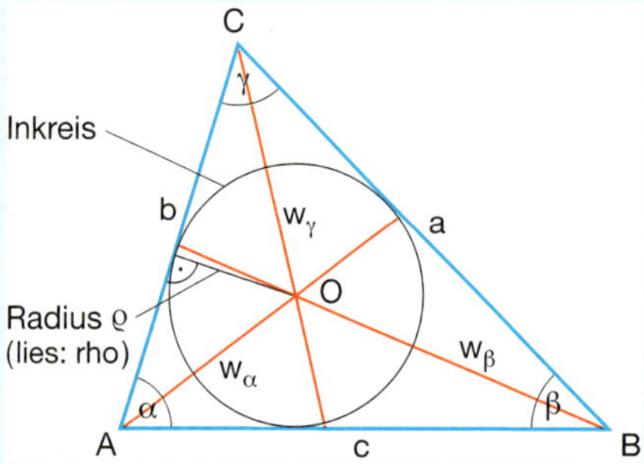

Die drei Winkelhalbierenden eines Dreiecks schneiden sich in einem Punkt.
Dieser Schnittpunkt hat von jeder Seite des Dreiecks denselben Abstand. Er ist der Mittelpunkt des **Inkreises.**

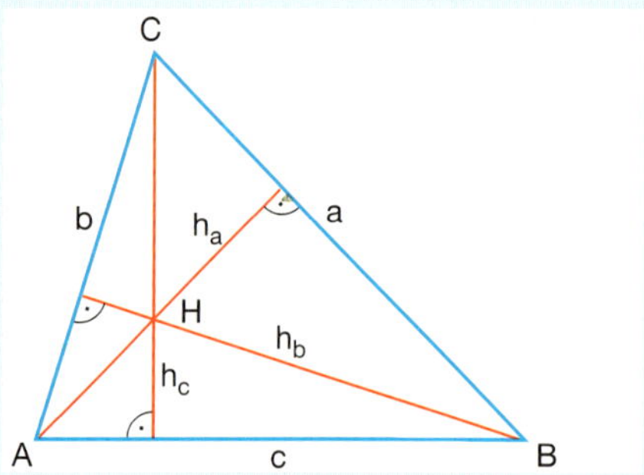

Die drei Höhen eines Dreiecks oder ihre Verlängerungen schneiden sich in einem Punkt.

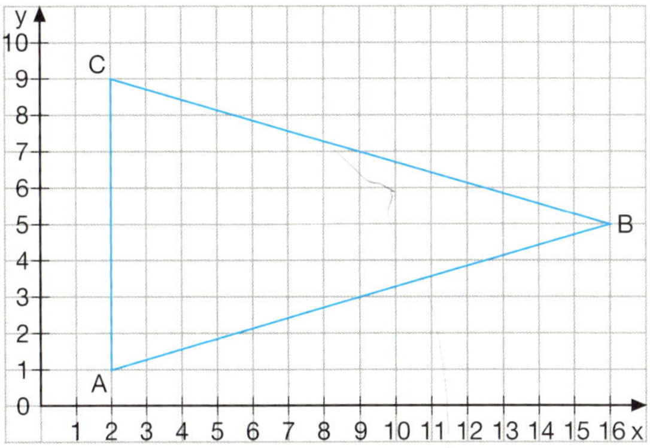

1 a) Übertrage das Koordinatensystem und das eingezeichnete Dreieck in dein Heft.
b) Zeichne die Seitenhalbierenden des Dreiecks und gib die Koordinaten des Schwerpunktes S an.

2 Zeichne das Dreieck ABC mit den angegebenen Eckpunkten in ein Koordinatensystem (Einheit 0,5 cm). Trage die Seitenhalbierenden ein. Gib die Koordinaten des Schwerpunktes S an.

a) A (1|2), B (17|2), C (9|14)
b) A (2|2), B (14|2), C (2|14)
c) A (2|2), B (14|8), C (2|20)
d) A (3|5), B (11|1), C (1|17)

3

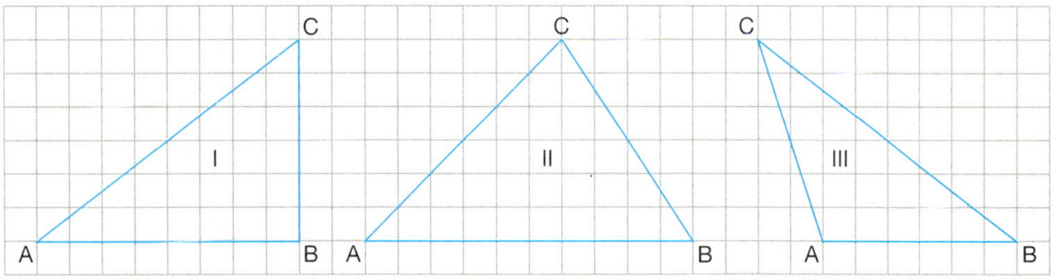

a) Übertrage die abgebildeten Dreiecke in dein Heft. Zeichne anschließend jeweils die Mittelsenkrechten und den Umkreis des Dreiecks.
b) Beschreibe die Lage der einzelnen Mittelpunkte. Was fällt dir auf? Zeichne weitere Dreiecke in dein Heft und überprüfe deine Vermutungen.

4 Zeichne das Dreieck ABC in ein Koordinatensystem (Einheit 0,5 cm). Zeichne die Mittelsenkrechten und den Umkreis des Dreiecks. Gib die Koordinaten seines Mittelpunktes an.

a) A (4|1), B (14|11), C (10|19)
b) A (3|2), B (15|2), C (9|20)
c) A (1|9), B (17|1), C (17|17)
d) A (1|11), B (17|3), C (13|15)

5 Eine Windkraftanlage soll von den abgebildeten Orten A, B und C gleich weit entfernt errichtet werden.
a) Übertrage die Abbildung in dein Heft und bestimme zeichnerisch den zukünftigen Standort der Windkraftanlage.
b) Wie viele Meter ist die Anlage jeweils von den Punkten A, B und C entfernt? Beachte den Maßstab.

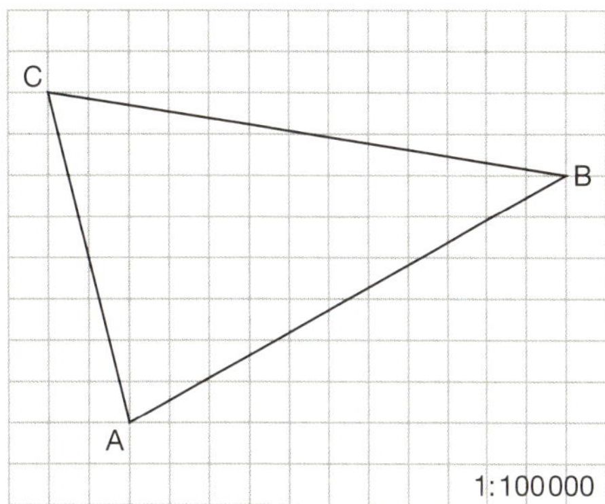

6 a) Zeichne ein Koordinatensystem (Einheit 0,5 cm) und trage die folgenden Punkte ein: A (4|16), B (12|0) und C (20|16).
Konstruiere einen Punkt M, der von A, B und C jeweils gleich weit entfernt ist. Gib die Koordinaten von Punkt M an.
b) Zeichne in einem Koordinatensystem (Einheit 0,5 cm) die Kreislinie, zu der die Punkte A (3|11), B (13|1) und C (7|19) gehören.

7 a) Zeichne einen Kreis mit dem Radius r = 3 cm, ohne seinen Mittelpunkt vorher zu kennzeichnen.
Markiere anschließend Punkte auf der Kreislinie und konstruiere den Mittelpunkt des Kreises. Begründe deine Lösung.
b) Zeichne einen Kreis mit dem Radius r = 2,5 cm (3,7 cm; 4,2 cm) und konstruiere den Kreismittelpunkt.

8

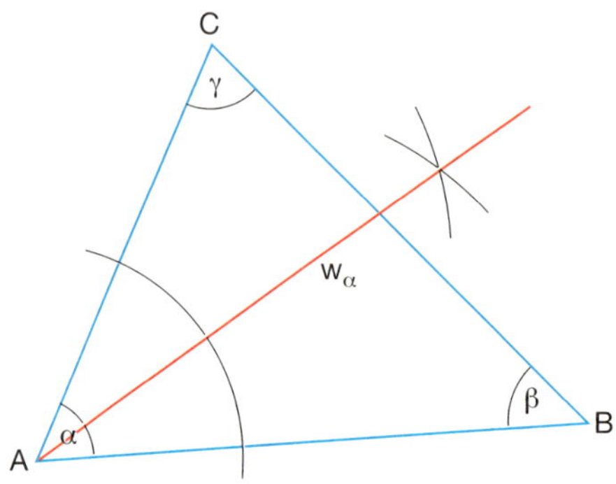

Zeichne das Dreieck ABC mit den angegebenen Eckpunkten in ein Koordinatensystem (Einheit 0,5 cm).
Konstruiere die Winkelhalbierende und zeichne den Inkreis des Dreiecks. Gib die Koordinaten des Kreismittelpunktes an.
a) A (2|2), B (22|2), C (2|17)
b) A (1|1), B (16|1), C (16|21)

9 Zeichne das Dreieck ABC mit den angegebenen Eckpunkten in ein Koordinatensystem (Einheit 0,5 cm). Trage die Höhen des Dreiecks ein. Verlängere dazu gegebenenfalls die Seiten.
Bezeichne den Schnittpunkt der Höhen mit H und gib seine Koordinaten an.

a) A (2|2), B (16|2), C (6|12)
b) A (1|9), B (15|2), C (15|17)
c) A (1|2), B (17|2), C (9|10)
d) A (8|7), B (14|7), C (2|19)
e) A (3|1), B (17|1), C (7|11)
f) A (1|1), B (16|4), C (4|12)
g) A (1|1), B (17|1), C (9|5)
h) A (1|1), B (21|1), C (6|6)

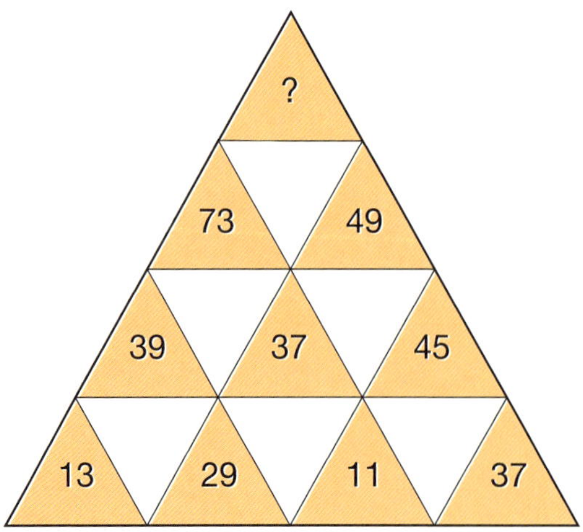

Welche Zahl gehört in das oberste Dreieck?

10 Zeichne ein nicht zu kleines gleichschenkliges Dreieck. Konstruiere seinen Umkreis und seinen Inkreis.

11 Überprüfe anhand einer Zeichnung folgende Aussage:
In einem gleichseitigen Dreieck schneiden sich die drei Mittelsenkrechten, die drei Seitenhalbierenden, die drei Höhen und die drei Winkelhalbierenden in demselben Punkt.

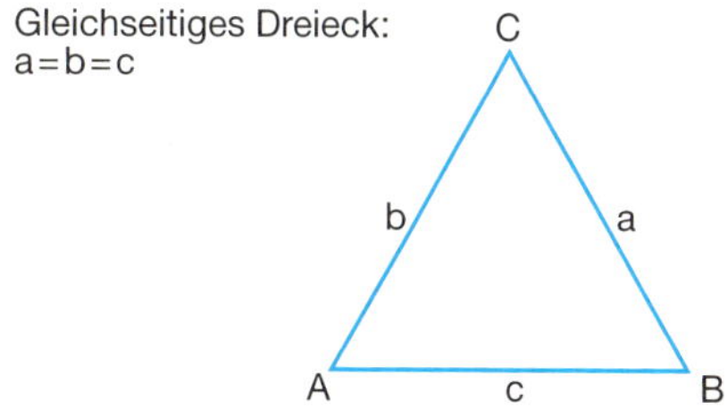

12 a) Zeichne ein Dreieck ABC mit A (2|1), B (14|1) und C (14|21) in ein Koordinatensystem (Einheit 0,5 cm). Trage die Seitenhalbierenden ein.
b) Beschrifte dein Dreieck wie abgebildet und vervollständige die Tabelle im Heft. Vergleiche jeweils die beiden Abschnittslängen einer Seitenhalbierenden miteinander. Was stellst du fest? Überprüfe deine Vermutung an weiteren Dreiecken.

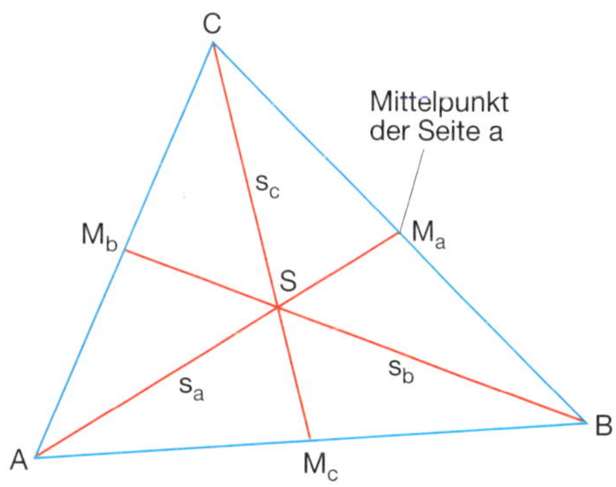

Länge der Seitenhalbierenden	Abschnittslänge	Abschnittslänge
$s_a \approx 7{,}8$ cm	$\overline{AS} \approx 5{,}2$ cm	$\overline{SM_a} \approx$
$s_b \approx$	$\overline{BS} \approx$	$\overline{SM_b} \approx$
$s_c \approx$	$\overline{CS} \approx$	$\overline{SM_c} \approx$

13 In einem Dreieck liegen der Umkreismittelpunkt M, der Höhenschnittpunkt H und der Schwerpunkt S auf einer Geraden. Diese Gerade heißt „Eulersche* Gerade".

Zeichne ein nicht zu kleines spitzwinkliges Dreieck. Überprüfe, ob der Umkreismittelpunkt, der Höhenschnittpunkt und der Schwerpunkt auf einer Geraden liegen.

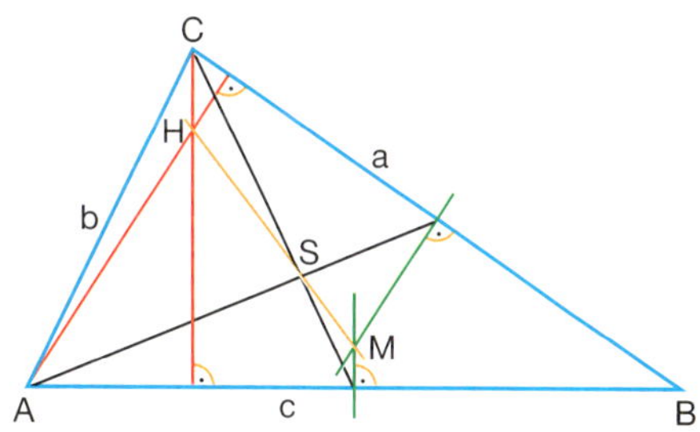

* Leonard Euler, schweizer. Mathematiker (1707–1783)

1

Innenwinkelsatz

Tanja will die Frage beantworten. Sie schneidet deshalb aus Papier ein Dreieck mit sehr unterschiedlichen Seitenlängen aus.
Anschließend schneidet sie alle Ecken des Dreiecks ab und legt sie wie abgebildet zusammen.

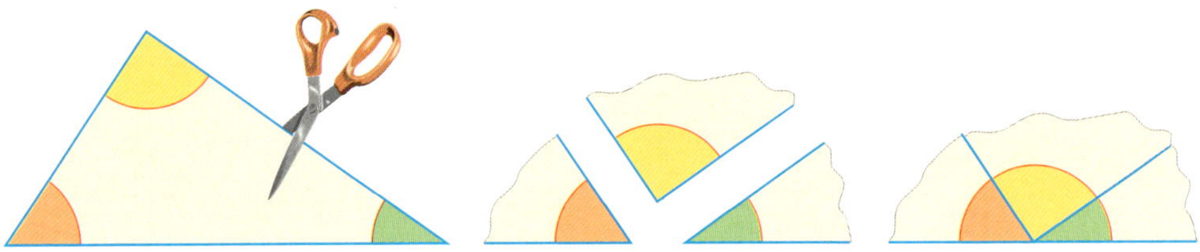

Hat sie die Frage beantwortet? Was meinst du?

2

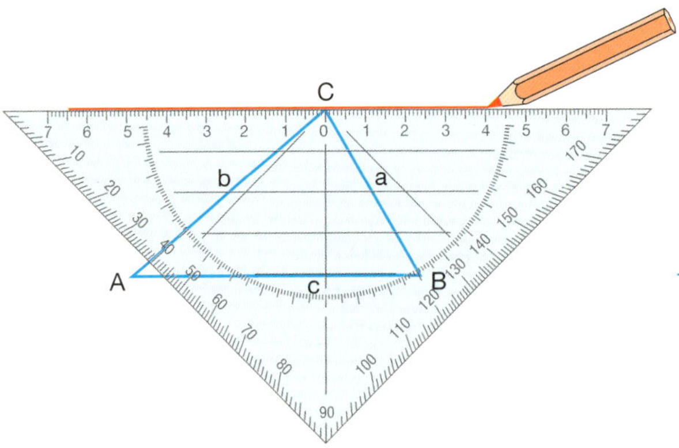

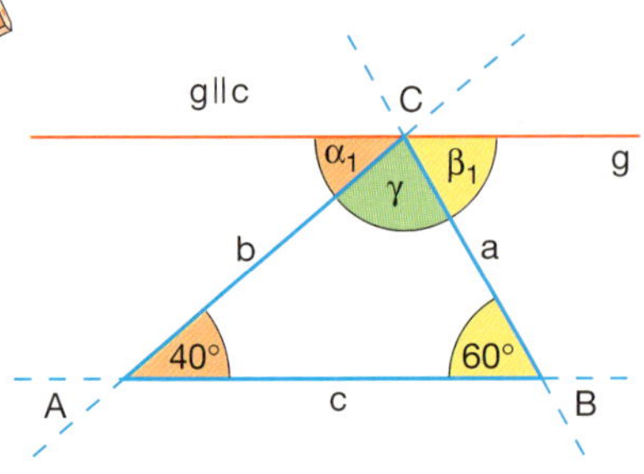

Durch den Eckpunkt C des abgebildeten Dreiecks ABC wird eine Parallele g zur Seite c gezogen.
In der Zeichnung erkennst du, dass die beiden Parallelen g und c von den Dreiecksseiten a beziehungsweise b geschnitten werden.

a) Gib, ohne zu messen, die Größe von α_1 und β_1 an. Begründe deine Ergebnisse.
b) Zeige anhand der Abbildung, dass gilt: Die Summe der Innenwinkel in einem Dreieck beträgt 180°.

3 a) In dem abgebildeten Dreieck ABC wurde jede Seite über den Eckpunkt hinaus verlängert.
Wie viele neue Winkel entstanden dadurch an jedem Eckpunkt?

Außenwinkelsatz

b) Zwei der neuen Winkel liegen jeweils **neben dem Innenwinkel.** Sie werden **Außenwinkel** genannt.
Begründe, warum die an einem Eckpunkt liegenden Außenwinkel gleich groß sind.

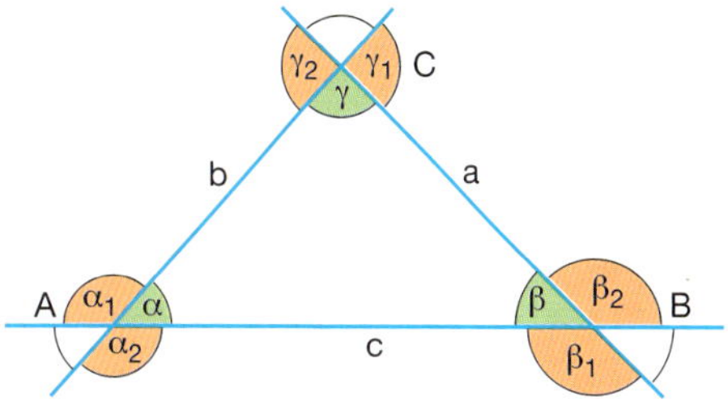

Außenwinkel: α_1, α_2
β_1, β_2
γ_1, γ_2

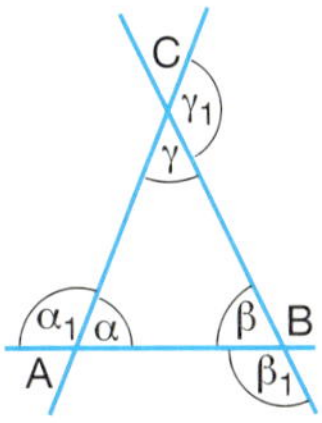

c)

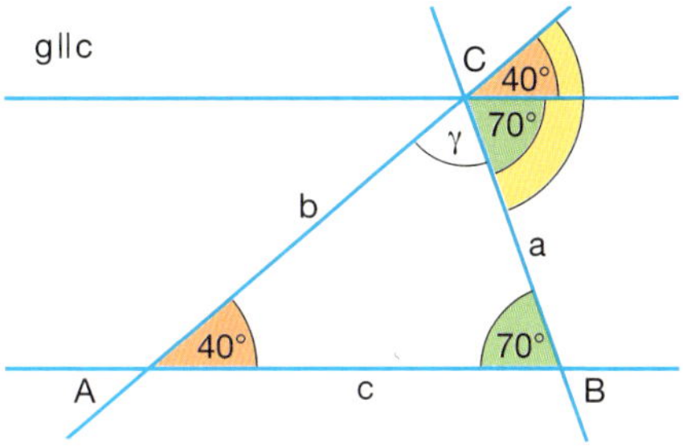

Warum sind in dem abgebildeten Dreieck ABC die mit derselben Farbe gekennzeichneten Winkel gleich groß? Begründe deine Antwort.

$\alpha_1 = \beta + \gamma$
$\beta_1 = \alpha + \gamma$
$\gamma_1 = \alpha + \beta$

d) Erläutere anhand der Abbildung, dass gilt: Die Größe jedes Außenwinkels eines Dreiecks ist gleich der Summe der beiden ihm nicht anliegenden Innenwinkel.

4 a) So kannst du zeigen, dass sich die Mittelsenkrechten m_a, m_b und m_c eines Dreiecks ABC sind im Mittelpunkt M des Umkreises schneiden:

Umkreis

1. m_a und m_b schneiden sich in M.

$$\overline{BM} = \overline{CM}$$
$$\overline{AM} = \overline{CM}$$

Daraus folgt: $\overline{BM} = \overline{AM}$

Also geht m_c auch durch M.

2. Die Eckpunkte A, B und C liegen also auf demselben Kreis um M mit

$$r = \overline{AM} = \overline{BM} = \overline{CM}$$

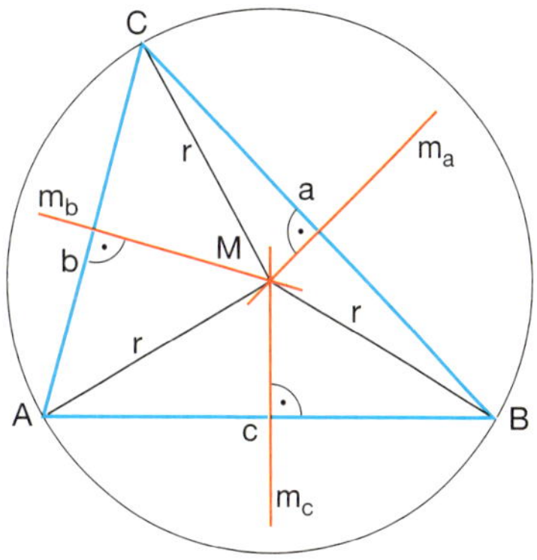

Erläutere die einzelnen Schritte des Beweises.

Inkreis

b) Zeige ebenso, dass die Winkelhalbierenden w_α, w_β und w_γ eines Dreiecks ABC sich im Mittelpunkt O des Inkreises schneiden.

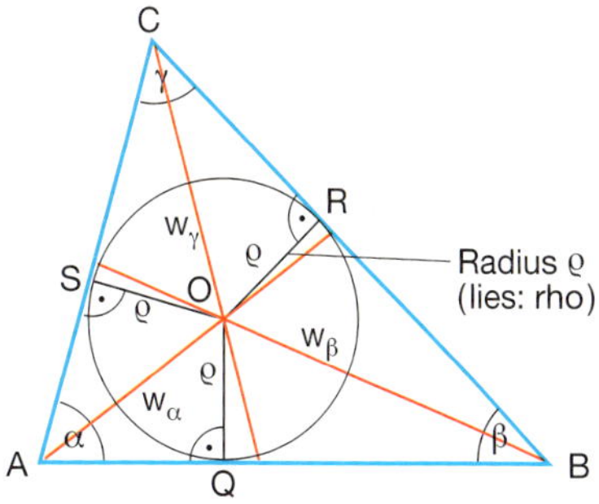

1

Melanie und Maik wollen „Stürzender Turm“ spielen. Durch einen Münzwurf soll entschieden werden, wer anfangen darf.
Beim ersten Wurf zeigt die Münze ein Motiv. „Das war doch nur Zufall“, sagt Maik und will noch einmal werfen.
Melanie und Maik werfen nun abwechselnd die Münze. Die Ergebnisse haben sie in einer **Strichliste** festgehalten.

a) Wie oft haben Melanie und Maik die Münze insgesamt geworfen?
b) Wie häufig zeigte die Münze das Ergebnis „Zahl“, wie häufig das Ergebnis „Motiv“? Hat Melanie mehr Glück als Maik?

2 Auch Arne und Laura wollen mit Hilfe eines Zufallsexperiments untersuchen, wer von beiden mehr Glück hat und häufiger das Ergebnis „Zahl“ erhält. Dazu haben sie beide mehrmals eine Münze geworfen und die Ergebnisse jeweils in einer Strichliste festgehalten.

Arne:

Zahl	𝍸 𝍸 𝍸 |
Motiv	𝍸 𝍸 𝍸 𝍸 ||||

Laura:

Zahl	𝍸 𝍸 𝍸
Motiv	𝍸 𝍸 𝍸

a) Bestimme für beide Strichlisten die **absoluten Häufigkeiten** der einzelnen Ergebnisse und die Anzahl der Würfe insgesamt.
b) Wer hat mehr Glück gehabt, Arne oder Laura? Begründe.

3 Wirf in Partnerarbeit fünfzigmal eine Münze. Lege eine Strichliste an und bestimme die absoluten Häufigkeiten der Ergebnisse „Zahl“ und „Motiv“.

Versuche, bei denen sich die **Ergebnisse** nicht sicher vorhersagen lassen, sondern zufällig zu Stande kommen, heißen **Zufallsexperimente.**

Zufallsexperiment: Werfen einer Münze

Ergebnisse: Zahl, Motiv

absolute Häufigkeit von „Zahl“: 14
absolute Häufigkeit von „Motiv“: 16

Strichliste

Zahl	~~||||~~ ~~||||~~ ||||
Motiv	~~||||~~ ~~||||~~ ~~||||~~ |

Wird ein Zufallsexperiment mehrmals durchgeführt, lassen sich die **absoluten Häufigkeiten** der einzelnen Ergebnisse mit Hilfe einer **Strichliste** ermitteln.

4

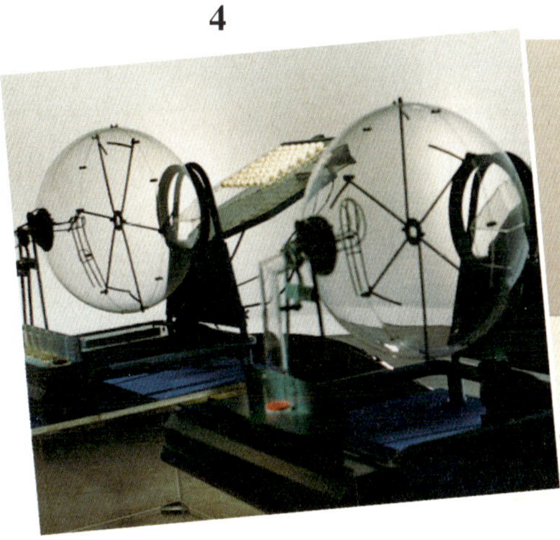
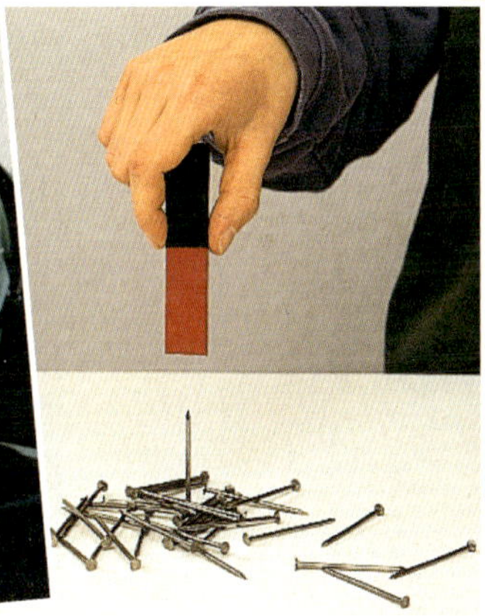

Wo wird ein Zufallsexperiment dargestellt, wo nicht? Begründe deine Antwort.

5 Svenja und Marc befragen einen zufällig ausgewählten Schüler ihrer Klasse nach seiner Lieblingssportart (seinem Lieblingsfach, seinem Lieblingstier, seiner Lieblingssängerin).
a) Begründe, warum hier ein Zufallsexperiment durchgeführt wird.
b) Nenne mögliche Ergebnisse der Befragung.

6 Welche Ergebnisse sind bei dem folgenden Zufallsexperiment möglich?
a) Ein Würfel wird einmal geworfen.
b) Die erste Lottozahl wird gezogen.
c) Ein Glücksrad (10 Ziffern) wird gedreht.
d) Eine Heftzwecke wird einmal geworfen.
e) Eine zufällig ausgewählte Person wird nach ihrer Nationalität gefragt.
f) Eine zufällig ausgewählte Person wird nach ihrer Schuhgröße gefragt.

7 Eine Schülerin (ein Schüler) deiner Klasse wird ausgelost und wie unten angegeben befragt. Welche Ergebnisse sind möglich?
a) Welche Farbe haben deine Augen?
b) Wie alt bist du?
c) Welche Schuhgröße hast du?
d) Welche Körpergröße hast du?
e) Wie viele Geschwister hast du?
f) Wie viel Taschengeld bekommst du im Monat?

1 Sandra und Oliver haben dieselbe Münze unterschiedlich oft geworfen. Die Ergebnisse ihres Zufallsexperiments haben sie in zwei Strichlisten festgehalten.

	Sandra	Oliver
Zahl	卌 卌 卌 卌 III	卌 卌 卌 III
Motiv	卌 卌 卌 卌 卌 II	卌 卌 卌 卌 II

a) In dem Beispiel wird für Sandra der Anteil (Bruchteil) berechnet, den das Ergebnis „Zahl“ an allen Würfen hat. Dieser Anteil wird als **relative Häufigkeit** bezeichnet.
Übertrage die **Häufigkeitstabelle** für Sandras Ergebnisse in dein Heft. Bestimme die relative Häufigkeit für das Ergebnis „Motiv“.

b) Lege auch für die Würfe von Oliver eine Häufigkeitstabelle an. Gib die relativen Häufigkeiten als Bruch an und trage sie in die Tabelle ein.

Ergebnis: Zahl
absolute Häufigkeit: 23
Gesamtzahl der Würfe: 50
relative Häufigkeit: $\frac{23}{50}$

Häufigkeitstabelle (Sandra)

Ergebnis	absolute Häufigkeit	relative Häufigkeit
Zahl	23	$\frac{23}{50}$
Motiv	27	■
Summe	■	■

2 Wirf in Partnerarbeit eine Münze zehnmal (zwanzigmal, fünfundzwanzigmal, hundertmal).

a) Bestimme mit Hilfe einer Strichliste die absoluten Häufigkeiten der einzelnen Ergebnisse.

b) Lege eine Häufigkeitstabelle an. Gib die relativen Häufigkeiten als Bruch an und trage sie in die Tabelle ein.

$$\textbf{Relative Häufigkeit} = \frac{\textbf{absolute Häufigkeit}}{\textbf{Gesamtzahl der Versuche}}$$

c) Vergleiche die relativen Häufigkeiten für „Zahl“ und „Motiv“ miteinander. Was stellst du fest?

3 Nicole und Frederic haben das folgende Glücksspiel durchgeführt: Sie haben abwechselnd mit geschlossenen Augen aus dem Becher (der Urne) eine Kugel gezogen, die Farbe notiert und sie wieder zurückgelegt (Ziehen mit Zurücklegen). Die absoluten Häufigkeiten haben sie in der Häufigkeitstabelle notiert.

a) Gib die relativen Häufigkeiten als Bruch an.

b) Berechne die relativen Häufigkeiten auch als Dezimalbruch.

c) Vergleiche die relativen Häufigkeiten. Was stellst du fest?

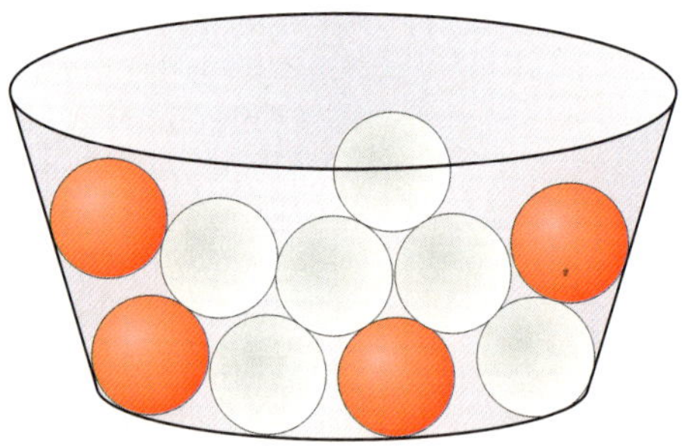

Ergebnis	absolute Häufigkeit			
rot	3	7	18	38
weiß	7	13	32	62
Summe	10	■	■	■

Anna fährt langsamer als Steffi und Markus, Steffi fährt langsamer als Markus, aber nicht so langsam wie Boris. Wer fährt am schnellsten?

4 

Vesna und David haben das folgende Glücksspiel vereinbart. Sie werfen eine Heftzwecke. Liegt die Heftzwecke auf der Seite, hat David gewonnen, liegt sie auf dem Kopf, gewinnt Vesna.
Vesna und David haben dieses Zufallsexperiment oft durchgeführt und dabei nach zehn (zwanzig, fünfundzwanzig, …) Würfen die absoluten Häufigkeiten bestimmt und in die Häufigkeitstabelle eingetragen.

Ergebnis	absolute Häufigkeiten							
Kopf	3	7	9	19	26	43	82	168
Seite	7	13	16	21	24	57	118	232
Summe	10	■	■	■	■	■	■	■

a) Übertrage die rechts abgebildete Tabelle in dein Heft und ergänze sie.
b) Gib zu jeder Gesamtzahl die relativen Häufigkeiten beider Ergebnisse als Bruch an.
c) Berechne die relativen Häufigkeiten auch als Dezimalbruch und vergleiche sie miteinander. Was stellst du fest?
d) Haben Vesna und David die gleiche Chance bei dem Glücksspiel zu gewinnen? Begründe.

Gesamtzahl	10	20	25
relative Häufigkeit von Kopf als Bruch	$\frac{3}{10}$	■	■
relative Häufigkeit von Seite als Bruch	$\frac{7}{10}$	■	■
relative Häufigkeit von Kopf als Dezimalbruch	0,3	■	■
relative Häufigkeit von Seite als Dezimalbruch	0,7	■	■

5 Aus einer Urne mit zwei weißen und acht blauen, sonst gleichartigen Kugeln wurde mehrmals eine Kugel mit Zurücklegen gezogen.
Berechne die relativen Häufigkeiten als Dezimalbruch und vergleiche sie.

Ergebnis	absolute Häufigkeit			
weiß	3	6	12	42
blau	7	19	38	158
Summe	■	■	■	■

6 Führe selbst in Partnerarbeit Zufallsexperimente mit einem Becher (einer Urne) durch. Lege dazu zehn gleich große Kugeln zweier unterschiedlicher Farben in die Urne und ziehe mit Zurücklegen. Bestimme die absoluten und die relativen Häufigkeiten und notiere sie in einer Tabelle.

1 Katrin und Willi haben beide mit einem Würfel gewürfelt und die Ergebnisse ihrer Zufallsexperimente in einer Strichliste festgehalten.
Bei jeder „Sechs“ gab es einen Gewinnpunkt.
a) Berechne jeweils die relativen Häufigkeiten und trage sie in eine Tabelle ein.
b) Wer hatte mehr Glück? Begründe.

Katrin

1	卌 |||
2	卌 ||
3	卌 |||
4	卌 |
5	卌
6	卌 |

Willi

1	卌 卌 ||
2	卌 卌 ||||
3	卌 卌 卌
4	卌 卌 ||
5	卌 卌 卌 |
6	卌 卌 |

2 Nicole und Frederic haben mit einem Würfel gewürfelt und die Ergebnisse ihres Zufallsexperiments in der abgebildeten Häufigkeitstabelle festgehalten.

Ergebnis	1	2	3	4	5	6
absolute Häufigkeit	16	15	20	17	14	18

Sie wollen die Ergebnisse ihres Zufallsexperiments in einem **Säulendiagramm** darstellen.
Übertrage das Säulendiagramm in dein Heft und vervollständige es (y-Achse: 1 Einheit ≙ 0,5 cm).

Säulendiagramm

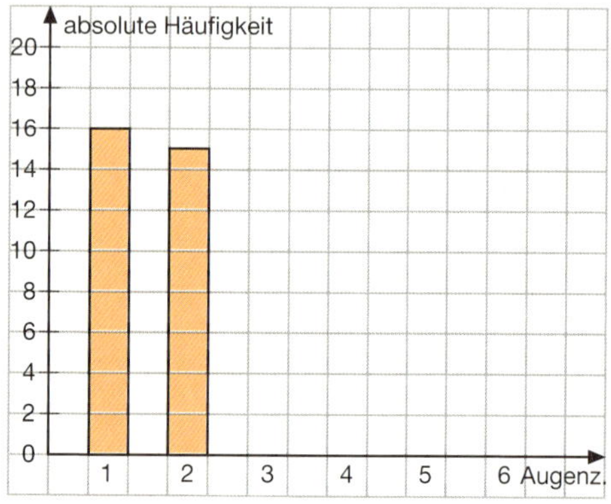

3 a) Wirf in Partnerarbeit fünfzigmal (hundertmal, zweihundertmal) einen Würfel. Halte die Ergebnisse in einer Strichliste fest.
b) Lege eine Häufigkeitstabelle an und berechne die absoluten und relativen Häufigkeiten.
c) Stelle die absoluten Häufigkeiten in einem Säulendiagramm dar.

4 In dem Säulendiagramm sind die Ergebnisse des Zufallsexperiments „Werfen eines Würfels“ graphisch dargestellt.
a) Bestimme die absoluten Häufigkeiten.
b) Berechne die relativen Häufigkeiten.
c) Handelt es sich um einen „normalen“ Würfel? Begründe.

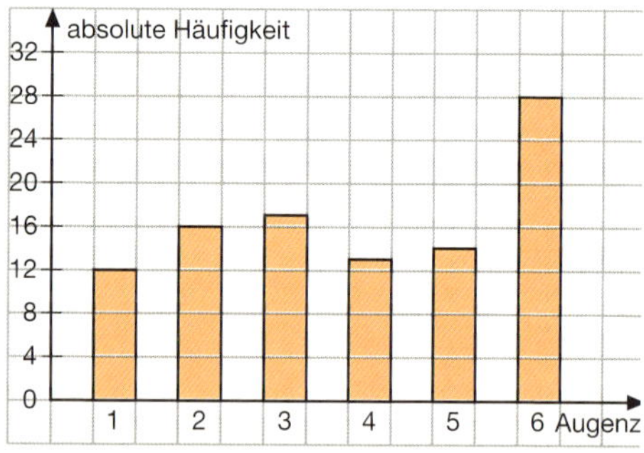

5 Wirf in Partnerarbeit Spielsteine, die nicht die Form eines Würfels haben und halte die Ergebnisse in Strichlisten fest. Bestimme die absoluten und die relativen Häufigkeiten und stelle die absoluten Häufigkeiten in Säulendiagrammen dar.

6

Spielstein A

Spielstein B

Die abgebildeten Spielsteine wurden unterschiedlich oft geworfen. Die absoluten Häufigkeiten der einzelnen Ergebnisse werden für jeden Spielstein in einem **Stabdiagramm** dargestellt.

a) Gib zu jedem Diagramm die relativen Häufigkeiten als Bruch an und trage sie in jeweils eine Häufigkeitstabelle ein.

b) Berechne die relativen Häufigkeiten auch als Dezimalbruch und vergleiche sie miteinander.

c) Welches Diagramm gehört zu dem abgebildeten Spielstein A? Begründe.

Stabdiagramm

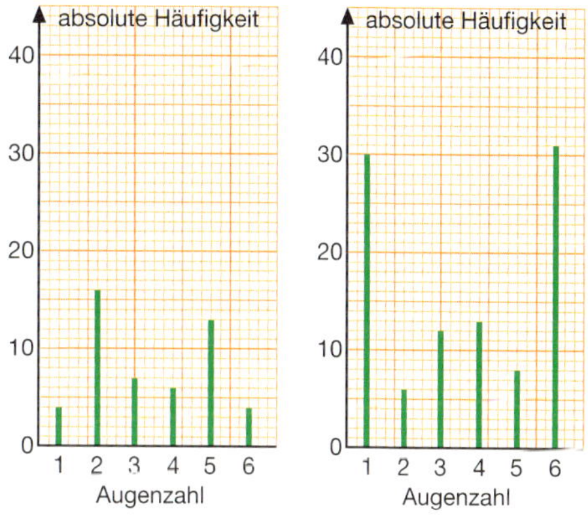

7 a) Versehe die Flächen einer Streichholzschachtel mit den Augenzahlen 1 bis 6. Wirf die Schachtel fünfzigmal (hundertmal, zweihundertmal). Halte die Ergebnisse deines Zufallsexperiments in einer Strichliste fest.

b) Bestimme die absoluten Häufigkeiten und stelle sie in einem Stabdiagramm dar.

c) Berechne die relativen Häufigkeiten und trage sie in eine Häufigkeitstabelle ein.

8

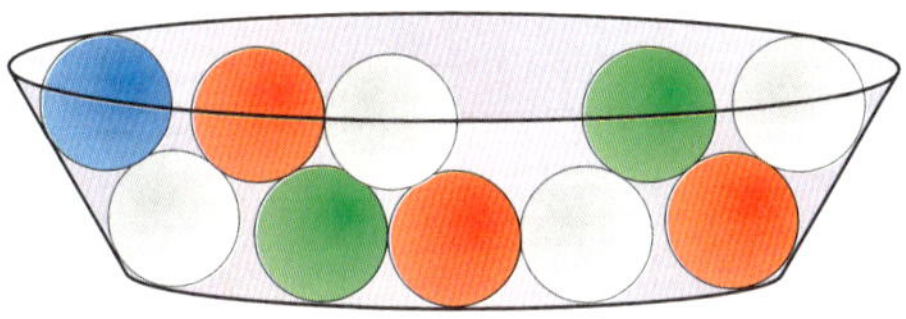

Ergebnis	weiß	rot	grün	blau
absolute Häufigkeit	38	31	21	10

Streifendiagramm

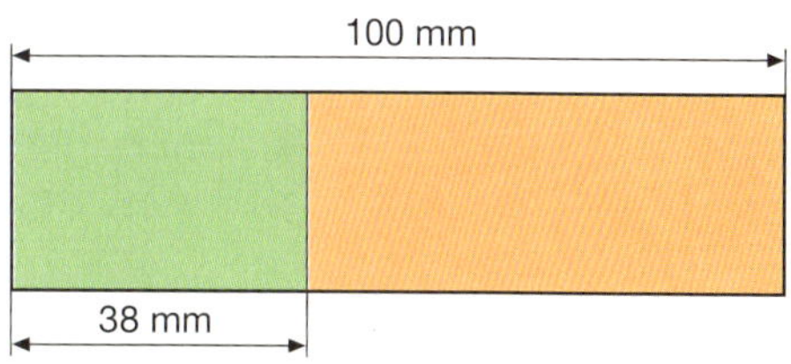

Aus der abgebildeten Urne wurde mit Zurücklegen gezogen. Die absoluten Häufigkeiten der einzelnen Ergebnisse werden in einem **Streifendiagramm** veranschaulicht.

a) Begründe, warum für die Gesamtlänge des Streifens 100 mm gewählt wurde.

b) Zeichne das vollständige Streifendiagramm in dein Heft. Berechne auch die relativen Häufigkeiten.

c) In der Häufigkeitstabelle findest du die Ergebnisse von weiteren Ziehungen. Stelle die Ergebnisse in einem Streifendiagramm dar (Gesamtlänge 100 mm).

Ergebnis	weiß	rot	grün	blau
absolute Häufigkeit	22	14	10	4

d) Vergleiche die Streifendiagramme miteinander. Was stellst du fest?

e) Berechne die relativen Häufigkeiten. Vergleiche sie mit den in b) berechneten.

9

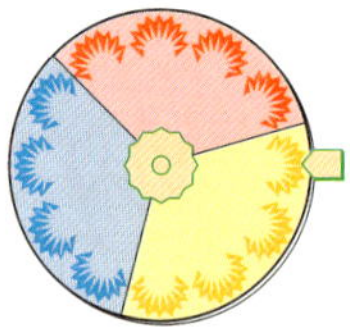

Ergebnis	blau	rot	gelb
absolute Häufigkeit	29	33	38

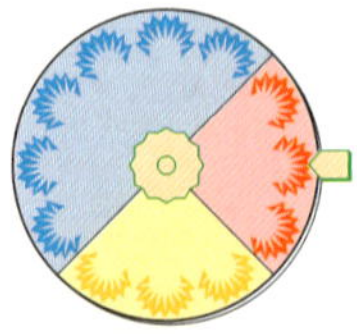

Ergebnis	blau	rot	gelb
absolute Häufigkeit	23	12	15

Die abgebildeten Glücksräder wurden unterschiedlich oft gedreht.

a) Berechne für beide Glücksräder die relativen Häufigkeiten und trage sie in jeweils eine Tabelle ein.

b) Stelle die Häufigkeiten jeweils in einem Streifendiagramm dar (Gesamtlänge 10 cm). Berechne dazu die Länge der einzelnen Abschnitte.

c) Vergleiche die Diagramme miteinander.

Ergebnis: blau
absolute Häufigkeit: 29

relative Häufigkeit: $\frac{29}{100}$

Länge des zum Ergebnis „blau“ gehörigen Abschnitts:

$\frac{29}{100}$ *von 100 mm = 29 mm*

10 Das abgebildete Glücksrad wurde mehrere Male gedreht, die absoluten Häufigkeiten der Ergebnisse in der Tabelle festgehalten.

a) Berechne die relativen Häufigkeiten.

b) Zeichne ein Streifendiagramm (Gesamtlänge 100 mm).

c) Ordne die Farben den Zahlen zu.

d) Welche absoluten Häufigkeiten erwartest du bei 200 Drehungen?

Ergebnis	Farbe 1	Farbe 2	Farbe 3
absol. Häufigkeit	46	40	14

11 Ein Glücksrad ist in zwölf gleich große Felder eingeteilt, auf jedem Feld steht eine Zahl von 1 bis 5.

Das Glücksrad wurde mehrmals gedreht, die absoluten Häufigkeiten der einzelnen Ergebnisse werden in dem Säulendiagramm graphisch dargestellt.

a) Berechne zu jeder Ziffer die relative Häufigkeit.

b) Wie viele Felder tragen deiner Meinung nach die Zahl 1, wie viele die Zahl 2 (3, 5)?

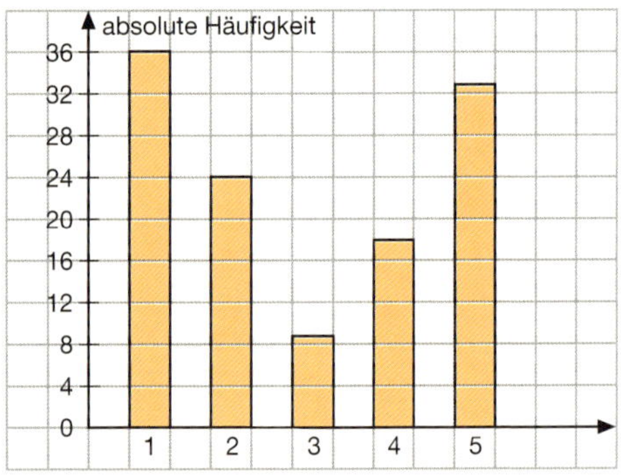

12 Führe selbst in Partnerarbeit Zufallsexperimente mit einer Urne durch. Lege dazu gleich große Kugeln unterschiedlicher Farben in eine Urne und ziehe mit Zurücklegen.

a) Bestimme die absoluten und die relativen Häufigkeiten und notiere sie in einer Tabelle.

b) Stelle die absoluten oder die relativen Häufigkeiten in einem Säulendiagramm (einem Stabdiagramm, einem Steifendiagramm) graphisch dar.

c) Kannst du vor der Durchführung der Zufallsexperimente Aussagen über die erwartete relative Häufigkeit der Ergebnisse machen?

1

Die Schülerinnen und Schüler einer 7. Klasse bauen für ein Schulfest das abgebildete Glücksrad.

a) Was müssen sie beim Einteilen des Glücksrades in die verschiedenfarbigen Felder besonders beachten?

b) Die Schülerinnen und Schüler drehen das Glücksrad 100-mal nacheinander. Die absoluten Häufigkeiten der Ergebnisse halten sie in einer Häufigkeitstabelle fest.

Übertrage die Tabelle in dein Heft und bestimme die relativen Häufigkeiten. Was stellst du fest?

Ergebnis	absolute Häufigkeit	relative Häufigkeit
1	20	
2	18	
3	22	
4	21	
5	19	
Summe	100	

c) Welche relativen Häufigkeiten erwartest du bei 1000 Versuchen?

2 Bei welchem der folgenden Zufallsexperimente ist die Gewinnchance am größten, wenn nur das Ergebnis „1“ einen Gewinn erzielt?
a) Du wirfst einen Spielwürfel.
b) Du wirfst eine Centmünze.
c) Du drehst ein Glücksrad, auf dem die Zahlen von 1 bis 8 stehen.

3 Ein Glücksrad ist in vier gleich große Felder mit den Zahlen 1, 2, 3 und 4 eingeteilt.
a) Wie oft wird wahrscheinlich jedes Feld bei insgesamt 100 Versuchen an der Reihe sein?
b) Ist diese Zahl genau vorhersagbar?
c) Welche relative Häufigkeit erwartest du für die Zahl 4 (1, 2, 3) bei 1000 Versuchen?

Bei einem **Zufallsexperiment** wird die erwartete **relative Häufigkeit** eines Ergebnisses die **Wahrscheinlichkeit** des Ergebnisses genannt.
Die Wahrscheinlichkeit lässt sich oft mit Hilfe eines **Anteils** bestimmen.

Zufallsexperiment:
Ein Würfel wird einmal geworfen.

Mögliche Ergebnisse: 1, 2, 3, 4, 5, 6

Anzahl der Ergebnisse: 6

Wahrscheinlichkeit für jedes Ergebnis: $\frac{1}{6}$

4 Bestimme die Wahrscheinlichkeit für folgende Ergebnisse:
a) Beim Würfeln mit einem Spielwürfel liegt die „3“ oben.
b) Nach dem Werfen einer Münze liegt die „Zahl“ oben.
c) Nach dem Drehen eines Glücksrades mit den gleich großen Feldern von 1 bis 8 steht der Zeiger auf der „7“.

5 Aus der abgebildeten Urne wird mit geschlossenen Augen eine Kugel herausgenommen, die Farbe festgestellt und die Kugel wieder zurückgelegt.
In dem Beispiel wird die Wahrscheinlichkeit für das Ziehen einer gelben Kugel bestimmt.
Gib die Wahrscheinlichkeit für das Ziehen einer roten (weißen, blauen) Kugel an.

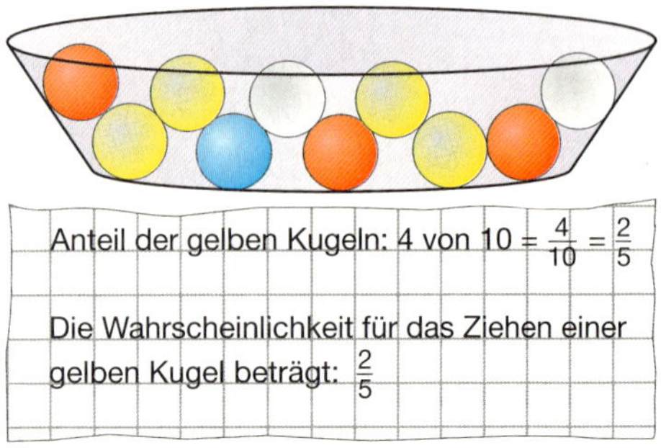

6 a) Bestimme für jedes Glücksrad den Anteil der blauen Farbe an der Gesamtfläche.
b) Gib jeweils die Wahrscheinlichkeit für das Ergebnis „blaues Feld“ an.

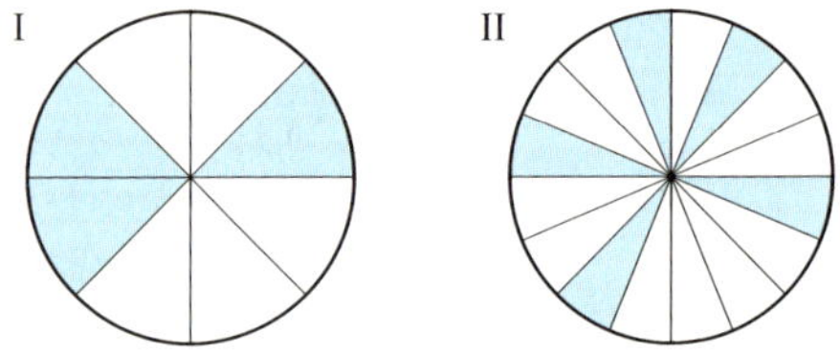

7 Zeichne ein Glücksrad (Radius 4 cm) und teile es in farbige Felder ein. Die farbigen Anteile sollen dabei den angegebenen Wahrscheinlichkeiten entsprechen.

a) orange $\frac{1}{2}$; blau $\frac{1}{3}$; weiß $\frac{1}{6}$

b) grün $\frac{1}{8}$; rot $\frac{1}{2}$; gelb $\frac{1}{8}$; blau $\frac{1}{4}$

8 In einer Lostrommel befinden sich 90 Nieten, neun Gewinnlose und ein Hauptgewinn. Wie groß ist die Wahrscheinlichkeit, dass eine Niete (ein Gewinnlos, der Hauptgewinn) gezogen wird?

9 Von den 14 Jungen der Klasse 7 c kommen acht regelmäßig mit dem Fahrrad zu Schule, während nur fünf von 15 Mädchen das Fahrrad benutzen.
a) Wie groß ist die Wahrscheinlichkeit, dass ein zufällig ausgewähltes Mädchen (ein zufällig ausgewählter Junge) der 7 c mit dem Fahrrad zur Schule kommt?
Gib die Wahrscheinlichkeit als Bruch und als Dezimalbruch an. Runde auf zwei Nachkommastellen.
b) Wie groß ist die Wahrscheinlichkeit, dass ein zufällig ausgewähltes Mitglied der Klasse für seinen Schulweg ein Fahrrad benutzt?

10 Die Tabelle zeigt dir, wie sich die Blutgruppen auf 50 Schülerinnen und Schüler des 7. Jahrganges verteilen. Aus dieser Gruppe wird eine Person zufällig ausgewählt.
Wie groß ist die Wahrscheinlichkeit, dass diese Person die Blutgruppe A (B, AB, 0) hat? Gib die Wahrscheinlichkeit jeweils als Dezimalbruch an.

Blutgruppe	absolute Häufigkeit
A	21
B	7
AB	3
0	19

1

Tanja und Marco haben an einer verkehrsreichen Kreuzung bei 1000 Pkws gezählt, wie viele Personen jeweils in einem Fahrzeug sitzen. Das Ergebnis ihrer Untersuchung haben sie in einer Häufigkeitstabelle zusammengefasst.
Schätze die Wahrscheinlichkeit dafür, dass ein mit zwei Personen (mit einer Person, mit drei Personen) besetzter Pkw diese Kreuzung befährt?

2 Peter möchte wissen, wie groß beim Werfen einer Heftzwecke die Wahrscheinlichkeit für das Ergebnis „Kopf" ist.
Er hat dazu mehrmals hintereinander eine Heftzwecke geworfen und die absolute Häufigkeit für das Ergebnis „Kopf" in der Häufigkeitstabelle festgehalten.

a) Berechne zu jeder Gesamtzahl die zugehörige relative Häufigkeit.
b) Welche Wahrscheinlichkeit ordnest du dem Ergebnis „Kopf" zu? Begründe.

Gesamtzahl der Versuche	absolute Häufigkeit für „Kopf"
10	3
50	24
100	41
500	225
1000	435

Zufallsexperiment: Befragung einer zufällig ausgewählten Person nach ihrer Blutgruppe.
Untersuchungsergebnis bei 10000 zufällig ausgewählten Personen

Ergebnis	absolute Häufigkeit
A	4209
B	1280
AB	705
0	3806

Ergebnis: Die Person hat Blutgruppe A.

Wahrscheinlichkeit für das Ergebnis:

$\frac{4209}{10\,000} = 0{,}4209$

Können bei einem Zufallsexperiment die Wahrscheinlichkeiten nicht mit Hilfe geeigneter Anteile bestimmt werden, betrachtet man bereits erfolgte Durchführungen des Experiments.
Als Schätzwert für die Wahrscheinlichkeit eines Ergebnisses wird die vorher ermittelte relative Häufigkeit des Ergebnisses genommen.

3 Im Technikunterricht wurden Fahrräder auf ihre Verkehrssicherheit hin überprüft. Wie groß ist die Wahrscheinlichkeit, dass das Fahrrad eines zufällig ausgewählten Schülers leichte Mängel (erhebliche Mängel, keine Mängel) aufweist?

Ergebnis	absolute Häufigkeit
keine Mängel	75
leichte Mängel	115
erhebliche Mängel	60

Brüche

Der **Nenner** eines **Bruches** gibt an, in wie viele gleich große Teile das Ganze eingeteilt wurde.
Der **Zähler** gibt an, wie viele Teile genommen werden.

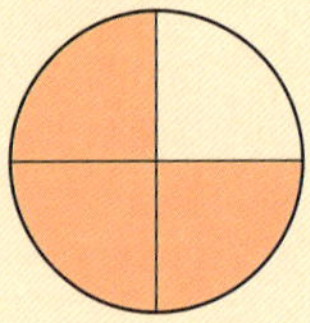

Bruch $\frac{3}{4}$ — Zähler, Bruchstrich, Nenner

Erweitern von Brüchen

$$\frac{3}{4} = \frac{3 \cdot 5}{4 \cdot 5} = \frac{15}{20}$$

Zähler und Nenner werden mit der gleichen Zahl multipliziert.

Kürzen von Brüchen

$$\frac{15}{20} = \frac{15 : 5}{20 : 5} = \frac{3}{4}$$

Zähler und Nenner werden durch die gleiche Zahl dividiert.

Vergleichen von Brüchen

Brüche mit dem gleichen Nenner heißen **gleichnamige** Brüche.
Gleichnamige Brüche werden verglichen, indem man die Zähler miteinander vergleicht.

$$\frac{7}{11} < \frac{9}{11}, \text{ denn } 7 < 9$$

Ungleichnamige Brüche werden gleichnamig gemacht, indem man sie erweitert oder kürzt. Der kleinste gemeinsame Nenner ist der **Hauptnenner.**

1 Welcher Bruchteil ist gefärbt (weiß)?

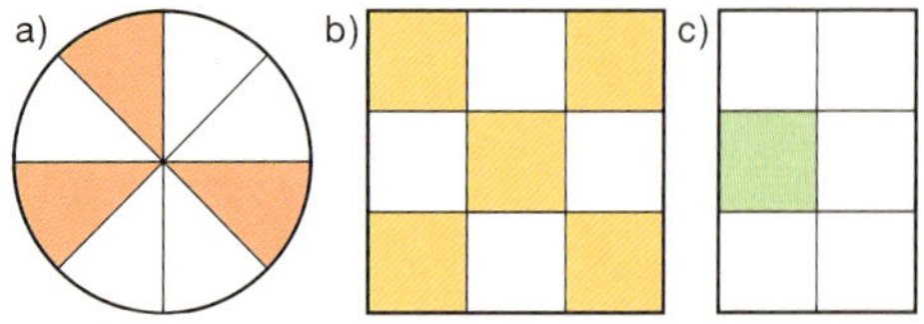

2 Zeichne zu jeder Aufgabe ein Rechteck (4 cm lang, 3 cm breit) und färbe den angegebenen Bruchteil.

a) $\frac{3}{8}$ b) $\frac{2}{3}$ c) $\frac{5}{6}$ d) $\frac{4}{12}$ e) $\frac{11}{24}$

3 Erweitere mit 4 (5, 6, 7).

a) $\frac{4}{7}$ b) $\frac{3}{10}$ c) $\frac{7}{8}$ d) $\frac{5}{12}$ e) $\frac{8}{9}$

4 Erweitere auf den angegebenen Nenner.

a) $\frac{3}{4} = \frac{\square}{24}$ b) $\frac{1}{6} = \frac{\square}{30}$ c) $\frac{4}{9} = \frac{\square}{18}$

d) $\frac{5}{6} = \frac{\square}{18}$ e) $\frac{3}{16} = \frac{\square}{64}$ f) $\frac{7}{15} = \frac{\square}{90}$

5 Kürze durch 2 (3, 6).

a) $\frac{18}{24}$ b) $\frac{30}{36}$ c) $\frac{42}{48}$ d) $\frac{18}{60}$ e) $\frac{48}{54}$

6 Kürze so weit wie möglich.

a) $\frac{12}{18}$ b) $\frac{24}{30}$ c) $\frac{24}{32}$ d) $\frac{18}{27}$ e) $\frac{12}{36}$

f) $\frac{16}{72}$ g) $\frac{36}{60}$ h) $\frac{35}{70}$ i) $\frac{18}{90}$ k) $\frac{27}{63}$

7 Vergleiche die Brüche.

a) $\frac{3}{7} \square \frac{4}{7}$ b) $\frac{1}{3} \square \frac{4}{6}$ c) $\frac{2}{3} \square \frac{5}{6}$

d) $\frac{1}{2} \square \frac{2}{5}$ e) $\frac{2}{3} \square \frac{4}{9}$ f) $\frac{1}{7} \square \frac{6}{42}$

8 Kleiner, größer oder gleich?

a) $\frac{2}{5} \square \frac{3}{7}$ b) $\frac{7}{21} \square \frac{1}{3}$ c) $\frac{5}{12} \square \frac{2}{6}$

d) $\frac{3}{7} \square \frac{3}{8}$ e) $\frac{7}{12} \square \frac{5}{9}$ f) $\frac{5}{12} \square \frac{3}{8}$

9 Bestimme den Hauptnenner und ordne der Größe nach.

a) $\frac{7}{32}, \frac{19}{64}, \frac{1}{16}, \frac{47}{128}$ b) $\frac{6}{27}, \frac{1}{3}, \frac{4}{9}, \frac{20}{81}$

Addition (Subtraktion) gleichnamiger Brüche

$$\frac{5}{7} + \frac{1}{7} = \frac{5+1}{7} = \frac{6}{7}$$

$$\frac{5}{7} - \frac{1}{7} = \frac{5-1}{7} = \frac{4}{7}$$

Die Zähler werden addiert (subtrahiert). Der Nenner ändert sich nicht.

Addition (Subtraktion) ungleichnamiger Brüche

$$\frac{2}{3} + \frac{1}{4} = \frac{8}{12} + \frac{3}{12} = \frac{8+3}{12} = \frac{11}{12}$$

$$\frac{2}{3} - \frac{1}{4} = \frac{8}{12} - \frac{3}{12} = \frac{8-3}{12} = \frac{5}{12}$$

Die Brüche müssen vor dem Addieren (Subtrahieren) so erweitert werden, dass sie den gleichen Nenner haben.

Eine **gemischte Zahl** besteht aus einer **natürlichen Zahl** und einem echten **Bruch.**

$$2\frac{3}{5}$$

natürliche Zahl — echter Bruch

gemischte Zahl

Addition (Subtraktion) gemischter Zahlen

$$5\frac{1}{4} + 1\frac{3}{5} = 5\frac{5}{20} + 1\frac{12}{20} = 6\frac{17}{20}$$

$$7\frac{1}{3} - 4\frac{3}{4} = 7\frac{4}{12} - 4\frac{9}{12} = 6\frac{16}{12} - 4\frac{9}{12} = 2\frac{7}{12}$$

1 Addiere die Brüche. Kürze das Ergebnis.

a) $\frac{2}{14} + \frac{5}{14}$ b) $\frac{8}{21} + \frac{7}{21}$ c) $\frac{5}{18} + \frac{1}{18}$

d) $\frac{11}{27} + \frac{13}{27}$ e) $\frac{7}{15} + \frac{3}{15}$ f) $\frac{19}{22} + \frac{1}{22}$

2 Subtrahiere die Brüche. Kürze das Ergebnis.

a) $\frac{13}{14} - \frac{9}{14}$ b) $\frac{16}{35} - \frac{11}{35}$ c) $\frac{13}{24} - \frac{1}{24}$

d) $\frac{17}{28} - \frac{3}{28}$ e) $\frac{15}{26} - \frac{7}{26}$ f) $\frac{19}{44} - \frac{11}{44}$

3 Bestimme den Hauptnenner und addiere. Kürze das Ergebnis, wenn möglich.

a) $\frac{3}{4} + \frac{1}{8}$ b) $\frac{3}{5} + \frac{1}{10}$ c) $\frac{9}{10} + \frac{4}{5}$

d) $\frac{7}{12} + \frac{2}{3}$ e) $\frac{1}{2} + \frac{1}{3}$ f) $\frac{1}{3} + \frac{1}{7}$

g) $\frac{3}{4} + \frac{1}{3}$ h) $\frac{1}{6} + \frac{4}{5}$ i) $\frac{1}{5} + \frac{3}{11}$

4 Bestimme den Hauptnenner und subtrahiere. Kürze das Ergebnis, wenn möglich.

a) $\frac{1}{2} - \frac{1}{4}$ b) $\frac{2}{3} - \frac{1}{6}$ c) $\frac{11}{12} - \frac{1}{3}$

d) $\frac{5}{6} - \frac{7}{12}$ e) $\frac{5}{8} - \frac{3}{7}$ f) $\frac{7}{9} - \frac{3}{10}$

g) $\frac{4}{5} - \frac{1}{3}$ h) $\frac{9}{10} - \frac{3}{7}$ i) $\frac{7}{11} - \frac{3}{8}$

5 Schreibe als Bruch.

a) $2\frac{7}{12}$ b) $5\frac{1}{6}$ c) $8\frac{4}{7}$ d) $11\frac{8}{9}$

6 Schreibe als gemischte Zahl.

a) $\frac{16}{7}$ b) $\frac{15}{4}$ c) $\frac{22}{3}$ d) $\frac{76}{11}$

7 Berechne.

a) $3\frac{1}{5} + 1\frac{3}{8}$ b) $8\frac{1}{2} + 2\frac{3}{7}$ c) $2\frac{4}{5} + \frac{2}{3}$

d) $6\frac{4}{5} + 1\frac{2}{3}$ e) $4\frac{5}{9} + 2\frac{3}{4}$ f) $3\frac{7}{9} + 1\frac{2}{3}$

g) $5\frac{1}{3} - 3\frac{1}{2}$ h) $5\frac{3}{8} - 2\frac{2}{5}$ i) $4\frac{1}{6} - 2\frac{3}{5}$

k) $7\frac{2}{9} - 3\frac{5}{18}$ l) $6\frac{1}{6} - 5\frac{5}{8}$ m) $4 - \frac{9}{12}$

Multiplizieren von Brüchen

$$\frac{3}{4} \cdot \frac{1}{5} = \frac{3 \cdot 1}{4 \cdot 5} = \frac{3}{20}$$

$$\frac{3}{8} \cdot \frac{4}{9} = \frac{\cancel{3}^{1} \cdot \cancel{4}^{1}}{\cancel{8}_{2} \cdot \cancel{9}_{3}} = \frac{1}{6}$$

$$\frac{3}{5} \cdot 2 = \frac{3 \cdot 2}{5 \cdot 1} = \frac{6}{5}$$

Der Zähler wird mit dem Zähler und der Nenner mit dem Nenner multipliziert.

$$\frac{5}{6} \cdot \frac{3}{4} \cdot \frac{4}{5} = \frac{\cancel{5}^{1} \cdot \cancel{3}^{1} \cdot \cancel{4}^{1}}{\cancel{6}_{2} \cdot \cancel{4}_{1} \cdot \cancel{5}_{1}} = \frac{1}{2}$$

$$2\frac{4}{5} \cdot \frac{4}{7} = \frac{14}{5} \cdot \frac{4}{7} =$$

$$\frac{\cancel{14}^{2} \cdot 4}{5 \cdot \cancel{7}_{1}} \cdot \frac{8}{5} = 1\frac{3}{5} =$$

1 Kürze vor dem Ausrechnen.

a) $\frac{7}{8} \cdot \frac{1}{7}$ b) $\frac{2}{3} \cdot \frac{1}{4}$ c) $\frac{7}{9} \cdot \frac{6}{7}$

d) $\frac{3}{4} \cdot \frac{8}{9}$ e) $\frac{7}{8} \cdot \frac{5}{14}$ f) $\frac{7}{12} \cdot \frac{3}{21}$

g) $\frac{1}{2} \cdot \frac{8}{9}$ h) $\frac{4}{9} \cdot \frac{3}{8}$ i) $\frac{8}{9} \cdot \frac{3}{12}$

2 Berechne.

a) $\frac{2}{3} \cdot 9$ b) $\frac{3}{8} \cdot 12$ c) $\frac{11}{16} \cdot 8$

d) $4 \cdot \frac{5}{6}$ e) $7 \cdot \frac{13}{14}$ f) $8 \cdot \frac{9}{64}$

3 Berechne.

a) $\frac{3}{4} \cdot \frac{2}{5} \cdot \frac{1}{6}$ b) $\frac{7}{8} \cdot \frac{2}{3} \cdot \frac{6}{7}$ c) $\frac{8}{9} \cdot \frac{3}{4} \cdot \frac{5}{6}$

d) $\frac{9}{16} \cdot \frac{4}{6} \cdot \frac{8}{18}$ e) $\frac{6}{5} \cdot \frac{25}{36} \cdot \frac{12}{10}$ f) $\frac{11}{7} \cdot \frac{49}{33} \cdot \frac{9}{14}$

4 Wandle um und kürze.

a) $1\frac{3}{7} \cdot \frac{7}{8}$ b) $2\frac{3}{5} \cdot \frac{1}{13}$ c) $\frac{2}{3} \cdot 1\frac{15}{16}$

d) $\frac{3}{5} \cdot 5\frac{5}{6}$ e) $2\frac{2}{5} \cdot 5\frac{5}{6}$ f) $1\frac{1}{4} \cdot 1\frac{3}{5}$

Dividieren von Brüchen

$$\frac{3}{5} : \frac{2}{15} = \frac{3 \cdot \cancel{15}^{3}}{{}_{1}\cancel{5} \cdot 2} = \frac{9}{2} = 4\frac{1}{2}$$

$$4 : \frac{5}{7} = \frac{4 \cdot 7}{1 \cdot 5} = \frac{28}{5} = 5\frac{3}{5}$$

$$\frac{3}{4} : 5 = \frac{3 \cdot 1}{4 \cdot 5} = \frac{3}{20}$$

Wir dividieren durch einen Bruch, indem wir mit seinem Kehrwert multiplizieren.

$$3\frac{3}{4} : 2\frac{1}{2} = \frac{15}{4} : \frac{5}{2} =$$

$$\frac{{}^{3}\cancel{15} \cdot \cancel{2}^{1}}{{}_{2}\cancel{4} \cdot \cancel{5}_{1}} = \frac{3}{2} = 1\frac{1}{2}$$

5 Kürze und gib das Ergebnis als gemischte Zahl an.

a) $\frac{4}{9} : \frac{1}{6}$ b) $\frac{7}{12} : \frac{3}{8}$ c) $\frac{5}{8} : \frac{5}{12}$

d) $\frac{8}{9} : \frac{2}{3}$ e) $\frac{5}{11} : \frac{9}{22}$ f) $\frac{18}{24} : \frac{3}{6}$

g) $\frac{30}{14} : \frac{6}{7}$ h) $\frac{18}{35} : \frac{2}{7}$ i) $\frac{36}{32} : \frac{9}{8}$

6 Berechne.

a) $\frac{3}{10} : 6$ b) $\frac{7}{9} : 4$ c) $\frac{12}{13} : 6$

d) $24 : \frac{3}{4}$ e) $32 : \frac{8}{9}$ f) $36 : \frac{4}{7}$

7 Gib, wenn möglich, das Ergebnis als gemischte Zahl an.

a) $1\frac{1}{2} : \frac{3}{4}$ b) $\frac{5}{6} : 1\frac{1}{3}$ c) $2\frac{1}{9} : \frac{5}{6}$

d) $\frac{3}{4} : 1\frac{1}{2}$ e) $2\frac{1}{2} : 3\frac{1}{3}$ f) $6\frac{2}{3} : 3\frac{1}{6}$

Ein Dezimalbruch ist ein Bruch mit dem Nenner 10, 100, 1000, ...

$0{,}7 = \frac{7}{10}$ $\quad$ $2{,}3 = 2\frac{3}{10}$

$0{,}39 = \frac{39}{100}$ $\quad$ $8{,}43 = 8\frac{43}{100}$

$0{,}211 = \frac{211}{1000}$ $\quad$ $3{,}131 = 3\frac{131}{1000}$

$0{,}5 = \frac{5}{10} = \frac{1}{2}$

$0{,}25 = \frac{25}{100} = \frac{1}{4}$

$0{,}75 = \frac{75}{100} = \frac{3}{4}$

$0{,}2 = \frac{2}{10} = \frac{1}{5}$

$0{,}\overline{3} = 0{,}333\ldots = \frac{1}{3}$

$0{,}\overline{6} = 0{,}666\ldots = \frac{2}{3}$

$\frac{17}{50} = \frac{34}{100} = 0{,}34$

$\frac{12}{25} = \frac{48}{100} = 0{,}48$

$\frac{7}{20} = \frac{35}{100} = 0{,}35$

$\frac{11}{40} = 11 : 40 = \square$

11 : 40 = 0,275
110
<u>80</u>
300
<u>280</u>
200
<u>200</u>
0

$\frac{4}{11} = 4 : 11 = \square$

$4 : 11 = 0{,}3636\ldots = 0{,}\overline{36}$
40
<u>33</u>
70
<u>66</u>
40
<u>33</u>
70…

1 Schreibe als Bruch oder gemischte Zahl.

a) 0,9 $\quad$ 0,3 $\quad$ 0,37 $\quad$ 0,59 $\quad$ 0,07
b) 0,93 $\quad$ 0,17 $\quad$ 0,473 $\quad$ 0,389 $\quad$ 0,087
c) 1,1 $\quad$ 2,9 $\quad$ 4,7 $\quad$ 2,33 $\quad$ 7,61
d) 2,03 $\quad$ 0,009 $\quad$ 3,073 $\quad$ 8,07 $\quad$ 5,031
e) 0,3189 $\quad$ 0,6781 $\quad$ 2,4561 $\quad$ 0,11233 $\quad$ 0,691227

2 Schreibe als Dezimalbruch.

a) $\frac{19}{100}$ $\quad$ $\frac{7}{100}$ $\quad$ $\frac{573}{1000}$ $\quad$ $\frac{41}{1000}$ $\quad$ $\frac{3}{1000}$

b) $4\frac{3}{10}$ $\quad$ $2\frac{11}{100}$ $\quad$ $3\frac{9}{100}$ $\quad$ $5\frac{111}{1000}$ $\quad$ $4\frac{17}{1000}$

3 Schreibe als Bruch oder gemischte Zahl.

a) 0,25 $\quad$ 0,2 $\quad$ 0,75 $\quad$ 0,5 $\quad$ 1,5
b) 2,5 $\quad$ 3,2 $\quad$ 1,75 $\quad$ 2,25 $\quad$ 8,5
c) 0,4 $\quad$ 0,6 $\quad$ 0,8 $\quad$ 1,4 $\quad$ 2,8
d) $0{,}\overline{3}$ $\quad$ $0{,}\overline{6}$ $\quad$ $1{,}\overline{3}$ $\quad$ $2{,}\overline{6}$ $\quad$ $5{,}\overline{3}$

4 Schreibe als Dezimalbruch.

a) $3\frac{1}{2}$ $\quad$ $9\frac{1}{4}$ $\quad$ $2\frac{3}{4}$ $\quad$ $4\frac{1}{5}$ $\quad$ $1\frac{1}{4}$

b) $5\frac{1}{3}$ $\quad$ $2\frac{2}{3}$ $\quad$ $1\frac{2}{5}$ $\quad$ $3\frac{4}{5}$ $\quad$ $9\frac{1}{3}$

5 Erweitere und schreibe als Dezimalbruch.

a) $\frac{23}{50}$ $\quad$ $\frac{11}{20}$ $\quad$ $\frac{17}{20}$ $\quad$ $\frac{9}{25}$ $\quad$ $\frac{21}{25}$

b) $1\frac{7}{50}$ $\quad$ $3\frac{9}{20}$ $\quad$ $6\frac{8}{25}$ $\quad$ $2\frac{49}{50}$ $\quad$ $4\frac{1}{20}$

c) $\frac{61}{50}$ $\quad$ $\frac{33}{20}$ $\quad$ $\frac{37}{25}$ $\quad$ $\frac{111}{50}$ $\quad$ $\frac{26}{25}$

6 Bestimme den Dezimalbruch durch Divison.

a) $\frac{7}{8}$ $\quad$ $\frac{9}{16}$ $\quad$ $\frac{17}{40}$ $\quad$ $\frac{3}{8}$ $\quad$ $\frac{5}{32}$

b) $\frac{33}{40}$ $\quad$ $\frac{11}{16}$ $\quad$ $\frac{29}{125}$ $\quad$ $\frac{53}{250}$ $\quad$ $\frac{14}{125}$

c) $\frac{13}{8}$ $\quad$ $\frac{51}{40}$ $\quad$ $\frac{35}{16}$ $\quad$ $\frac{33}{32}$ $\quad$ $\frac{127}{125}$

7 Der entsprechende Dezimalbruch ist periodisch.

a) $\frac{5}{6}$ $\quad$ $\frac{7}{11}$ $\quad$ $\frac{13}{30}$ $\quad$ $\frac{73}{90}$ $\quad$ $\frac{41}{60}$

b) $\frac{11}{18}$ $\quad$ $\frac{2}{15}$ $\quad$ $\frac{7}{12}$ $\quad$ $\frac{8}{9}$ $\quad$ $\frac{5}{22}$

c) $\frac{17}{9}$ $\quad$ $\frac{22}{15}$ $\quad$ $\frac{37}{30}$ $\quad$ $\frac{15}{11}$ $\quad$ $\frac{23}{12}$

d) $2\frac{1}{6}$ $\quad$ $4\frac{2}{11}$ $\quad$ $1\frac{7}{30}$ $\quad$ $2\frac{5}{9}$ $\quad$ $1\frac{1}{18}$

Vergleichen von Dezimalbrüchen

Vergleiche die Stellen nach dem Komma von links nach rechts: Die erste Stelle mit verschiedenen Ziffern entscheidet, welcher Dezimalbruch größer ist.

0,5699 > 0,5411

0,11782 < 0,11797

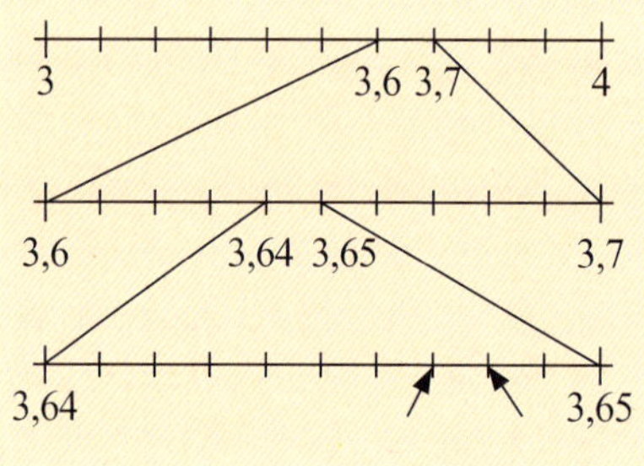

Runden von Dezimalbrüchen

Beim Runden eines Dezimalbruchs auf eine bestimmte Stelle kommt es nur auf die nachfolgende Stelle an.
Steht dort die Ziffer 0, 1, 2, 3, 4, wird **ab**gerundet.
Steht dort die Ziffer 5, 6, 7, 8, 9, wird **auf**gerundet.

Runden auf Zehntel:
0,328 ≈ 0,3 0,761 ≈ 0,8

Runden auf Hundertstel:
0,3439 ≈ 0,34 0,3462 ≈ 0,35

1 Setze „<" oder „>" ein.

a) 0,458 ▢ 0,469
0,784 ▢ 0,783
2,6732 ▢ 2,6751
9,7767 ▢ 9,7677

b) 0,67 ▢ 0,6692
0,689 ▢ 0,69
0,4 ▢ 0,412
0,201 ▢ 0,211

c) 3,5672 ▢ 4,5672
1,6782 ▢ 1,6872
12,987 ▢ 12,879
18,008 ▢ 28,008

d) 0,8989 ▢ 0,98
0,333 ▢ $0,\overline{3}$
0,6667 ▢ $0,\overline{6}$
0,017 ▢ 0,0071

2 Ordne der Größe nach. Verwende das „<"-Zeichen.

a) 0,5 0,56 0,656 0,565 0,65 0,6
b) 1,21 1,212 1,12 2,12 2,121 1,2121
c) 0,778 0,878 0,787 0,887 0,788 0,877
d) 5,4 5,545 5,554 5,45 5,54 5,4545

3 Zeichne einen Zahlenstrahl und markiere die folgenden Zahlen.

a) 7,4 b) 6,8 c) 0,6 d) 11,6 e) 12,2

4 Nenne je drei Zahlen zwischen

a) 0,5 und 0,6
0,7 und 0,8
12,4 und 12,5
60,0 und 60,1

b) 0,34 und 0,35
2,13 und 2,14
16,57 und 16,58
121,234 und 121,235

5 Runde auf Zehntel.

a) 0,43 0,82 0,47 0,93 0,88 0,75
b) 1,67 3,9 5,35 7,24 9,45 3,83
c) 0,436 0,678 2,649 7,658 2,555 1,729
d) 0,92 0,99 0,95 1,94 2,99 4,95

6 Runde auf Hundertstel.

a) 0,412 0,373 0,617 0,378 0,564
b) 2,766 3,181 4,577 7,589 4,222
c) 24,788 32,974 12,911 78,092 41,095
d) $0,\overline{3}$ $1,\overline{6}$ $0,\overline{6}$ 0,7961 0,9991

7 Runde auf Tausendstel.

a) 0,53325 0,36781 0,25688 0,14771
b) 2,42691 5,41239 5,29739 9,91467
c) 12,78928 14,55557 12,199932 19,00029

Addition von Dezimalbrüchen

Beim schriftlichen Addieren gilt:
Komma unter Komma.

2,67 + 0,431 + 3,4 = ▫

	2,	6	7	
+	0,	4	3	1
+	$_1$3,	$_1$4		
	6,	5	0	1

2,67 + 0,431 + 3,4 = 6,501

Subtraktion von Dezimalbrüchen

Beim schriftlichen Subtrahieren gilt:
Komma unter Komma.

2,7 − 1,483 = ▫

	2,	7	0	0
−	1,	$_1$4	$_1$8	3
	1,	2	1	7

2,7 − 1,483 = 1,217

4,5 − 1,539 − 1,24 = ▫

	4,	5		
−	1,	5	3	9
−	$_1$1,	$_1$4	$_1$	
	1,	5	6	1

4,5 – 1,539 – 1,24 = 1,561

6,98 − 0,024 + 80,2 − 0,14 = ▫

6,980	6,956	87,156
− 0,024	+ 80,200	− 0,140
6,956	87,156	87,016

6,98 − 0,024 + 80,2 − 0,14 = ▫

6,98	87,180
+ 80,20	− 0,024
87,18	− 0,140
	87,016

1 Schreibe richtig untereinander und addiere.

a) 7,36 + 3,04 + 2,81
3,45 + 2,49 + 5,62
4,79 + 2,53 + 7,69

b) 2,88 + 3,4 + 0,653
5,721 + 1,39 + 2,5
5,8 + 0,381 + 4,76

c) 14,65 + 1,045 + 12,3
62,53 + 1,789 + 13,8
73,5 + 247,2 + 2,642

d) 0,567 + 0,65 + 0,3
4,751 + 2,7 + 7,5
11,1 + 8,101 + 11,51

e) 12,7 + 14,9 + 21,9 + 33,6 + 19,7
7,84 + 0,63 + 1,55 + 0,82 + 9,81
12,83 + 25,02 + 20,05 + 15,82 + 31,11

f) 1,986 + 3,87 + 0,007 + 4,2 + 0,88
4,8 + 5,09 + 2,803 + 0,096 + 2,21
20 + 2,07 + 3,707 + 20,7 + 2,077

2 Schreibe richtig untereinander und subtrahiere.

a) 14,8 − 3,2
27,4 − 8,3
56,9 − 15,5

b) 7,43 − 3,18
2,53 − 1,29
4,36 − 3,18

c) 3,4 − 2,14
7,9 − 3,86
10,5 − 5,27

d) 15,24 − 11,37
34,47 − 26,68
43,33 − 26,77

e) 14,843 − 0,47
12,06 − 8,7
11,009 − 9,4

f) 3,6 − 0,578
12,4 − 3,131
9,1 − 7,599

3 Subtrahiere.

a) 4,5 − 0,342 − 2,1
3,1 − 0,982 − 1,2
4,73 − 2,9 − 0,682

b) 33,087 − 12,7 − 15,09
40,6 − 20,07 − 10,005
12,91 − 4,824 − 5,4

c) 73,79 − 18,34 − 7,6 − 13,7 − 19,67
29,783 − 4,56 − 5,3 − 4,736 − 4,87

d) 13,974 − 1,75 − 2,6 − 4,71 − 2,303
37,05 − 1,087 − 0,6 − 2,052 − 13,04

4 Berechne.

a) 35,8 − 7,035 + 0,07 − 3,459 + 1
b) 120 − 12,6 + 11,05 − 0,1023 + 9
c) 19,36 − 12,87 + 6,308 − 6,432 + 5,01
d) 845 − 8,45 − 84,6 − 0,845 + 10
e) 450,56 − 4,056 − 53,7 + 0,5454
f) 4,09 + 15,734 + 0,042 − 12,009 − 3,020

5 Berechne. Beachte die Klammern.

a) 4,89 − (1,84 + 1,65) + 2,11
b) 21,81 − (12,75 + 0,09) + 8,19
c) 62,51 − (30,85 − 15,71) − 7,51
d) 9,7 − 3,468 − (1,95 − 0,8735) + 10,3

Multiplikation von Dezimalbrüchen

Beim Multiplizieren gilt: Das Ergebnis hat so viele Stellen nach dem Komma wie beide Faktoren zusammen.

1 Stelle		1 Stelle
0,4 · 8	=	3,2

2 Stellen	1 Stelle	3 Stellen
0,12 ·	0,3 =	0,036

	2 Stellen				2 Stellen		
4,	2	1	·	0,	6	5	
		2	5	2	6		
			2	1	0	5	
		2,	7	3	6	5	
			4 Stellen				

3 Stellen					2 Stellen		
0,	0	2	1	·	0,	3	8
					6	3	
					1	6	8
		0,	0	0	7	9	8
			5 Stellen				

Division von Dezimalbrüchen

Beim Überschreiten des Kommas wird im Ergebnis das Komma gesetzt.

14,8 : 4 = 3,7
12
 28
 28
  0

Bei beiden Zahlen wird das Komma um so viele Stellen nach rechts verschoben, dass die zweite Zahl eine ganze Zahl wird.

1,716 : 0,12 =
171,6 : 12 = 14,3
12
 51
 48
  36
  36
   0

1 Berechne im Kopf.

a)	b)	c)
0,23 · 10	3,58 · 100	6,74 · 100
4,88 · 10	0,57 · 100	13,4 · 100
12,65 · 10	2,7431 · 1000	0,007 · 1000
0,0831 · 10	0,45 · 1000	1,3 · 1000

2 Multipliziere im Kopf.

a)	b)	c)	d)
0,7 · 5	3,5 · 2	0,8 · 12	0,21 · 4
0,3 · 8	2,5 · 3	0,7 · 15	0,11 · 6
0,6 · 9	5,5 · 4	0,9 · 11	0,25 · 4

e)	f)	g)
0,4 · 0,3	0,07 · 0,6	0,005 · 0,7
0,5 · 0,9	0,08 · 0,8	0,002 · 0,16
0,8 · 0,7	0,11 · 0,3	0,012 · 0,06

3 Multipliziere schriftlich.

a)	b)	c)	d)
4,3 · 6	3,62 · 7	3,74 · 15	4,21 · 12
7,8 · 4	9,36 · 8	4,71 · 21	8,39 · 23
5,9 · 5	7,06 · 9	6,82 · 16	3,07 · 27

e)	f)	g)	h)
4,5 · 2,3	3,8 · 9,2	0,54 · 7,2	4,7 · 0,52
3,7 · 7,2	2,1 · 8,4	1,6 · 0,73	0,56 · 1,3
2,9 · 5,1	1,7 · 9,3	2,4 · 0,48	0,32 · 1,4

4 Berechne im Kopf.

a)	b)	c)
35,7 : 10	234,76 : 100	26,52 : 1000
2,78 : 10	65,897 : 100	5,89 : 1000
24,8 : 10	7,456 : 100	0,7 : 1000
0,34 : 10	0,893 : 100	0,46 : 1000

5 Berechne. Achte beim Ergebnis auf das Komma.

a)	b)	c)
18,75 : 3	8,622 : 6	79,838 : 11
33,08 : 4	9,656 : 8	78,852 : 12
36,95 : 5	9,275 : 7	63,495 : 15

d)	e)	f)
0,748 : 4	83,028 : 11	0,0684 : 12
0,372 : 6	102,72 : 12	0,5115 : 15
0,087 : 3	45,374 : 14	0,4056 : 13

6 Dividiere.

a)	b)	c)
2,268 : 0,7	0,4256 : 0,08	3,4168 : 0,004
4,288 : 0,8	0,5373 : 0,09	2,4787 : 0,007
5,124 : 0,6	0,7842 : 0,06	1,9865 : 0,005

d)	e)	f)
49,2 : 0,12	0,8 : 0,25	550,654 : 0,13
79,2 : 0,11	1,2 : 0,15	81,6585 : 0,11
74,2 : 0,14	8,8 : 0,22	29,2212 : 0,12

7 Dividiere. Runde das Ergebnis auf Zehntel.

a)	b)	c)
8,534 : 7	23,48 : 6	858,734 : 11
9,671 : 9	25,72 : 8	256,284 : 12
7,825 : 4	43,98 : 9	312,363 : 14

Masseeinheiten

1 t = 1000 kg
1 kg = 1000 g
1 g = 1000 mg

Im Alltag ist der Begriff Gewicht an Stelle von Masse gebräuchlich.

1 mg = 0,001 g
1 g = 0,001 kg
1 kg = 0,001 t

16 kg + 560 g + 48 g
= 16 000 g + 560 g + 48 g
= 16 608 g

7,2 t + 850 kg + 2 t
= 7,2 t + 0,85 t + 2t
= 10,05 t

Zeiteinheiten:

Tag (d) Minute (min)
Stunde (h) Sekunde (s)

1 d = 24 h
1 h = 60 min
1 min = 60 s

von 6.40 Uhr bis 9.15 Uhr:
9 h 15 min − 6 h 40 min
= 8 h 75 min − 6 h 40 min
= 2 h 35 min
Dauer: 2 h 35 min

Beginn: 12.08 Uhr
Dauer: 3 h 27 min
Ende:
12 h 08 min + 3 h 27 min
= 15 h 35 min
Ende: 15.35 Uhr

Beginn:
Dauer: 8 h 25 min
Ende: 17.10 Uhr
17 h 10 min − 8 h 25 min
= 16 h 70 min − 8 h 25 min
= 8 h 45 min
Beginn: 8.45 Uhr

1 Wandle in die Einheit um, die in Klammern steht.

a) 12 kg (g); 45 g (mg); 17 t (kg)
b) 23 g (mg); 70 t (kg); 9 kg (g)
c) 6000 g (kg); 37 000 mg (g); 85 000 kg (t)

d) 2,6 kg (g); 4,5 t (kg); 11,4 g (mg)
e) 9,65 t (kg); 5,05 g (mg); 5,75 kg (g)
f) 0,144 kg (g); 0,0478 t (kg); 0,0025 t (kg)

g) 1346 g (kg); 7845 kg (t); 4570 g (kg)
h) 253 g (kg); 100 kg (t); 460 mg (g)
i) 47 kg (t); 78 g (kg); 9 g (kg)

k) $\frac{1}{2}$ g (mg); $\frac{1}{4}$ t (kg); $\frac{3}{4}$ kg (g)
l) $2\frac{1}{2}$ kg (g); $8\frac{1}{2}$ kg (g); $1\frac{3}{4}$ kg (g)
m) $5\frac{1}{2}$ t (kg); $12\frac{1}{2}$ t (kg); $2\frac{1}{4}$ t (kg)

2 Wandle zuerst in die gleiche Einheit um.

a) 13 kg + 780 g +670 g; 1550 g + 13 kg + 7 kg; 4 t + 2500 kg + 680 kg
b) 35 kg − 1450 g; 8 t − 780 kg; 2 t − 5750 kg

c) 4,5 kg + 672 g + 4,75 kg; 6,7 t + 3500 kg + 2,25 t; 450 mg + 8,25 g + 11,7 g
d) 3,5 t − 672 kg; 2,5 kg − 75 g; 8,32 t − 62 kg

3 Wandle die Einheit um, die in Klammern steht.

a) 4 h (min); 7 min (s); 12 min (s)
b) 2 d (h); 10 h (min); 5 d (h)
c) 2 h 45 min (min); 4 h 21 min (min); 1 d 8 h (h)

d) 3 min 17 s (s); 4 min 35 s (s); 7 h 56 min (min)
e) $\frac{3}{4}$ h (min); $\frac{1}{2}$ min (s); $\frac{1}{4}$ d (h)
f) $4\frac{1}{2}$ min (s); $3\frac{1}{2}$ d (h); $1\frac{3}{4}$ h (min)

4 Bestimme die Zeitdauer in Stunden und Minuten.

	a)	b)	c)	d)
von	8.10 Uhr	9.37 Uhr	15.20 Uhr	12.44 Uhr
bis	15.15 Uhr	13.49 Uhr	17.10 Uhr	16.19 Uhr

5 Berechne die fehlenden Angaben.

	a)	b)	c)	d)
Beginn	8.20 Uhr		7.05	
Dauer	1 h 20 min	90 min	$3\frac{1}{2}$ h	2 h 15 min
Ende		17.45 Uhr		20 Uhr

Längeneinheiten

1 km = 1000 m
1 m = 10 dm
1dm = 10 cm
1 cm = 10 mm

1 m = 0,001 km
1 dm = 0,1 m
1 cm = 0,1 dm
1 mm = 0,1 cm

12,71 km + 67 m
= 12710 m + 67 m
= 12 777 m

Flächeneinheiten

1 km^2 = 100 ha (Hektar)
1 ha = 100 a (Ar)
1 a = 100 m^2
1 m^2 = 100 dm^2
1 dm^2 = 100 cm^2
1 cm^2 = 100 mm^2

1 mm^2 = 0,01 cm^2
1 cm^2 = 0,01 dm^2
1 dm^2 = 0,01 m^2
1 m^2 = 0,01 a
1 a = 0,01 ha
1 ha = 0,01 km^2

6 Wandle in die Einheit um, die in Klammern steht.

a)	b)	c)
23 cm (mm)	63 dm (cm)	6 m (cm)
112 cm (mm)	7 dm (cm)	12 m (cm)
12 km (m)	240 mm (cm)	1300 cm (m)
8 km (m)	780 mm (cm)	7400 cm (m)
2,35 m (cm)	4,8 km (m)	3 km 672 m (m)
5,20 m (cm)	9,55 km (m)	7 km 68 (m)

7 Wandle in die größere Einheit um.

a)	b)	c)
2 m 89 cm	4 cm 7 mm	12 km 734 m
5 m 1 cm	13 cm 5 mm	9 km 78 m
11 m 99 cm	22 cm 8 mm	14 km 3m

8 Wandle in die Einheit um, die in Klammern steht.

a)	b)	c)
157 mm (cm)	3789 m (km)	487 cm (m)
82 mm (cm)	789 m (km)	56 cm (m)
1155 mm (cm)	17 m (km)	8 cm (m)

9 Wandle in die kleinere Einheit um und berechne.

a)	b)
5,2 m + 64 cm	34 km + 1467 m + 5,6 km
4,7 cm + 23 mm	3,71 m + 67 cm + 6 m
3,48 m + 9 cm	5,89 km + 481 m + 0,71 km

10 Ordne den Flächen eine passende Flächeneinheit zu.

a)	b)
Fußboden eines Zimmers	Fußballfeld
Blatt Papier	Frankreich
Baugrundstück	Briefmarke
Oberfläche eines Sees	Mikrochip

11 Wandle in die Einheit um, die in Klammern steht.

a)	b)	c)
23 a (m^2)	142 dm^2 (cm^2)	4 ha (m^2)
3 ha (a)	82 cm^2 (mm^2)	11 km^2 (a)
8 km^2 (ha)	7 m^2 (dm^2)	9 m^2 (cm^2)

d)	e)	f)
12 ha (m^2)	2300 a (ha)	1500 m^2 (a)
3 m^2 (cm^2)	1300 dm^2 (m^2)	200 mm^2 (cm^2)
7 km^2 (a)	8900 ha (km^2)	6700 cm^2 (dm^2)

g)	h)	i)
20 000 cm^2 (m^2)	900 000 dm^2 (a)	$\frac{1}{2}$ a (m^2)
110 000 a (km^2)	1 000 000 cm^2 (a)	$\frac{1}{4}$ m^2 (dm^2)
90 000 m^2 (ha)	7 000 000 m^2 (km^2)	$\frac{3}{4}$ ha (a)

12 Schreibe in der nächstgrößeren Einheit.

a)	b)	c)
578 m^2	66 dm^2	1551 m^2
724 cm^2	20 ha	75 a
2743 a	7 mm^2	9 dm^2

d)	e)	f)
175,3 a	125,5 a	4,9 cm^2
34,12 ha	50,2 mm^2	0,1 dm^2
13,56 m^2	8,7 m^2	0,5 m

Quadrat

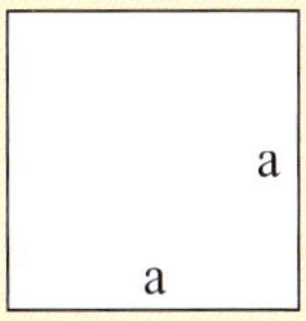

Flächeninhalt

$A = a \cdot a = a^2$

Umfang

$u = 4 \cdot a$

Rechteck

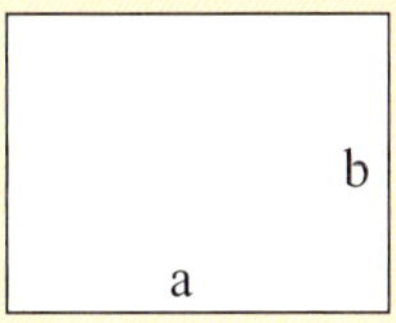

Flächeninhalt $A = a \cdot b$

Umfang

$u = 2 \cdot a + 2 \cdot b$
$u = 2 \cdot (a + b)$

Seitenlänge: $a = 9$ m
Seitenlänge: $b =$
Umfang: $u =$
Flächeninhalt: $A = 63\ m^2$

$b = 63\ m^2 : 9$ m
$b = 7$ m

$u = 2 \cdot (9\ m + 7\ m)$
$u = 2 \cdot 16$ m
$u = 32$ m

Seitenlänge: $a = 12$ m
Seitenlänge: $b =$
Umfang: $u = 40$ m
Flächeninhalt: $A =$

$\frac{u}{2} = 40\ m : 2 \quad = 20$ m
$b = 20\ m - 12$ m
$b = 8$ m

$A = 12\ m \cdot 8$ m
$A = 96\ m^2$

1 Berechne den Umfang und den Flächeninhalt eines Quadrats mit der Seitenlänge 7 m (20 m; 12 cm; 9 dm; 16 mm; 1,5 m; 6,5 cm; 3,2 cm).

2 Der Flächeninhalt eines Quadrates beträgt 25 cm^2 (100 cm^2; 16 m^2; 81 m^2; 144 m^2). Gib die Seitenlänge des Quadrats an und berechne den Umfang.

3 Ein Quadrat hat einen Umfang von 24 m (8 dm; 40 m; 60 cm; 48 mm; 3,2 m; 2 m; 10 cm). Bestimme die Seitenlänge und den Flächeninhalt des Quadrats.

4 Wie verändert sich der Flächeninhalt eines Quadrats, wenn man die Seitenlänge verdoppelt (verdreifacht, vervierfacht)?

5 Berechne Umfang und Flächeninhalt folgender Rechtecke.

	a)	b)	c)	d)	e)
Seitenlänge a	9 cm	12 m	14 mm	25 m	60 cm
Seitenlänge b	5 cm	7 m	8 mm	10 m	11 cm

	f)	g)	h)	i)	k)
Seitenlänge a	2,5 m	5,4 km	3,5 dm	2,4 cm	0,75 m
Seitenlänge b	0,8 m	1,5 km	1,2 dm	4,5 cm	0,45 m

	l)	m)	n)	o)	p)
Seitenlänge a	4 m	2 km	3 cm	3,5 m	1,45 m
Seitenlänge b	15 dm	800 m	11 mm	80 cm	40 cm

6 Berechne die fehlenden Größen des Rechtecks.

	a)	b)	c)	d)	e)
Seitenlänge a	5 m		15 m	26 m	
Seitenlänge b		12 cm			6 mm
Umfang				84 m	30 mm
Flächeninhalt	40 m^2	72 cm^2	120 m^2		

	f)	g)	h)	i)	k)
Seitenlänge a			1,6 mm	600 m	20 m
Seitenlänge b	0,5 m	1,5 cm			
Umfang			5,4 mm	2 km	
Flächeninhalt	2 m^2	6 cm^2			1 a

7 Gib vier verschiedene Rechtecke mit einem Flächeninhalt von 36 cm^2 (50 m^2) an.

8 Gib vier verschiedene Rechtecke mit einem Umfang von 40 cm (28 m; 2 dm) an.

Raumeinheiten

$1\ m^3 = 1000\ dm^3$

$1\ dm^3 = 1000\ cm^3$

$1\ cm^3 = 1000\ mm^3$

Würfel

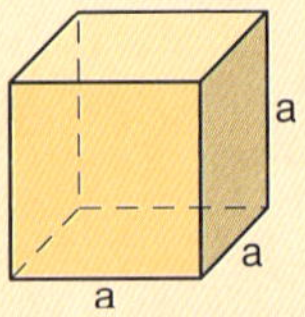

Rauminhalt (Volumen)

$V = a \cdot a \cdot a = a^3$

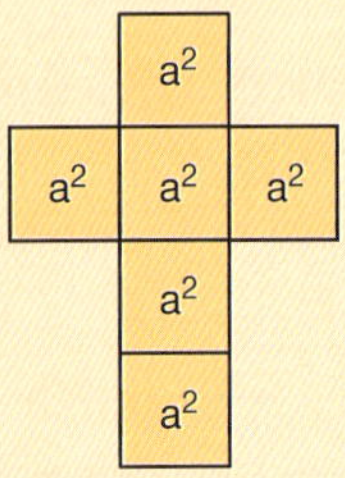

Oberflächeninhalt

$O = 6 \cdot a^2$

Quader

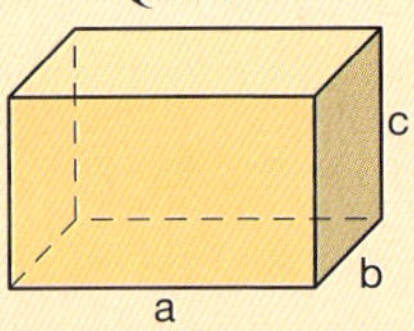

Rauminhalt (Volumen)

$V = a \cdot b \cdot c$

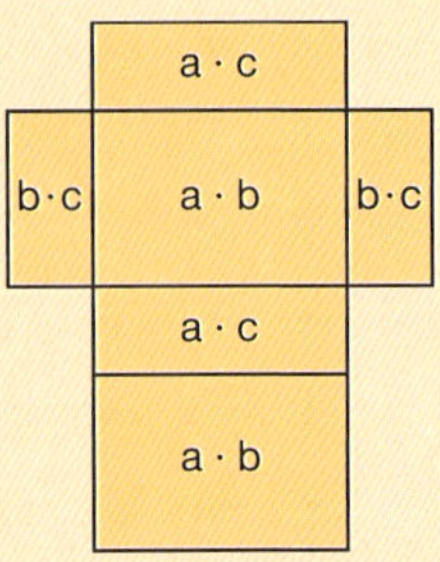

Oberflächeninhalt

$O = 2 \cdot a \cdot b + 2 \cdot b \cdot c + 2 \cdot a \cdot c$

$O = 2 \cdot (a \cdot b + b \cdot c + a \cdot c)$

1 Wandle in die Einheit um, die in Klammern steht.

a) $6\ dm^3\ (cm^3)$ b) $2\ cm^3\ (mm^3)$ c) $12\,000\ cm^3\ (dm^3)$
$11\ cm^3\ (mm^3)$ $13\ m^3\ (cm^3)$ $54\,000\ mm^3\ (cm^3)$
$9\ m^3\ (dm^3)$ $21\ dm^3\ (mm^3)$ $120\,000\ dm^3\ (m^3)$

d) $3{,}11\ cm^3\ (mm^3)$ e) $0{,}06\ dm^3\ (cm^3)$ f) $\frac{1}{2}\ m^3\ (dm^3)$
$7{,}4\ dm^3\ (cm^3)$ $1{,}001\ cm^3\ (mm^3)$ $\frac{1}{4}\ m^3\ (dm^3)$
$0{,}5812\ m^3\ (dm^3)$ $8{,}2519\ m^3\ (cm^3)$ $\frac{3}{4}\ m^3\ (dm^3)$

2 Zeichne das Netz des Würfels. Berechne den Rauminhalt und den Oberflächeninhalt.

a)

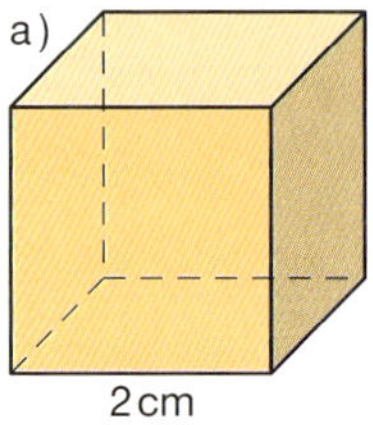

b)

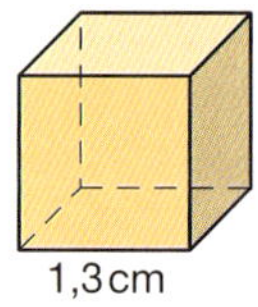

3 Berechne den Rauminhalt und den Oberflächeninhalt eines Würfels mit der Kantenlänge 6 m (8 dm; 30 cm).

4 Ein Würfel hat einen Rauminhalt von $27\ m^3$ ($125\ cm^3$). Gib die Kantenlänge an.

5 Ein Würfel hat einen Oberflächeninhalt von $24\ m^2$ ($150\ cm^2$). Gib die Kantenlänge an.

6 Zeichne das Netz des Quaders. Berechne den Rauminhalt und den Oberflächeninhalt.

a)

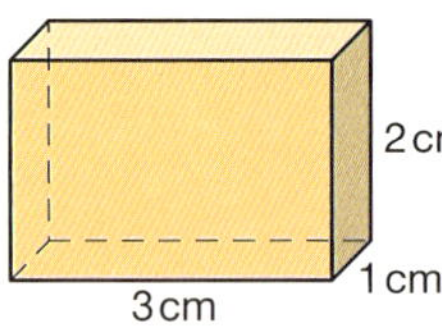

b)

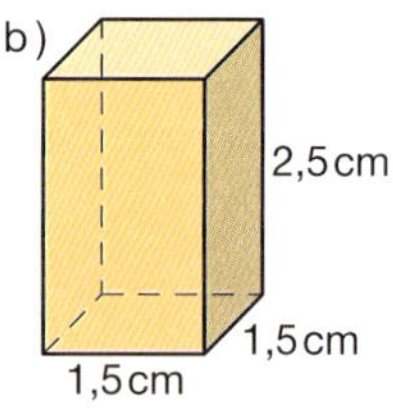

7 Berechne den Rauminhalt und den Oberflächeninhalt folgender Quader.

	a)	b)	c)	d)	e)
Kantenlänge a	8 cm	6 m	9 dm	11 cm	22 cm
Kantenlänge b	6 cm	4 m	7 dm	15 cm	30 cm
Kantenlänge c	1 cm	5 m	10 dm	20 cm	5 cm

	f)	g)	h)	i)	k)
Kantenlänge a	10 cm	2,5 m	1,8 cm	3 dm	1,5m
Kantenlänge b	7,5 cm	5 m	3,5 cm	40 cm	75 cm
Kantenlänge c	4,5 cm	1,2 m	0,4 cm	2 m	6 dm

Zuordnungen

A

1 Sieben Schülerinnen und Schüler der 7a haben besondere Hobbys.
Stephan und Thorsten sammeln Briefmarken, Stefanie singt im Chor, Astrid malt, Sophie malt und sammelt Briefmarken, Peter macht Modellbau und David spielt Fußball.
Lege eine Tabelle der Zuordnung an.

2 Die folgenden Zuordnungen sind proportional. Vervollständige die Tabellen.

a)

Masse (kg)	Preis (EUR)
4	7,60
20	
40	
12	

b)

Arbeitszeit (h)	Verdienst (EUR)
8	112
4	
0,5	
4,5	

3 200 g Wurst kosten 1,80 EUR. Diese Zuordnung ist proportional.
a) Zeichne den Graphen der Zuordnung (x-Achse: 1 cm ≙ 100 g; y-Achse: 1 cm ≙ 0,50 EUR).
b) Ermittle anhand des Graphen wie viel EUR 300 g (500 g, 900 g) Wurst kosten.

4 Tinas Mutter kauft 8 Begonien für 4,80 EUR.
a) Tina kauft 3 Begonien nach. Wie viel EUR muss sie bezahlen?
b) Kai kauft für 10,80 EUR Begonien. Wie viele bekommt er?

5 An einem Julitag wurde in Abständen von 2 Stunden die Temperatur gemessen und in eine Tabelle eingetragen:

Uhrzeit	7.00	9.00	11.00	13.00	15.00	17.00	19.00
Temperatur (°C)	14	18	24	28	26	25	22

a) Trage die Zahlenpaare in ein Koordinatensystem ein (x-Achse: 1 cm ≙ 1 h; y-Achse: 1 cm ≙ 2 °C). Zeichne durch die Punkte eine Kurve.
b) Wann betrug nach deiner Temperaturkurve die Temperatur 26 °C?

B

1 Ein Obsthändler verkauft 300 kg Äpfel und verdient daran 96 EUR. Am nächsten Tag verkauft er 420 kg Äpfel. Wie hoch ist sein Verdienst?

2 Eine Klasse will mit 28 Personen einen Ausflug machen. Für die Fahrt muss jeder 12 EUR bezahlen. Wie teuer wird die Fahrt für jeden Teilnehmer, wenn nur 24 Personen mitfahren?

3 Auf einer Karte im Atlas beträgt die Entfernung von Dresden nach Magdeburg (Luftlinie) 9 cm. Wie groß ist die Entfernung in Wirklichkeit, wenn einer Strecke von 5 cm auf der Karte 100 km in Wirklichkeit entsprechen?

4 Frau Peters braucht für eine Strecke von Braunschweig nach Berlin bei einer Durchschnittsgeschwindigkeit von 100 $\frac{km}{h}$ eine Zeit von 2 h 30 min.
a) Wie viel Zeit benötigt sie bei einer Durchschnittsgeschwindigkeit von 80 $\frac{km}{h}$?
b) Wie lange braucht ein Auto, das mit einer Richtgeschwindigkeit von 130 $\frac{km}{h}$ fährt? Runde auf zwei Stellen nach dem Komma.

5 In 40 Minuten verbraucht ein Heizstrahler für 0,18 EUR elektrische Energie. Berechne, welche Energiekosten in 30 min (45 min, 2 h) entstehen.

A

1 Vergleiche die Zahlen. Setze in deinem Heft < oder > ein.

a)	b)	c)
3 □ − 4	2,1 □ 2,13	$-\frac{1}{2}$ □ $\frac{1}{4}$
− 7 □ − 5	− 9,5 □ − 12	$-\frac{3}{5}$ □ $-\frac{2}{5}$
14 □ − 16	− 18,3 □ − 18,37	$2\frac{1}{3}$ □ $-4\frac{2}{5}$
− 183 □ − 307	− 7,36 □ − 15,8	$-\frac{4}{7}$ □ $-\frac{3}{8}$

2 Ordne die Zahlen der Größe nach. Beginne mit der kleinsten.
a) − 43; 34; − 9; − 28; 79; − 11; − 17; − 71; − 23
b) − 5; − 3; 12; − 0,75; − 5,03; 3,085; − 6,4; − 6,28; − 6,02

3 Berechne.
a) (+ 50) + (− 34)
b) (− 27) + (− 14)
c) (− 34) − (− 48)
d) 12,3 − 7,5
e) − 15,2 + 4,7
f) − 22,8 − 43,9
g) − 74 + 62 − 23 − 78
h) 195 − 283 − 354 + 332 − 442
i) − 22,5 − 37,8 + 23,4 − 194,5

4 Berechne.
a) 227 − 352 − 412 + 725 − 3445 + 435
b) 2124 − 7443 + 5248 − 6553 + 323
c) − 7,5 + 12,3 − 25 + 13,6 − 32 + 5,7
d) − 1,41 + 6,31 − 3,15 + 0,15 + 1,41 − 3,15 − 3,16

5
a) − 17 · (+ 9)
b) 12 · (− 14)
c) − 2,5 · (− 12)
d) − 15 · (− 2) · 3 · (− 4)
e) − 198 : (− 9)
f) − 22,5 : 7,5
g) 20,8 : (− 4)
h) − 6732 : (− 12)
i) 835 · (− 34) · (3)
k) 46,7 · (− 25,4) · 4
l) (− 5529) : (− 57)
m) 112005 : (− 19)

B

1 Berechne.
a) − 34 + (− 27 − 84 + 62) − 91
b) 45 − (− 39 + 45) − (38 − 56 + 47)
c) − 34,5 − (− 22,4 + 45,6 − 23,7)
d) − (− 2,5 − 3,4 + 4,1) + (− 7,5 − 6,7 + 12,4)

2 Kleiner, größer oder gleich? Berechne und setze jeweils das richtige Zeichen.
a) 2,25 · (− 7,3) □ 65,85 · (− 0,2)
b) − 0,17 · (− 2,6) □ 0,58 · 1,83
c) − 9,6 · (− 0,625) □ 15 · 0,04
d) − 8,16 · (− 0,82) □ 60 · 0,0801

3 Potenziere.
a) $(-4)^3$ b) $(-3)^4$ c) $(-0{,}5)^3$ d) $\left(-\frac{2}{5}\right)^2$ c) $\left(-\frac{1}{3}\right)^3$

4 Berechne. Achte auf die Rechenregeln.
a) − 35 + 8 · (− 7)
b) − 8 · 11 − 84 : (− 12)
c) 3 − (− 12) · 5 − 10 − 52 · (− 2) · (− 3) + 7 − 4 + 9 · (− 15)
d) − 7 − (− 28) · 35 + 4 + 44 · (− 19) − 4 · (− 28) + 9

5 Setze in Klammern und berechne.
a) − 45 · 9 + 34 · 9
b) − 34 · 23 + 23 · 62
c) 3,5 · 27,5 − 3,5 · 21,2
d) 4,3 · 9 + 4,3 · (− 6) − 4,3 · (− 12)
e) 9,2 · (− 3,9) − 3,1 · (− 3,9) + (− 3,9) · (− 4,8)

6 Frau Knoke hat auf ihrem Konto ein Guthaben von 1180,55 EUR. Im Kaufhaus hat sie mit einem Scheck über 285 EUR bezahlt. Weiter wurden eine Rechnung über 588,50 EUR und die Miete von 505,80 EUR abgebucht. Die Telefonrechnung beträgt 88,85 EUR. Eine Gutschrift ihrer Autoversicherung in Höhe von 305,40 EUR geht zum Monatsende ein. Berechne den Kontostand zum Monatsende.

A

1 Zeichne in ein Koordinatensystem (Einheit 0,5 cm) das Viereck ABCD mit A (2|2), B (3|− 2), C (11|0) und D (10|4).
Spiegele die Figur an der Geraden s durch R (0|7) und S (− 3|5) und gib die Koordinaten der Bildpunkte an.

2 Zeichne die Strecke $\overline{AB}$ = 6,5 cm. Konstruiere mit Zirkel und Lineal die Mittelsenkrechte der Strecke $\overline{AB}$.

3 Zeichne ein Parallelogramm ABCD mit A (− 6|− 5), B (4|− 3), C (5|1) und D (− 5|− 1) in ein Koordinatensystem (Einheit 0,5 cm).
Verschiebe das Viereck, sodass Punkt A auf den Bildpunkt A′ (− 2|2) abgebildet wird. Gib die Koordinaten der fehlenden Bildpunkte an.

4 Welche Vierecke haben
a) vier gleich lange Seiten,
b) gleich lange Seiten und gleich große Winkel,
c) zwei gleich lange Diagonalen?

5 a) Zeichne ein 135° großen Winkel. Konstruiere die Winkelhalbierende.
b) Zeichne einen Winkel der Größe 67°. Verdopple ihn mit Zirkel und Lineal.

6 Zeichne ein 6,5 cm langes und 2,5 cm breites Rechteck ABCD. Drehe das Rechteck um den Schnittpunkt der Diagonalen um 90°.

B

1 Der Punkt A (− 4|1) wird durch eine Achsenspiegelung auf A′ (4|5) abgebildet. Welche Koordinaten haben bei dieser Spiegelung die Bildpunkte von B (7|− 1) und C (− 5|− 2)? Löse im Koordinatensystem (Einheit 0,5 cm).

2 Teile mit Hilfe des Zirkels eine 7,5 cm lange Strecke in vier gleich lange Teile.

3 Zeichne ein Viereck ABCD mit A (1|− 5), B (0|0), C (− 5|1) und D (− 4|− 4) in ein Koordinatensystem (Einheit 0,5 cm).
Drehe die Figur, sodass der Punkt A auf den Bildpunkt A′ (5|1) und B auf den Bildpunkt B′ (10|2) abgebildet wird.
Bestimme die Koordinaten des Drehpunktes, der fehlenden Bildpunkte und gib die Größe des Drehwinkels an.

4 a) Zeichne eine Gerade AB mit A (3|4) und B (19|12) sowie die Punkte P (3|14) und Q (18|4) in ein Koordinatensystem (Einheit 0,5 cm).
b) Konstruiere mit Zirkel und Lineal jeweils das Lot von P und von Q auf die Gerade AB. Bestimme jeweils die Koordinaten des Fußpunktes des Lotes auf AB.

5 a) Konstruiere ein Parallelogramm ABCD aus a = 7 cm; b = 5 cm und β = 125°.
b) Konstruiere ein gleichschenkliges Trapez ABCD (b = d) aus a = 8,2 cm; b = 4,8 cm und α = 37°.
c) Konstruiere einen Drachen ABCD aus e = 6,8 cm, a = 5,4 cm und α = 65°.

A

1 Berechne jeweils den Wert des Terms.
a) $6{,}5 \cdot 4 + 2{,}5 \cdot 2$ b) $11{,}4 \cdot 5 - 9{,}1 \cdot 6$ c) $(4{,}6 + 3{,}4) \cdot 1{,}5$

2 Setze für x die Zahlen 1, 2, 3, … 10 ein und berechne jeweils den Wert des Terms.
a) $4 \cdot x + 13$ b) $8 \cdot x - 5$

3 Bestimme jeweils die Lösung der Gleichung.
a) $3 \cdot x + 11 = 20$
$6 \cdot x - 18 = 12$
b) $12 \cdot x + 8 = 80$
$15 \cdot x - 7 = 23$

4 Schreibe das Zahlenrätsel als Gleichung und löse sie.
a) Multipliziere die gesuchte Zahl mit 8 und addiere 13. Das Ergebnis ist 37.
b) Multipliziere die gesuchte Zahl mit 11 und subtrahiere 14. Du erhältst 30.

5 Eine Flasche Multivitaminsaft kostet 1,10 EUR, ein Müsliriegel 0,30 EUR. Sascha kauft eine Flasche Multivitaminsaft und dazu Müsliriegel. Er bezahlt insgesamt 2,30 EUR. Wie viele Müsliriegel hat er gekauft?

B

1 Setze für x die Zahlen 1, 2, 3, … 10 ein und berechne jeweils den Wert des Terms.
a) $1{,}5 \cdot x + 5{,}5$ b) $4 \cdot (2 \cdot x + 3)$

2 Schreibe als Term mit der Variablen x.
a) das Neunfache einer Zahl b) die Summe aus dem Dreifachen einer Zahl und 27.

3 Bestimme jeweils die Lösung der Gleichung.
a) $12 \cdot x + 23 = 95$
$16 \cdot x - 31 = 49$
b) $x : 8 + 21 = 26$
$x : 7 - 37 = 13$

4 Schreibe das Zahlenrätsel als Gleichung und löse sie.
a) Multipliziere die gesuchte Zahl mit 12 und subtrahiere 15. Du erhältst 57.
b) Addiere 11 zu der gesuchten Zahl und multipliziere die Summe mit 8. Das Ergebnis ist 120.

5 Schreibe zu jeder Gleichung ein passendes Zahlenrätsel auf und bestimme die Lösung.
a) $6 \cdot x - 18 = 24$ b) $(x + 4) \cdot 5 = 35$

6 Sven spart für ein neues Fahrrad, das 245 EUR kostet. Jeden Monat legt er von seinem Taschengeld 15 EUR zurück. Zum Geburtstag erhält er von den Großeltern den Restbetrag von 140 EUR. Wie viele Monate hat er gespart?

A

1 Gib den Bruchteil als Prozent an.
$\frac{1}{2}$ $\frac{3}{10}$ $\frac{9}{10}$ $\frac{31}{100}$ $\frac{1}{5}$ $\frac{1}{4}$ $\frac{3}{5}$ $\frac{3}{4}$ $\frac{7}{20}$ $\frac{13}{20}$ $\frac{1}{25}$ $\frac{17}{25}$ $\frac{1}{50}$ $\frac{21}{50}$ $\frac{1}{40}$ $\frac{3}{40}$

2 Schreibe als Bruch.
10% 5% 2% 1% 20% 25% 50% 75% $33\frac{1}{3}$% $66\frac{2}{3}$% 100% 200%

3 Berechne den Prozentwert.
a) 50% von 640 m² b) 25% von 220 kg c) 1% von 3000 ha d) 10% von 2500 m

4 Berechne den Prozentsatz.
a) 56 kg von 80 kg b) 24 DM von 60 EUR c) 18 m² von 90 m² d) 23 m von 92 m

5 Berechne den Grundwert.
a) 8% ≙ 34 EUR b) 28% ≙ 651 m² c) 67% ≙ 22,78 kg d) 92% ≙ 15,64 EUR

6 Der Preis für ein Fernsehgerät beträgt 1450 EUR. Bei Barzahlung gewährt der Händler einen Preisnachlass von 2% (Skonto). Wie viel EUR muss ein Kunde dann bezahlen?

7 Für ein Rockkonzert sind im Kartenvorverkauf bereits 18 000 Karten verkauft worden. Das sind 72% aller zur Verfügung stehenden Karten. Wie viele Karten sind insgesamt gedruckt worden?

B

1 Nach einer Gehaltserhöhung verdient Herr Meyer 5% mehr als vorher. Er verdiente monatlich 2200 EUR. Berechne das Gehalt von Herrn Meyer nach der Gehaltserhöhung.

2 Nach einer Preissenkung von 4% kauft Maik für 72 EUR einen neuen Discman. Berechne den ursprünglichen Preis.

3 Die Anzahl der Mitglieder eines Fußballvereins nahm im letzten Jahr um 2% ab. Der Verein hat jetzt noch 1127 Mitglieder. Berechne die ursprüngliche Mitgliederzahl.

4 Eine Stereo-Kompaktanlage kostet 580 EUR. Dieser Preis wird um 20% gesenkt, zwei Wochen später noch einmal um 10%.
a) Wie teuer ist die Anlage nach der zweiten Preissenkung?
b) Um wie viel Prozent ist der Preis der Anlage insgesamt reduziert worden?

5 Die Überprüfung von 440 Fahrrädern ergab, dass 176 Fahrräder keine Mängel, 132 Fahrräder leichte Mängel und 25% aller Fahrräder erhebliche Mängel hatten. Der Rest der Fahrräder musste wegen schwerer Mängel sofort aus dem Verkehr gezogen werden. Berechne die fehlenden Prozentsätze und zeichne das zugehörige Streifendiagramm (Gesamtlänge 15 cm).

1 Zeichne ein Dreieck ABC mit den angegebenen Eckpunkten in ein Koordinatensystem (Einheit 0,5 cm). Miss die Winkelgrößen und gib an, ob es sich um ein spitzwinkliges, rechtwinkliges oder stumpfwinkliges Dreieck handelt.
a) A(1|7); B(4|1); C(16|7) b) A(1|3); B(6|0); C(16|9) c) A(0|12); B(5|1); C(11|16)

2 Können die folgenden drei Längen die Seitenlängen eines Dreiecks sein? Begründe deine Antwort.
a) 8 cm; 5 cm; 6 cm b) 12 m; 15 m; 3 m c) 4,50 m; 7,50 m; 2,50 m

3 a) In einem Dreieck ist $\alpha = 85°$ und $\beta = 37°$. Berechne die Größe des dritten Innenwinkels γ.
b) In einem Viereck ist $\alpha = 80°$, $\beta = 35°$ und $\gamma = 125°$. Bestimme die Größe des fehlenden Innenwinkels δ.

4 a) In einem gleichschenkligen Dreieck hat ein Basiswinkel eine Größe von 38°. Wie groß ist der Winkel an der Spitze?
b) Der Winkel an der Spitze eines gleichschenkligen Dreiecks hat eine Größe von 48°. Wie groß ist jeweils ein Basiswinkel?

5 Berechne die Größe der fehlenden Winkel.

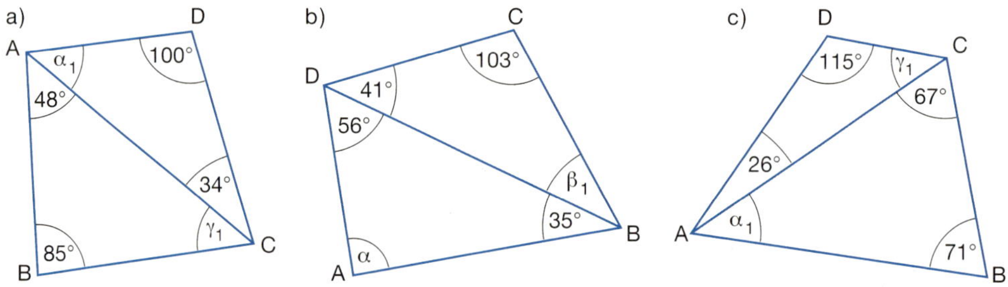

6 Berechne die fehlenden Winkelgrößen.

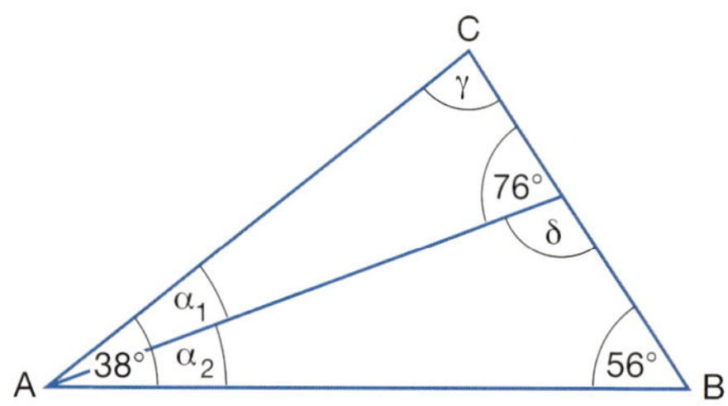

7 Zeichne das Dreieck ABC mit den Eckpunkten A (3|4), B (18|2) und C (15|12) in ein Koordinatensystem (Einheit 0,5 cm). Zeichne den Schwerpunkt des Dreiecks und gib seine Koordinaten an.

8 Zeichne das Dreieck ABC mit den Eckpunkten A (5|11), B (17|3) und C (21|11) in ein Koordinatensystem (Einheit 0,5 cm). Zeichne den Umkreis des Dreiecks und gib die Koordinaten seines Mittelpunktes an.

9 Zeichne das Dreieck ABC mit den Eckpunkten A (0|0), B (16|8) und C (10|20) in ein Koordinatensystem (Einheit 0,5 cm). Zeichne den Inkreis des Dreiecks und gib die Koordinaten seines Mittelpunktes an.

1 Tobias hat fünfzigmal mit einem Würfel gewürfelt und die absoluten Häufigkeiten seiner Ergebnisse in eine Häufigkeitstabelle eingetragen.

a) Übertrage die Häufigkeitstabelle in dein Heft. Gib die relativen Häufigkeiten als Bruch an.

b) Berechne auch die relativen Häufigkeiten als Dezimalbruch.

c) Stelle die absoluten Häufigkeiten in einem Säulendiagramm dar.

50 Würfe						
Augenzahl	1	2	3	4	5	6
absolute Häufigkeit	9	11	5	10	9	6
relative Häufigkeit als Bruch						
relative Häufigkeit als Dezimalbruch						

2 Tina hat mehrmals hintereinander eine Heftzwecke geworfen und die absoluten Häufigkeiten in eine Häufigkeitstabelle eingetragen.

a) Übertrage die Häufigkeitstabelle in dein Heft. Berechne die relativen Häufigkeiten als Bruch und als Dezimalbruch.

b) Zeichne das zugehörige Streifendiagramm (Gesamtlänge 10 cm).

Heftzweckwürfe		
Ergebnis	Kopf	Seite
absolute Häufigkeit	88	112
relative Häufigkeit als Bruch		
relative Häufigkeit als Dezimalbruch		

3 In einer Urne befinden sich zehn gleich große Kugeln unterschiedlicher Farben. Aus der Urne wurde mehrmals mit Zurücklegen gezogen, die absoluten Häufigkeiten der einzelnen Ergebnisse werden in dem Stabdiagramm graphisch dargestellt.

a) Berechne zu jeder Farbe die relative Häufigkeit.

b) Wie viele Kugeln sind deiner Meinung nach rot, wie viele Kugeln blau (gelb, grün)?

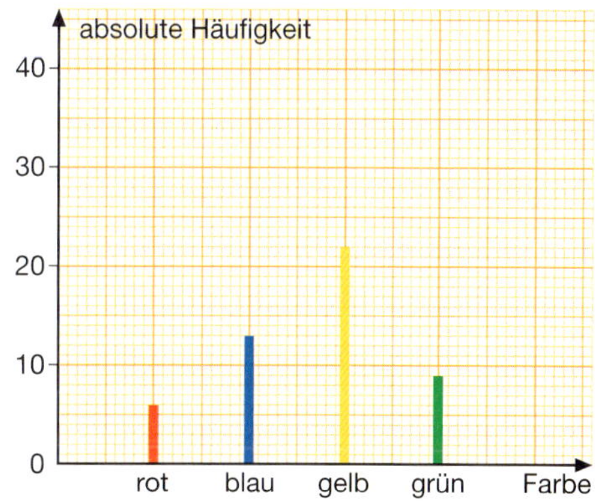

4 In einer Urne befinden sich zwanzig gleichartige Kugeln. Davon sind acht Kugeln rot, fünf Kugeln weiß, drei Kugeln blau und vier Kugeln schwarz gefärbt. Eine Kugel wird aus der Urne gezogen. Berechne die Wahrscheinlichkeiten aller möglichen Ergebnisse.

5 Der Technische Überwachungsverein (TÜV) überprüft ältere Gebrauchtwagen auf ihre Verkehrssicherheit. Die Häufigkeitstabelle zeigt das Resultat der Überprüfung.
Wie groß ist die Wahrscheinlichkeit dafür, dass ein zufällig ausgewählter älterer Gebrauchtwagen leichte Mängel (keine Mängel, erhebliche Mängel) aufweist?

Ergebnis	absolute Häufigkeit
keine Mängel	1275
leichte Mängel	875
erhebliche Mängel	350

zu Seite 189

1

Schüler	Hobbys
Stephan	Briefmarken sammeln
Thorsten	Briefmarken sammeln
Stefanie	Chorsingen
Astrid	Malen
Sophie	Malen, Briefmarken sammeln
Peter	Modellbau
David	Fußball

2 a)

Masse (kg)	Preis (EUR)
4	7,60
20	38
40	76
12	22,80

b)

Arbeitszeit (h)	Verdienst (EUR)
8	112
4	56
0,5	7
4,5	63

3 a) –
b) 2,70 EUR (4,50 EUR; 8,10 EUR)

4 a) 1,80 EUR b) 18

5 a) –
b) 12 Uhr und 15 Uhr

---

1 134,40 EUR

2 14 EUR

3 180 km

4 a) 3,125 h
b) 1,92 h

5 0,135 EUR (0,2025 EUR, 0,54 EUR)

---

zu Seite 190

1 a) > < > > b) < > > > c) < < > <

2 a) – 71 < – 43 < – 28 < – 23 < – 17 < – 11 < – 9 < 34 < 79
b) – 6,4 < – 6,28 < – 6,02 < – 5,03 < – 5 < – 3,12 < – 0,75 < 3,085

3 a) 16 b) – 41 c) 14 d) 4,8 e) – 10,5 f) – 66,7 g) – 113 h) – 552 i) – 231,4

4 a) – 2822 b) – 6301 c) – 32,9 d) – 3

5 a) – 153 b) – 168 c) 30 d) – 360 e) 22 f) – 3 g) – 5,2 h) 561 i) 85170
k) – 4744,72 l) 97 m) – 5895

---

1 a) – 174 b) 10 c) – 34 d) 0

2 a) < b) < c) = d) <

3 a) – 64 b) 81 c) – 0,125 d) $\frac{4}{25}$ e) $-\frac{1}{27}$

4 a) – 91 b) – 81 c) – 391 d) 262

5 a) – 99 b) 644 c) 22,05 d) 64,7

6 17,80 EUR

---

zu Seite 191

1 A′ (– 6|0); B′ (– 5|– 4); C′ (– 13|– 6); D′ (– 14|– 2)

2 –

3 B′ (8|4); C′ (9|8); D′ (– 1|6)

4 a) Quadrat, Raute
b) Quadrat
c) Quadrat, Rechteck, gleichschenkliges Trapez

5 –

6 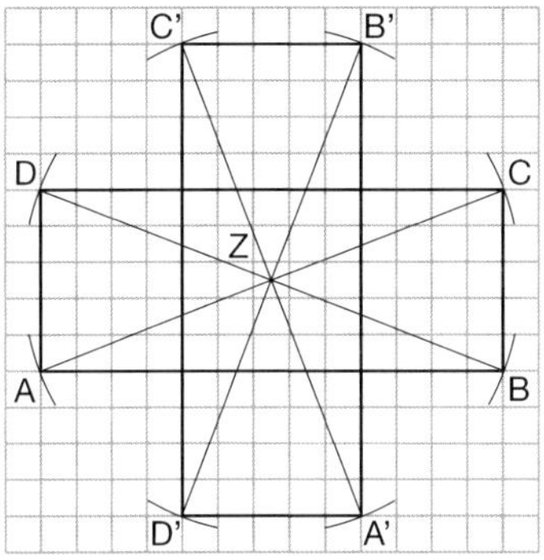

1 B′ (– 1|– 5); C′ (7|4)

2 –

3 C′ (11|7); D′ (6|6)
4 a) – b) Fußpunkt von P auf AB: (7|6)
Fußpunkt von Q auf AB: (15|10)

5 –

---

zu Seite 192

1 a) 31 b) 2,4 c) 12
2 a) 17, 21, 25, 29, 33, 37, 41, 45, 49, 53
b) 3, 11, 19, 27, 35, 43, 51, 59, 67, 75
3 a) 3; 5 b) 6; 2
4 a) $8 \cdot x + 13 = 37$; 3 b) $11 \cdot x - 14 = 30$; 4
5 4 Müsliriegel

---

1 a) 7; 8,5; 10; 11,5; 13; 14,5; 16; 17,5; 19; 20,5
b) 20; 28; 36; 44; 52; 60; 68; 76; 84; 92

2 a) $9 \cdot x$ b) $3 \cdot x + 27$

3 a) 6; 5 b) 40; 350

4 a) $12 \cdot x - 15 = 57$; 6 b) $(x + 11) \cdot 8 = 120$; 4

5 a) 7; 3

6 7 Monate

---

zu Seite 193

1 50 %, 30 %, 90 %, 31 %, 20 %, 25 %, 60 %, 75 %, 35 %, 65 %, 2 %, 42 %, 2,5 %, 7,5 %

2 $\frac{1}{10}$ $\frac{1}{20}$ $\frac{1}{50}$ $\frac{1}{100}$ $\frac{1}{5}$ $\frac{1}{4}$ $\frac{1}{2}$ $\frac{3}{4}$ $\frac{1}{3}$ $\frac{2}{3}$ $\frac{1}{1}$ $\frac{2}{1}$

3 a) 320 m^2 b) 55 kg c) 30 ha d) 250 m

4 a) 70 % b) 40 % c) 20 % d) 25 %

5 a) 425 EUR b) 2325 m^2 c) 34 kg d) 17 EUR

6 735 EUR

7 25 000

---

1 a) 20,83 % 35,11 % 23,85 %
b) 118,10 % 28,40 % 98,86 %
c) 87,39 % 51,11 % 78,57 %

2 2310 EUR

3 75 EUR

4 1150

5 a) 417,60 EUR b) 72 %

6 40% 30% 5%

zu Seite 194

1 a) rechtwinkliges Dreieck; b) stumpfwinkliges Dreieck c) spitzwinkliges Dreieck

2 a) ja; 8 cm + 5 cm > 6 cm; 8 cm + 6 cm > 5 cm; 5 cm + 6 cm > 8 cm
b) nein; 12 m + 3 m = 15 m
c) nein; 4,50 m + 2,50 m < 7, 50 m

3 a) $\gamma = 58°$ b) $\delta = 120°$

4 a) 104° b) 66°

5 a) $\alpha_1 = 46°$; $\gamma_1 = 47°$
b) $\alpha = 89°$; $\beta_1 = 36°$
c) $\alpha_1 = 42°$; $\gamma_1 = 39°$

6 $\gamma = 86°$; $\alpha_1 = 18°$; $\alpha_2 = 20°$; $\delta = 104°$

7 S (12|6)

8 M (13|10)

9 O (10|10)

---

zu Seite 195

1 a), b)

50 Würfe						
Augenzahl	1	2	3	4	5	6
absolute Häufigkeit	9	11	5	10	9	6
relative Häufigkeit als Bruch	$\frac{9}{50}$	$\frac{11}{50}$	$\frac{5}{50}$	$\frac{10}{50}$	$\frac{9}{50}$	$\frac{6}{50}$
relative Häufigkeit als Dezimalbruch	0,18	0,22	0,10	0,20	0,18	0,12

2 a)

Heftzweckwürfe		
Ergebnis	Kopf	Seite
absolute Häufigkeit	88	112
relative Häufigkeit als Bruch	$\frac{88}{200}$	$\frac{112}{200}$
relative Häufigkeit als Dezimalbruch	0,44	0,56

b) –

3 a)

Ergebnis	rot	blau	gelb	grün
relative Häufigkeit als Bruch	$\frac{6}{50}$	$\frac{13}{50}$	$\frac{22}{50}$	$\frac{9}{50}$
relative Häufigkeit als Dezimalbruch	0,12	0,26	0,44	0,18

b) rot: 1 Kugel
blau: 3 Kugeln
gelb: 4 Kugeln
grün: 2 Kugeln

4

Ergebnis	rot	weiß	blau	schwarz
Wahrscheinlichkeit	$\frac{8}{20}$	$\frac{5}{20}$	$\frac{3}{20}$	$\frac{4}{20}$

5

Ergebnis	Wahrscheinlichkeit
keine Mängel	$\frac{1275}{2500}$
leichte Mängel	$\frac{875}{2500}$
erhebliche Mängel	$\frac{350}{2500}$

Bildquellennachweis:

Toni Angermeyer, Holzkirchen: 7.3/4/8
Irmgard Arnold, Wiesbaden: 10.1/3, 13.1, 14.1, 15.1, 17.1/2, 18.1, 19.1, 20.1, 21.1, 22.1, 26.2, 27.1-3, 30.2, 31.1, 32.1, 33.1, 34.1/2, 38.1, 43.1, 44.1, 47.1/2, 51.1, 54/55, 56.1, 59.1, 60.1, 65.1, 67.1, 70.1, 77.2, 81.1, 82.3, 85.3, 88.3, 89.5, 93.4, 99.2, 103.2, 111, 112.1, 113.1, 114.1/3, 116.1/2, 117./2, 118.2, 119.1, 121.3-6, 122.2-4, 125.1/2, 126.1, 127.1/2, 129.1/2, 131.1/3, 133.2, 134.1, 136.4, 137.1, 138.1, 141.1/2, 146.4/5, 147.2, 148.1, 149.3, 151.2/3, 154.1/5, 156.3, 157.4, 159.1/4, 160.6, 161.3, 165.2, 166.2, 171.2, 173.3, 175.1, 176.3, 177.1
Bernd Bäuml, Lichtenfels: 146.1
Bavaria Bildagentur, Gauting: 73.8, 73.10 (Picture Finders), 152.4
bpk Bildarchiv preussischer Kulturbesitz, Berlin: 49.1
Bongarts Sportfotografie, Hamburg: 36.1
Centre de Technologie de l´Education, Walferdange: 145.3/4
dpa Deutsche Presse Agentur, Frankfurt am Main: 89.2
Fotostudio Druwe/Polastri, Cremlingen/Weddel: 8.1, 9.2/3, 11.1/2, 16.2, 24.1, 25.1, 26.1, 29.1/2, 30.1, 31.3, 34.3, 58.1, 61.1, 63.1-5, 73.4, 74.1-4, 76.1, 77.1, 87.1, 93.1, 98.3, 106.1/4, 113.2, 114.2, 118.1, 120.1, 122.1, 130.1, 131.2, 136.1-3, 139.1/2, 146.2/3, 147.1, 149.1, 155.2, 156.2/4, 157.2, 166.1, 168.1, 169.2/3, 171.1, 172.3
Hessischer Rundfunk, Frankfurt am Main: 169.1
IFA Bilderteam, München: 7.1/2/5/6/7, 31.2, 73.2, 89.1 (Ostgathe); 145.5, 163.3
Jugendherberge Hohe Fahrt am Edersee, Vöhl-Asel: 128.1
Mauritius GmbH, Mittenwald: 145.1, 156.1
Okapia, Frankfurt am Main: 7.9
Premium, Düsseldorf: 61.2
Prowell GmbH, Bremen: 93.3
Dieter Rixe, Braunschweig: 145.2
Schuster, Oberursel: 32.2
Superbild Bildarchiv, Grünwald/München: 73.7 (Schmidbauer)
Toplicht, Hamburg: 93.2
Kristina Weidelhofer, Hannover: 75.1/2
ZEFA Zentrale Farbbild Agentur GmbH, Düsseldorf: 73.3/5/6, 73.9 (Vogelsang)
Die übrigen Zeichnungen wurden von der Technisch-Graphischen Abteilung Westermann, Braunschweig, angefertigt.

Satz: O & S Satz GmbH, Hildesheim